高致病性蓝耳病（耳尖皮肤红紫）

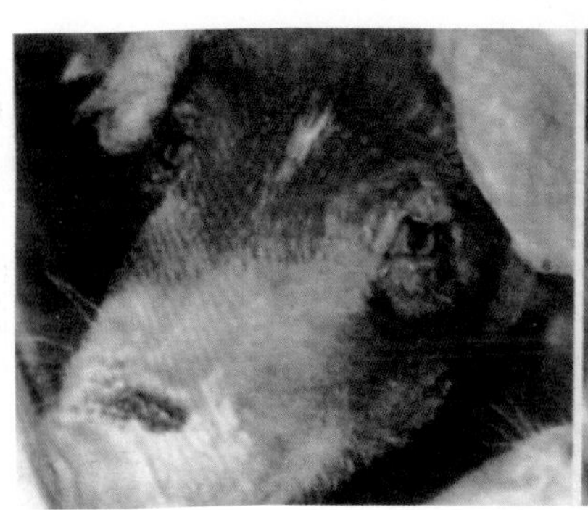

高致病性蓝耳

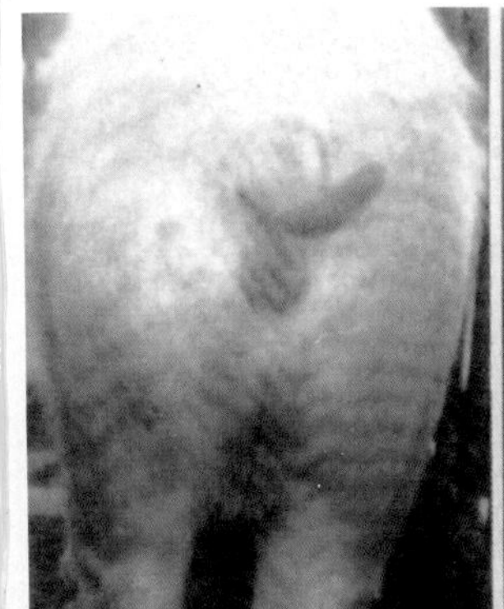

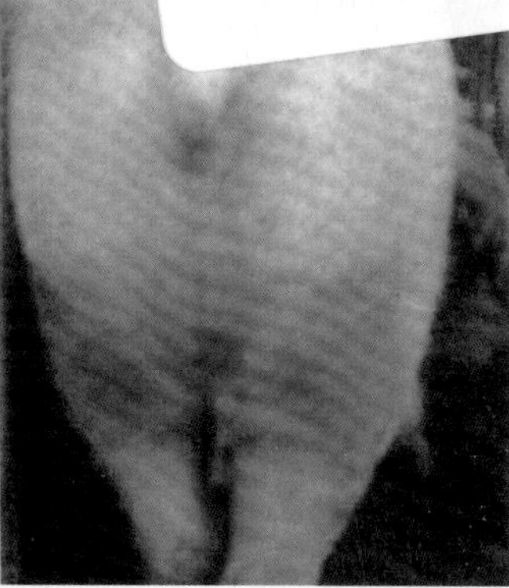

高致病性蓝耳病（后躯皮肤红紫）

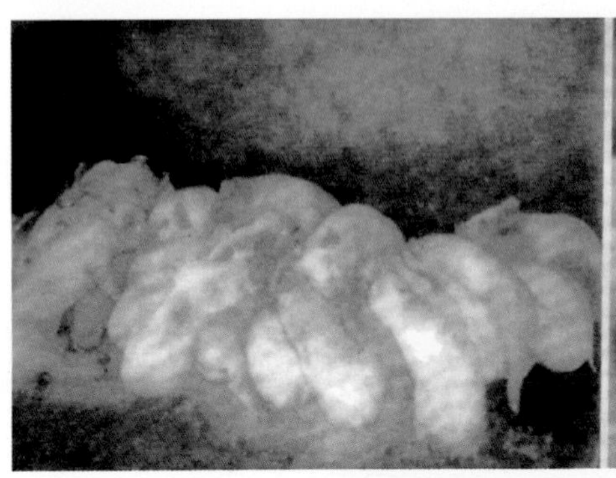
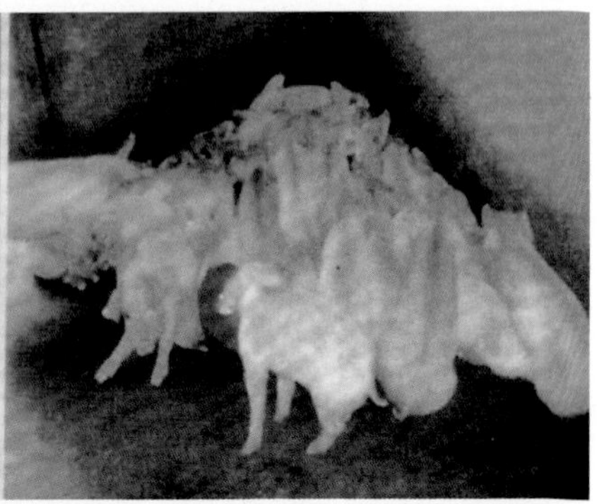

高致病性蓝耳病（保育猪高热、扎堆而卧）

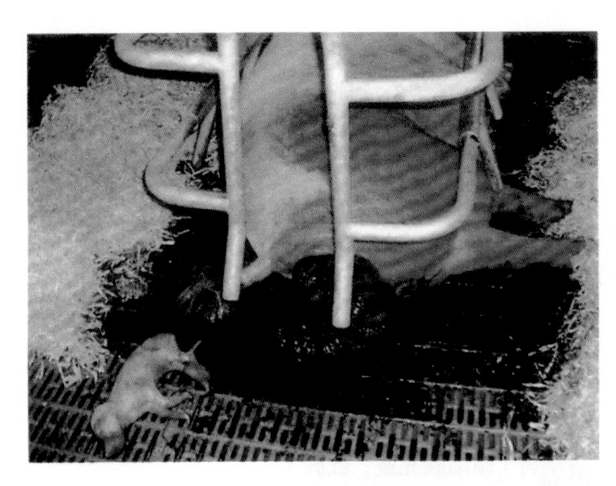

高致病性蓝耳病（妊娠母猪流产）

高致病性蓝耳病（哺乳母猪高热、无乳）

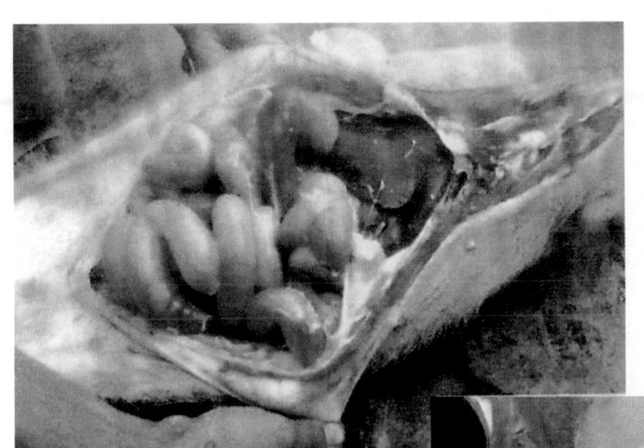

副猪嗜血杆菌病（胸、腹腔有纤维素性渗出物）

副猪嗜血杆菌病（纤维素性渗出、心包积液）

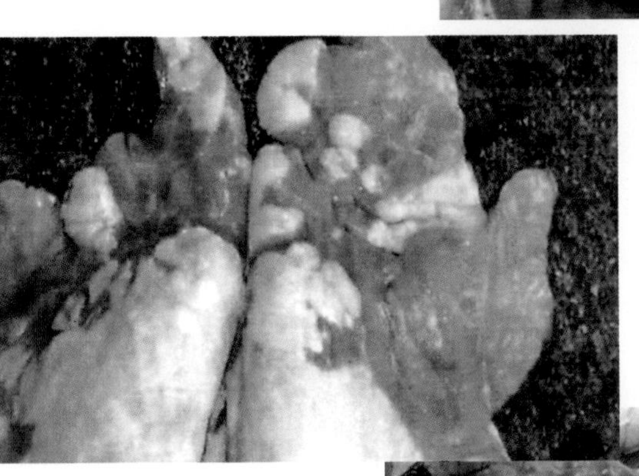

猪气喘病（肺心叶、尖叶、中间叶实变）

猪传染性胸膜肺炎（胸腔积液）

断奶仔猪多系统衰竭综合征（保育猪瘦弱）

断奶仔猪多系统衰竭综合征（病猪呼吸困难）

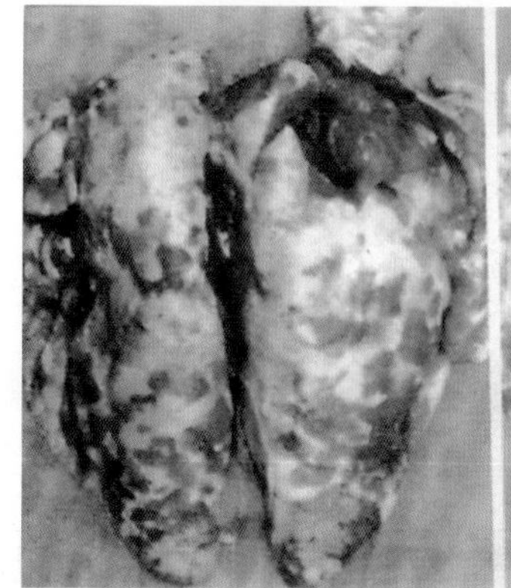

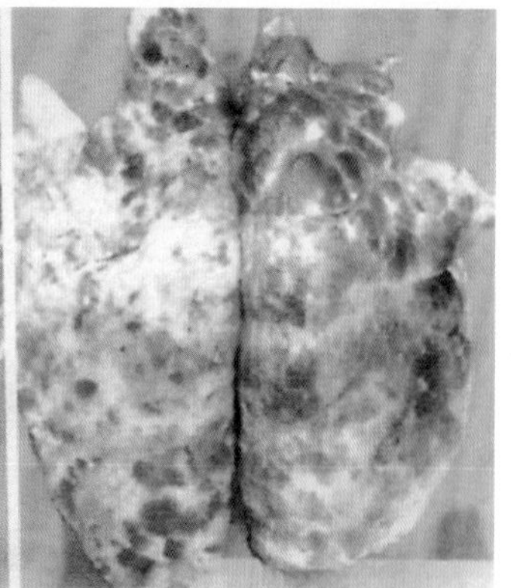

断奶仔猪多系统衰竭综合征（肺出血、淤血、呈橡皮肺）

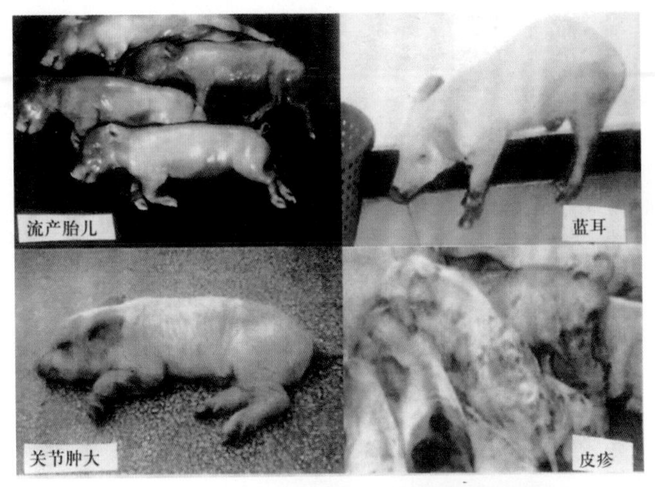

断奶仔猪多系统衰竭综合征

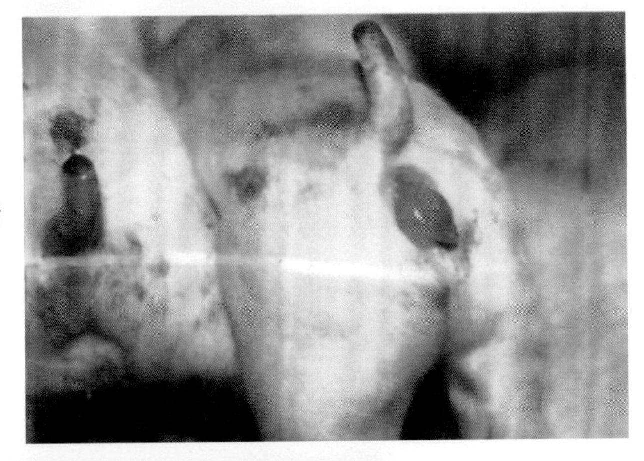

霉玉米毒素中毒（仔猪腹泻、阴户红肿）

霉变玉米（左：霉变玉米，右：表面处理后的霉变玉米）

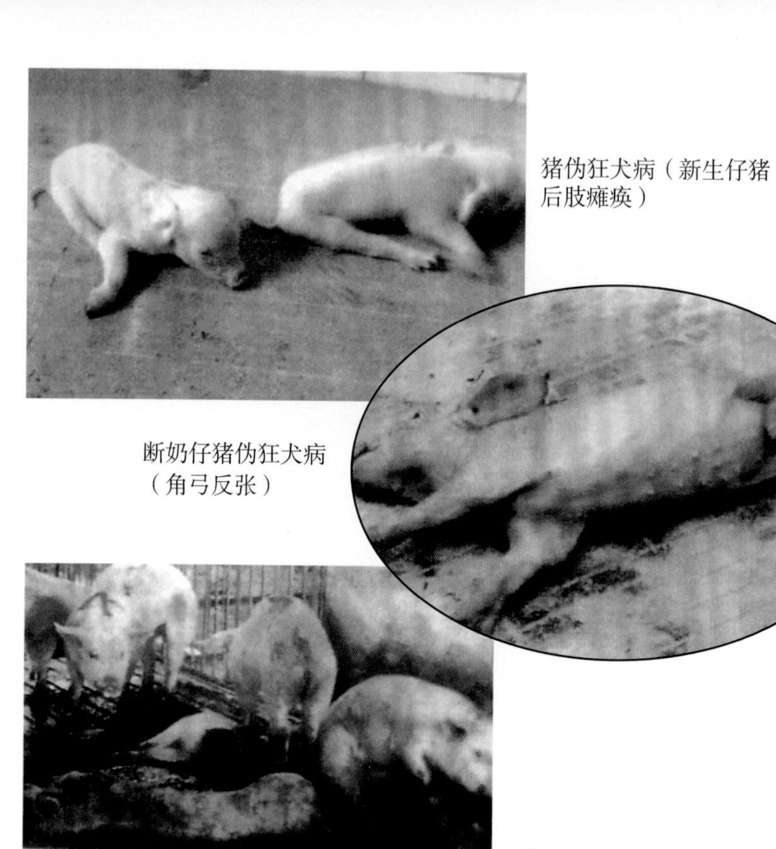

猪伪狂犬病（新生仔猪后肢瘫痪）

断奶仔猪伪狂犬病（角弓反张）

典型猪瘟病猪

非典型猪瘟（保育仔猪体温升高）

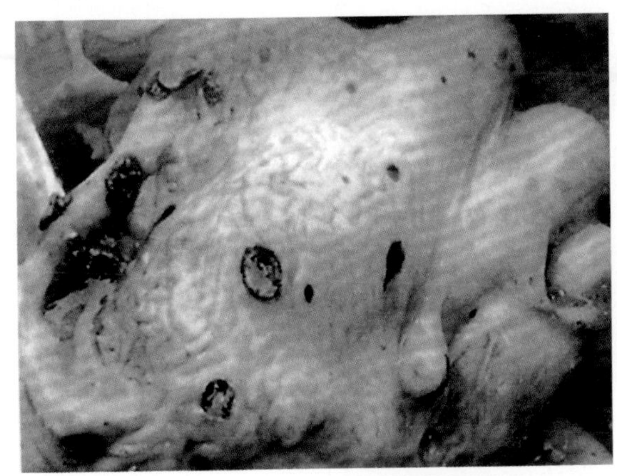

猪瘟典型病变（回盲瓣黏膜扣状溃疡）

猪瘟典型病变（肾表面有出血小点，左为肾表面出血，右为正常肾）

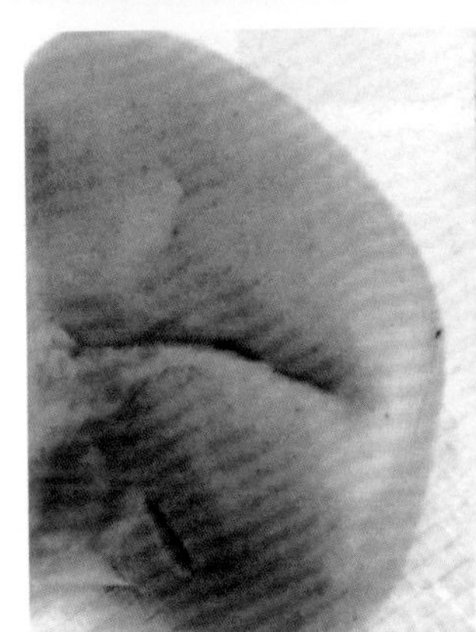

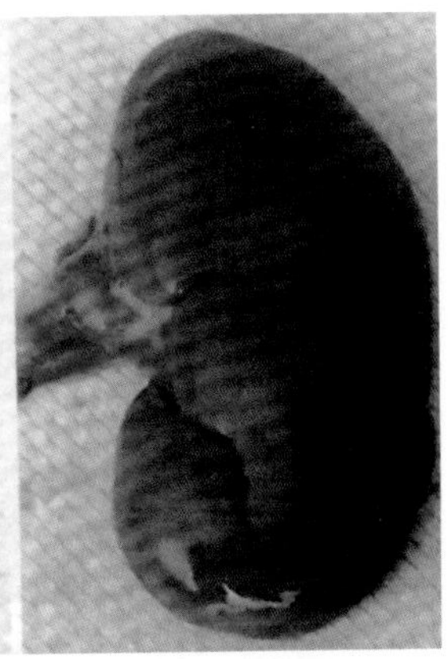

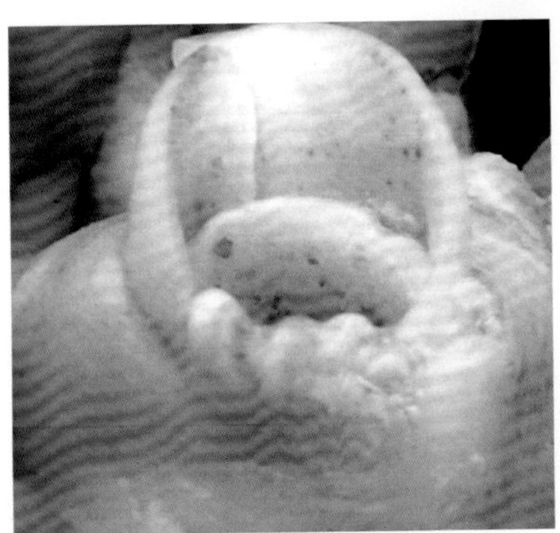

猪瘟典型病变(喉头、咽部黏膜出血点)

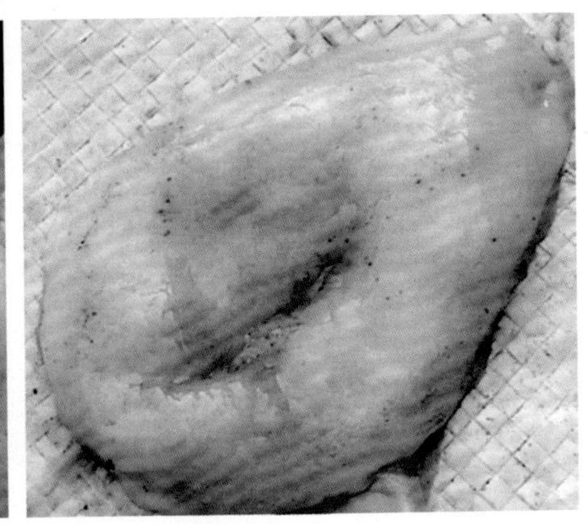

猪瘟典型病变（膀胱黏膜出血点）

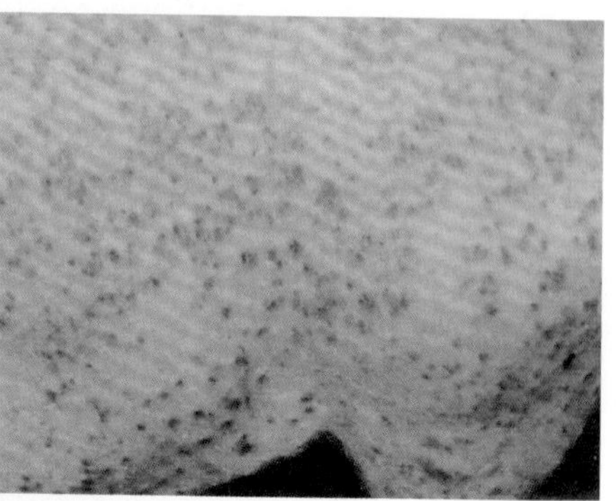

猪皮炎与肾病综合征

产房（哺乳猪舍）

育成猪舍

养猪场猪病防治

（第四版）

主 编
吴增坚
编著者
杨 奎 韦习会

金盾出版社

内 容 提 要

本书由南京农业大学吴增坚教授主编，自 1999 年首次发行以来，先后修订 3 次，重印 18 次，发行 25 万余册，并于 2004 年被中国书刊发行业协会评为“全国优秀畅销书”。为了适应养猪业的新发展，解读当前新的疫病对养猪场的威胁，笔者根据当前国内养猪业的发展形势，在第三版的基础上对本书进行了再次修订，以充分体现国内外养猪的新技术和新成果。本书内容先进实用，可操作性强，通俗易懂，适于养猪生产一线的畜牧兽医技术人员、养猪专业户以及从事养猪生产的工作人员和管理人员阅读，亦可作为农村科技培训教材和农业院校相关专业师生的参考用书。

图书在版编目(CIP)数据

养猪场猪病防治/吴增坚主编；杨奎，韦习会编著．—4 版．—北京：金盾出版社，2015.12(2018.1 重印)
ISBN 978-7-5186-0413-5

Ⅰ.①养… Ⅱ.①吴…②杨…③韦… Ⅲ.①猪病—防治 Ⅳ.①S858.28

中国版本图书馆 CIP 数据核字(2015)第 161883 号

金盾出版社出版、总发行
北京市太平路 5 号(地铁万寿路站往南)
邮政编码：100036 电话：68214039 83219215
传真：68276683 网址：www.jdcbs.cn
北京军迪印刷有限责任公司印刷、装订
各地新华书店经销
开本：850×1168 1/32 印张：10.5 彩页：8 字数：251 千字
2018 年 1 月第 4 版第 21 次印刷
印数：264 001～267 000 册 定价：32.00 元

第四版前言

本书自1999年首次发行以来，至今已发行25万余册，2004年荣幸地被评为全国优秀畅销书，得到了读者的认可，这对笔者来说，既是鼓励也是鞭策。回顾这10多年以来，正是我国养猪业发生变革的时期，是从传统的个体散养向规模群养的转变过程，规模化养殖的猪场，从无到有并不断地增加。为了普及养猪场的猪病防治知识，我们再次修订了《养猪场猪病防治》一书。随着社会和科技的发展，我国的养猪业与其他行业一样，也是与时俱进的。但是，近年来我们在猪病防治的实践中，发现了一些问题和难点。一是传入了新的病猪(可能是引进种猪时，从国外传入)，对于这些新猪病，人们使用常规的防治措施往往不见效，猪场兽医深感困惑，给养猪业带来了重大的经济损失，有的疫病甚至还对人类的健康构成了威胁。二是某些早被人们熟知的老猪病，现在也发生了变异，而且变得面目全非，即使有经验的老兽医也无所适从，年轻的猪场兽医更感纠结。三是现代养猪，人们为了提高猪的生产力，减少死亡率，对猪群采用密集饲养并喂以精细饲料，给猪频繁接种疫苗，连续服用抗菌药物和保健药品等方法，结果导致养猪成本增加，效益下降，猪群的体质也越来越差，猪的发病率与病死率有增无减。分析其原因有千条万条，但最重要的一条是我们的防疫观念陈旧，措施不当，错在人们将自己的主观意识强加于猪，这些想法存在于笔者的头脑里，当然也贯穿于本书中。反思过去，我们的防疫理念只是强调要消灭原微生物，认为这才是扑灭传染病唯一的办法，同时又过分地依赖疫苗和抗菌药物等，在这种思想的误导下，给猪场带来的灾难是消不完的毒，打不完的疫苗，服不尽的药物，猪场工作人员和猪群都不得安宁。人们忽视了猪群生存环境的建设和猪体自身所产生的非特异性免疫力，引起了恶性循环。因此，在本书再版之际，根据我们现在所获得的知识和感悟，对书中不恰当或错误的内容，进行了一些修订与补充。

当前我国养猪业大发展的时期已经过去，猪的数量和价格将相对稳定，养猪的利润逐渐回归正常，养猪日趋微利，养猪业也进入“新常态”，在这种形势下，养猪人需要改变旧观念、树立新思维，猪场的防疫工作也不例外。既然我们认识到过去使用的某些防疫措施存在缺陷，当前要彻底消灭病原微生物还不可能实现，猪群的防疫完全依赖疫苗也不可靠，那么何不改变一下思路，对那些老、大、难的病原微生物，让其自生自灭，让猪场暂时“与病共存”，让出我们宝贵的时间和精力，去改善养猪场的环境卫生，设法增强猪的体质，重视提高猪体自身的抗病力与自愈力。所以，在本修订版中另立“与病共存”一节内容，与读者探讨。诚然，猪场的猪病防治工作至今还是任重而道远，本书即使经过几次修订，还有许多不尽如人意之处，书中错误与有争议的内容在所难免，敬请广大读者批评指正。

吴增坚

目 录

第一章　猪群的防疫和保健

一、防疫工作的原理

防疫是指防治传染性疾病的发生和蔓延。要搞好猪场的防疫工作，必须了解传染病是如何从个体感染扩展到群体流行的，也就是疫病流行的原理。研究表明，完成这一过程需要3个相互连接的条件：即病原体从被感染的动物机体（本书指病猪）排出，往往是随病猪的粪便、唾液、眼和呼吸道分泌物排到外界环境中，接着又通过各种方式和途径，侵入新的易感猪群，这样又产生了新的传染源，如此周而复始不断地延续，构成了传染病在猪群中的流行过程。这个过程包括传染源、传播途径和易感畜群3个基本环节，只有当这3个环节同时存在并相互联系时，才可能引起传染病在猪群中流行，从理论上说，缺少其中任何一个环节，流行便可终止，即使个别猪感染了传染病，也容易控制。这3个环节就好比一条锁链，若是割断其中任何一个环节，锁链就会中断（图1-1）。因此，了解传染病流行过程的基本条件及其影响因素，有助于我们制订正确的防疫措施，这就是防疫工作的基本原则。

（一）传染源

传染源或称传染来源，是指某种传染病的病原体在其中寄居、生长、繁殖，并能排出体外的动物机体。具体说传染源就是受感染的病猪或其他动物，包括亚健康和无症状隐性感染的带菌（毒）动物。

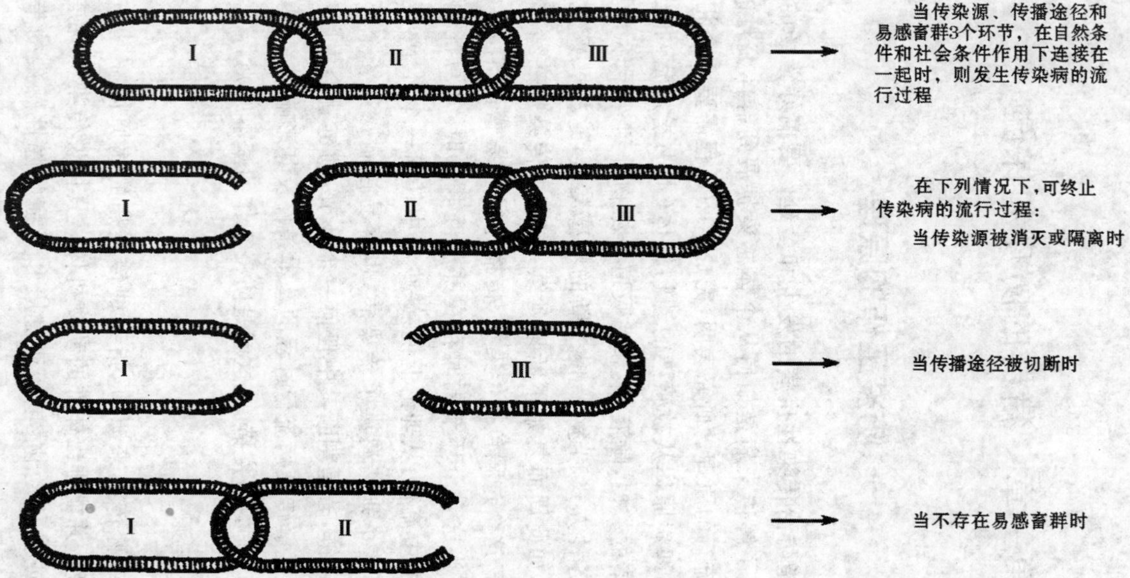

Ⅰ Ⅱ Ⅲ → 当传染源、传播途径和易感畜群3个环节，在自然条件和社会条件作用下连接在一起时，则发生传染病的流行过程

Ⅰ Ⅱ Ⅲ → 在下列情况下，可终止传染病的流行过程：

当传染源被消灭或隔离时

Ⅰ Ⅲ → 当传播途径被切断时

Ⅰ Ⅱ → 当不存在易感畜群时

图1–1　传染病流行过程示意

Ⅰ.传染源　Ⅱ.传播途径　Ⅲ.易感畜群

猪传染病的病原微生物也与其他生物种属一样，它们的生存需要一定的环境条件。病原微生物在其种的形成过程中对于某种动物机体产生了适应性，即这些动物机体对其有了易感性，有易感性的机体相对而言是病原体生存最适宜的环境条件。因此，病原体在受感染的动物体内，不但能够寄居繁殖，而且还能通过多种途径排出体外。滞留在外界环境（猪舍、水源、空气、土壤等）中的病原体，由于缺乏恒定的温度、湿度、酸碱度和营养物质等因素，不能长期生存，也不能繁殖。因此，不属于传染源，而只能称为传播媒介。

猪感染病原体后，可表现出明显的临床症状，也可能呈现隐性携带病原状态。传染源的生存一般可分为2种类型。

1. 病猪和病死猪的尸体　为重要的传染源，尤其是在急性病程或病程转剧阶段的病猪，可排出大量毒力强大的病原体，危害最大。

病猪能排出病原体的整个时期称为传染期。不同传染病的传染期长短不同，各种传染病的隔离期就是根据传染期的长短来制订的。为了控制传染源，对病猪应及时隔离或淘汰，对于病猪的尸体要严格进行无害化处理。

2. 病原携带者　这是一个统称，如已知所带病原的性质，应确切地称为带菌者、带毒者和带虫者等。病原携带者一般分为潜伏期的病原携带者、恢复期的病原携带者和亚健康动物病原携带者3类。

（1）*潜伏期病原携带者*　是指感染后至症状出现前这段时间就能排出病原体的动物。在潜伏期中，大多数传染病的病原体数量还很少，尚未具备排出病原体的条件，因此不能起到传染源的作用。但有少数传染病，如口蹄疫、猪瘟等则在潜伏期的后期能够排出病原体，此时就有传染性了。

（2）*恢复期病原携带者*　是指在临床症状消失后仍能排出病

原体的病愈动物。一般来说，这个时期的传染性已逐渐减少或已无传染性了，但还有不少传染病如口蹄疫、蓝耳病等，在恢复期仍能排出病原体。所以，对恢复期的病原携带者除应考查其过去病史外，还应做多次病原学检查才能确定。

（3）亚健康动物病原携带者　所谓亚健康即指非病非健康状态的动物或患过某种传染病，但症状不典型而被忽视，但能排出该种病原体的动物。一般认为，这是隐性感染的结果，如 2 型圆环病毒病、气喘病等，通常只能靠实验室诊断才能检出。

检查病原携带者也就是检疫，这在动物流通领域，尤其是猪场从外地引进猪只时更不可缺少。搞好检疫工作，是防治传染病的一项重要措施。

（二）传播途径

传播途径是指病原体从传染源排出后，侵入另一易感动物体内的途径。了解每种传染病的传播途径并切断，这是防止传染病流行的又一个重要环节。

猪常见传染病的传播途径，可分为直接接触传播和间接接触传播 2 种。

1. 直接接触传播　直接接触传播是在没有任何外界因素的参与下，传染源与健康动物直接接触，如交配、舐咬等而发生传染病的传播方式。猪以直接接触为主要传染途径的疫病，最具有代表性的是狂犬病，通常只有被患狂犬病的动物咬伤并随着唾液将狂犬病病毒带进伤口，才有可能引起发病。这种以直接接触而传播的传染病，其流行特点是一个接一个地发生，形成明显的锁链状。猪的许多传染病如猪瘟、气喘病等都可通过这种方式传播。

2. 间接接触传播　在外界环境因素的参与下，病原体通过传播媒介使易感动物发生传染的方式，称为间接接触传播。从传染源将病原体传播给易感动物的各种外界环境因素，称为传播媒

介，它又包括活的传播媒介和无生命的传播媒介。

猪的许多传染病如猪瘟、蓝耳病、口蹄疫等，既可通过直接接触传播，也可通过间接接触传播，统称为接触性传染病。

间接接触传播一般通过以下几种途径。

(1)经空气(飞沫、飞沫核、尘埃)传播　某些传染病病猪的呼吸道内含有大量的病原体，当病猪咳嗽、打喷嚏和呼吸时，随飞沫散布于空气之中，大滴的飞沫迅速落地，微小的飞沫在适宜的温度、湿度等条件下，能在空气中飘浮数小时，当健康猪吸入飞沫后，可以引起感染。这类疾病有气喘病、流行性感冒和蓝耳病等。某些在外界生存力较强的病原体，如结核杆菌、炭疽杆菌、丹毒杆菌及胸膜肺炎放线杆菌等，从病猪的分泌物、排泄物排出，或从处理不当的尸体上散布在地面和环境中，干燥后随灰尘一起飘浮于空气中，当易感猪吸入后可受感染。最新研究发现，在雾霾天气，空气中含有的大量 PM2.5 可能携带病原体，增加猪群感染的机会。

在一个清洁、干燥、光亮、温暖和通风良好的环境中，飞沫飘浮的时间较短，其中的病原体死亡较快，不利于疫病的传播；而在潮湿、肮脏、阴暗、低温和通风不良的环境中，飞沫在空气中停留的时间较长，有利于疫病的传播。规模化猪场由于猪群密集，使经空气传播成为一个主要的疾病传播途径。

(2)经污染的饲料和饮水传播　此种传播途径对以消化道为主要侵入途径的传染病有重要意义，即通常所说的“病从口入”。易感猪采食了被传染源的分泌物、排泄物和病畜尸体及其流出物污染了的饲料、饲草和水源，可以引起感染。以消化道为主要侵入门户的传染病很多，有猪瘟、增生性肠炎、副伤寒、猪痢疾、仔猪黄痢和白痢等。

(3)经污染的土壤传播　随病畜的排泄物、分泌物或其尸体一起落入土壤中而且能生存很久的病原微生物，如炭疽、破伤风等病菌，可形成抵抗力很强的芽孢；猪丹毒杆菌和结核杆菌虽不能形成芽孢，但对干燥、腐败等环境因素有较强的抵抗力，能在土壤中生存较长的时间。因此，对于能通过污染土壤而传播的传染病，要特别注意对这类病畜的排泄物所污染的环境、物体和尸体的处理，防止病原体落入土壤，形成永久性疫源地，导致后患无穷。

(4)经活的媒介物传播　除猪以外的动物和人类都可能成为传播媒介，传播猪的某些传染病。具体说，可分为以下几种类型。

①节肢昆虫　包括蚊、蝇、蠓、虻等。通过这些昆虫传播疾病的特点是有明显的季节性，如炎热的夏季吸血昆虫滋生，也是附红细胞体病、流行性乙型脑炎、猪丹毒等疾病的流行高峰期，因为这些疾病可以通过蚊子或其他吸血昆虫的刺蜇传播。家蝇虽不吸血，但活动于猪群与排泄物、病死尸体和饲料之间，可机械性地携带和传播病原。由于这些昆虫都能飞翔，不易控制，能将疾病传播到较远的地区。

②野生动物和其他畜禽　它们可以感染多种动物的共患病，如伪狂犬病、李氏杆菌病、沙门氏菌病等，这些疾病也可传染给猪。有些猪病是由于机械性的携带病原而引起流行的，如猪瘟、伪狂犬病等，其中以鼠的危害最大。此外，犬、猫及各种飞鸟、家禽进入猪场，可能传播弓形虫病、猪囊尾蚴病等。因此，要求猪场内禁止犬、猫、家禽等动物入内，重视灭鼠，避免鸟类飞进猪舍。

③人类　饲养人员、猪场的管理人员、兽医人员以及参观者，若不遵守防疫卫生制度，随意进出猪场，都有可能将污染在手上、衣服与鞋底上的病原体传给健康猪。有些人兽共患病如流行性感冒、布鲁氏菌病、结核病等，还能由病人直接传播给猪，所以猪场工作人员要定期体检。

(5)经用具传播　传染源排出的病原体，可污染饲养设备、清洁用具、诊疗器械，特别是注射针头、体温计等与病猪接触密切的

物品，若消毒不严，可引起人为的传播，在实践中这样的例子不少，教训颇为深刻。

猪传染病的传播途径虽然多种多样，但就目前所知，病原体在更迭其宿主时只有3种方式。

①垂直传播　是指母猪所患的某种疾病其病原体可经卵巢、胎盘直接传播给仔猪，如猪瘟、伪狂犬病、细小病毒感染等。

②水平传播　这是一种最常见最普遍的传播方式，即病猪和健康猪之间通过直接或间接接触在同一代猪之间的横向传播。如传染性胃肠炎、气喘病、流行性感冒等大多数传染病，都属于此种类型的传播。

③二型传播　是指水平传播与垂直传播交替出现的一种传播方式。如伪狂犬病、蓝耳病等，属于此类型。

（三）易感畜群

畜群的易感性是指一群牲畜对某种传染病容易感染的程度。一个地区畜群中易感个体所占的百分率和易感性的高低，直接影响传染病是否能造成流行以及疫病的严重程度。一个畜群对某种传染病易感性的高低，不仅与病原体的种类和毒力强弱有关，还受到动物机体的遗传特征、特异性和非特异性免疫状态等因素的影响，以下分别简要叙述。

1. 畜群的内在因素　不同种类的家畜对于同一种病原体的易感性是不一致的，这是由遗传特性决定的，如猪不感染鸡瘟等。某一种病原体可能使多种家畜感染而引起不同的表现，如猪感染丹毒后可产生败血症致死，而牛、羊感染后只有轻微的局部反应。即使同一品种的不同品系，对于某些病原体的感受性也有差别。例如，地方品种的猪（二花脸、梅山猪等）对气喘病的易感性大于外来品种的猪（约克夏、长白猪等）；而萎缩性鼻炎对外来品种猪的易感性大于本地猪。

不同日龄的猪对某些疾病的易感性也有差别。例如，哺乳仔猪对黄痢、白痢敏感，保育猪易发生呼吸道疾病，青年猪对流行性感冒较易感。

猪的非特异性免疫力是一种生来就具有的免疫功能，它可抵御各种疫病的发生，即使发病了，也易自愈。

2. 畜群的外在因素 外在因素范围很广，包括饲料、饲养、环境条件等应激因素。如寒冷有利于病毒的生存，易使口蹄疫、传染性胃肠炎等病毒病流行；夏、秋季节蚊子滋生，增加了流行性乙型脑炎的感染机会；环境恶劣可降低猪的抵抗力，易诱发仔猪黄、白痢和猪呼吸道疾病综合征等疾病。

3. 畜群的特异免疫状态 这是影响畜群易感性的一个重要因素。特异性的免疫力来自两方面：一是该疫病自然流行后耐过的家畜，或经过无症状感染后获得特异性免疫力，所以在某些疾病常发地区，当地家畜的易感性低，或呈隐性感染，如气喘病；但若将这种猪引进易感猪群，则可引起该病的急性暴发。二是取决于人工免疫，使猪对某种疾病产生一定的抵抗力，这是一项十分重要的工作，许多疫病的防治，目前主要靠人工免疫的方法而获得特异性的免疫力。

二、消灭传染源

规模化猪场猪群大、数量多，如果忽视了检疫工作，个别病猪混在其中一时不能发现，尤其是那些慢性的、非典型的病例更难确认。若是烈性传染病不能及时发现和消灭，就会殃及全群。检疫就是为了及时检出病猪，发现传染源的一种重要手段，同时对检出的病猪，根据疾病的性质和动物防疫法规的要求，做出果断的决定，该杀的就杀，需治的就治，要隔离的立即隔离，然后进行彻底消毒，以便及时消灭传染源。

(一)检　疫

检疫就是应用各种诊断方法对动物及其产品进行疫病检查，并采取相应的措施，防止疫病的发生和传播。检疫的范围很广，包括产地检疫、市场检疫、运输检疫和口岸检疫。从广义上来说，检疫是由专门的机构来执行的，是以法规为依据的，其手段也有多种，如临床检疫、血清学和病原学检疫等。以下介绍规模化猪场的临床检疫方法，这是猪场兽医日常工作的主要任务。通过反复的检疫，应对场内猪群的健康状况了如指掌，以便及时发现病猪。

1. 猪的静态观察　检查者位于猪栏外边，观察猪的站立和睡卧姿态。健康的猪神态自若，站立平稳或来回走动，精神活泼，被毛光顺，不时发出“吭吭”声，拱地寻食。见有外人，表现出凝视而警惕的姿态。睡下时多侧卧，四肢舒展伸直，呈胸腹式呼吸，平稳自如，节奏均匀。吻突湿润，鼻孔清洁，粪便圆粗有光泽，尿色淡黄，体温为38℃～40℃。

病猪则常常独立一隅或卧于一角，鼻端触地，全身颤抖。当体温升高时，喜卧于阴湿或排粪便处，睡姿多呈蜷缩或伏卧状，鼻镜干燥，眼发红、有眼眵。若肺部有病变时，常将两前肢着地而伏卧，而且将嘴置于两前肢上或枕在其他猪体上，有时呈犬坐姿势，呼吸促迫，呈腹式呼吸或张口喘息，流鼻液或口涎，肢体末端的皮肤(尾、耳尖、嘴、四蹄及下腹)呈暗紫色。若患消化器官疾病时，则可见到尾根和后躯有粪便污物，地面可见到粒状或稀薄恶臭的粪便，并附有黏液或血液。若发现有上述症状的病猪，应及时隔离，以便进一步检查和处理。

2. 运动时的检查　当猪群转栏或有意驱赶其运动时，检疫者位于通道一侧进行观察。健康猪精神活泼，行走平稳，步态矫健，两眼前视，摇头摆尾地随大群猪前进。若是有意敲打猪体，则发出洪亮的叫声。

病猪则表现出精神沉郁、低头垂尾、弓腰曲背、腹部蜷缩、行动迟缓、步态踉跄、靠边行走或出现跛行、掉队现象。也有的表现兴奋不安，转圈行走，全身发抖，倒地后四肢划动，不能起立。有的病猪在驱赶后即表现连续咳嗽、呻吟或发出异常的鼻音。对于这些有异常表现的猪，应及时做出标记，剔出隔离，以便做进一步诊断。

3. 摄食、饮水时的检查 在运动和休息之后，可能还有些病猪未被发现。因此，必须进行摄食和饮水状态的观察。健康猪摄食时，争先恐后，急奔饲槽，到槽后嘴巴直入槽底，大口吞食，全身鬃毛震动，并发出吃食的响声。

病猪则往往不主动走近饲槽，即或勉强走近饲槽，也不是真正吃食，只是嗅尝一点饲料或喝一两口水便自动退槽，低头垂尾，不思饮食，腹侧塌陷。凡发现上述症状的猪，应及时隔离。

4. 体温检查 某些传染病在感染初期，不一定表现出明显的病状，但有体温变化。因此，抽检体温有十分重要的意义。当然，引起体温升高的原因很多，对于高温猪还要进行具体分析。测温的方法通常是用体温计插入猪肛门，以直肠的温度来代替体温。为了减少测温时弯腰抓猪的劳累，可在体温计的末端用细线系上夹子，当体温计插入肛门后，将夹子夹在猪尾部的猪毛上，待3～5分钟即可拔出，查看度数。有条件的猪场，可采用半导体或红外线感应体温计，此法速度快捷且测量结果相对准确。健康猪的体温一般为38℃～40℃。

5. 问询检查 向饲养员问询猪只的健康状况。饲养员与猪群接触最密切，对每头猪的吃、喝、拉、撒情况了解得最清楚，向饲养员问询检查可节省许多时间。当兽医掌握病情后，再进一步做临床检查。

(二)诊断和处理

通过临床检疫应立即做出初步诊断和果断采取措施。一般可分为以下几种情况：一是健康猪，二是病猪（表现出临床症状），三是可疑感染猪（与病猪同圈而无临床症状的猪），四是假定健康猪（与病猪同舍而无临床症状的猪）。

1. 病猪　当在猪场中发现病猪时，按传统的兽医工作方法是千方百计地进行治疗，然而当今的规模化猪场追求的是经济效益和猪群整体健康，对于个别病猪的处理，应进行具体分析。经验表明，有些疑难杂症和“老大难”的病猪，确实是不易治好的，且有的病猪虽然治愈了，但也没有什么经济价值（如僵猪等），则不必治疗；有的病猪治疗需要很高的医药费用，并要花费很多的精力，显然是劳民伤财的事，不如趁早放弃治疗；患急性、烈性传染病的病猪，即使治好几头，但由于传染源的存在，同时又可传播感染更多的猪，甚至波及全群，这种治疗是得不偿失的。要改革猪场的兽医工作，首先要转变人们的陈旧观念，猪场兽医要走出埋头治病的误区，全力推行兽医检疫防治工作制度。根据临床检疫的结果，对下列 5 类病猪不予治疗，立即淘汰或做无害化处理：①无法治愈的病猪。②治疗费用较高的病猪。③治疗费时、费工的病猪。④治愈后经济价值不高的病猪。⑤传染性强、危害性大的病猪。当然，除这 5 类病猪以外的疾病，还是需要积极治疗的。

我们推行的这种“淡化治疗，优化猪群”的新思路，在一些猪场的实践结果表明，猪场的疾病减少了，猪群的群体健康水平提高了，猪场的医药费用开支极大地降低了，滥用抗生素或药物的现象被控制了，猪肉的品质改善了，兽医工作也由被动治疗转为主动检疫和防治，好处很多，这一新理念一出台就得到了许多猪场的响应和欢迎。

2. 可疑感染猪　对于某些危害较大的传染病，虽然已将那些有明显症状的病猪处理了,但曾与病猪及其污染环境有过明显接触,而又未表现出症状的猪,如同群、同圈或同槽采食的猪,可能正处于潜伏期,故应另选地方隔离观察,要限制人员随意进出,密切注视其病情的发展,必要时可进行紧急免疫接种或药物防治,至于隔离的期限,应根据该传染病的潜伏期长短而定。若在隔离期间出现典型的症状,则应按病猪处理,如果被隔离的猪只安康无恙,则可取消限制。

3. 假定健康猪 除上述两类外,在同一猪场内不同猪舍的健康猪,都属此类。假定健康猪应留在原猪舍饲养,不准这些猪舍的饲养人员随意进入岗位以外的猪舍,同时对假定健康猪进行被动或主动免疫接种。

(三)封 锁

当暴发某种烈性传染病时,要把人、畜和各种动物都固定在一定的区域,使其与外界不发生直接联系,称为封锁。根据我国兽医防疫条例的规定,对于口蹄疫、炭疽等传染病都要进行封锁,防止疫情向安全区扩散。封锁是一种行政措施,要强制执行,因此必须由主管业务部门和地方政府下令,划定封锁的疫区范围。一般可分为 3 个区域:①疫点,即病畜所在的畜舍和运动场所。②疫区,即病畜所在的牧场、养殖场或自然村。③威胁区,即在疫区以外 7.5～20 千米的地方,还要根据地形、交通情况来划定。

执行封锁应掌握"早、快、小、严"的原则。

第一,在封锁区的边缘设立明显的标志,指明绕道路线,设置监督岗哨,禁止易感动物通过封锁线。在交通路口应该设立检疫消毒站,对必须通过的车辆、人员和非易感动物进行消毒检疫,以期将疫病消灭在疫区之内。

第二,在封锁区内采取以下主要措施:①根据疫病的性质和病情,分别采取治疗、急宰、扑杀等处理,对污染的饲料、饲草、垫

料、粪便、用具、畜舍场地、道路等进行严格的消毒，病死畜尸体应深埋或化制，并做好杀虫、灭鼠工作。②暂停集市和各种畜禽集散活动，禁止从疫区输出易感动物及其产品和污染的饲料、饲草等。③疫区内的易感动物应及时进行紧急接种，建立免疫带。④在最后一头病畜痊愈、急宰或扑杀后，经过一定的封锁期(根据该传染病的潜伏期而定)，再无疫情发生时，经过全面的终末消毒后，方可解除封锁。封锁解除后，有些疫病的病愈家畜在一定时间内仍有带毒现象，因此对这些病愈家畜应限制其活动范围，特别应注意不能将其调到安全区去。

第三，受威胁区应采取以下措施：①对受威胁区内的易感动物及时进行预防接种，以建立免疫带。②管好本区内的易感动物，禁止进入疫区，并避免饮用从疫区流过来的水。③禁止从封锁区内购买牲畜、饲料和畜产品，即使从解除封锁不久的地区购买时，也要注意隔离观察和必要的无害化处理。

第四，对封锁区以外但较靠近疫区的猪场，要执行“双边封锁”，即一边是病畜群的封锁，另一边是健畜群的封锁。对于规模化的猪场来说，即使在无疫病流行的安全地区，平时也应与外界处于严密隔离的状态下饲养，所不同的是，这种猪场内饲养的猪是可以自由调出的。

(四)消灭传染源遇到的新问题

养猪人都知道，病原微生物是引起传染病流行的罪魁祸首，因此规模猪场都十分重视消灭传染源这一环节。但是近年来遇到的一些新问题，兽医们体会到一个猪场要消灭传染源并非易事，不但老的病原微生物不断变异，而且新的病原微生物也在不断产生和被发现。例如，有的病原微生物在各种应激因素的影响下，基因发生了变异，同时引起了该疫病的流行规律、病猪的临床症状都发生了很大的变化，猪场兽医不能及时、正确地诊断这类疫病,往往引起误诊,贻误了消灭传染源的最佳时机。现代科技迅速发展,科学家对病原的研究已进入分子时代,对人工诱变、基因重组、重组质粒、重组噬菌体等进行了大量而广泛的实验研究,结果人为地造成了致病微生物的新物种,并可能引起新病原的扩散,这是有沉痛教训的,已引起人们的关注。另外,全球气候变暖,加速了微生物的繁殖,改变了虫媒的地区分布,近年来由于大量垦荒、兴修水利、森林砍伐和野外工程建设等,导致生态环境的改变,致使一些区域性的疫病向全球扩散。

三、切断传播途径

传染病的传播途径是多种多样的,若要阻止传染病的传播,则应采取相应的综合措施,如消灭传染源,搞好日常的清洁卫生,建立严格的门卫消毒制度,限制外来人员出入猪场等。这些内容在专门章节中已经介绍,在此不做赘述。此段着重探讨消毒、杀虫和灭鼠等内容。

(一)消　毒

消毒的目的是为了消灭滞留在外界环境中的病原微生物,它是切断传播途径、防止传染病发生和蔓延的一种手段,是猪场一项重要的防疫措施,也是兽医卫生监督的一个主要内容。

1. 消毒的种类　猪场的消毒可分为以下2种。

(1)预防性消毒　是指未发生传染病的安全猪场,为防止传染病的传入,结合平时的清洁卫生工作和门卫制度所进行的消毒。诸如实行生猪饲养"全进全出"后的猪圈消毒,猪场进、出口的人员和车辆消毒,饮用水的消毒等。

(2)临时性消毒　是指在猪场内发现疫情或可能存在传染源的情况下开展的消毒工作,其目的是随时、迅速地杀灭刚排出体

外的病原体。对于可能被污染的场所和物体也应立即消毒，包括猪舍、地面、用具、空气、猪体等。其特点是临时的、局部的，但需要反复、多次进行，是猪场常采用的一种消毒方法。

2. 消毒的方法　猪场中常用的消毒方法有物理、化学及生物学消毒法3类。其中生物学消毒法在本章猪场的生物学安全体系中介绍。

(1)物理消毒法　猪场中的物理消毒主要包括清扫冲洗、通风干燥、太阳暴晒、紫外线照射和火焰喷射等。

①清扫冲洗　猪圈、环境中存在的粪便、污物等，用清洁工具进行清除并用高压水泵冲洗，不仅能除掉大量肉眼可见的污物，并能清除许多肉眼见不到的微生物，而且也为提高使用化学消毒法的效果创造了条件。

②通风干燥　通风虽不能杀灭病原体，但可在短期内使舍内空气交换，减少微生物的数量。特别在寒冷的冬、春季节，为了保温常紧闭猪舍的门窗，在猪群密集的情况下，易造成舍内空气污浊，氨气积聚，注意通风换气对防病有重要作用。同时，通风能加快水分蒸发，使物体干燥缺乏水分，致使许多微生物都不能生存。

③太阳暴晒　阳光的辐射能是由大量各种波长的光波所组成，其中主要是紫外线，它能使微生物体内的原生质发生光化学作用，使其体内的蛋白质凝固。病原微生物对日光尤为敏感，利用阳光消毒是一种经济、实用的办法。但猪舍内阳光照不进去，只适用于清洁工具、饲槽、车辆的消毒。

④紫外线照射　即用紫外线灯进行照射消毒，以波长2.537埃(Å)的杀菌作用最强。紫外线对酶类、毒素、抗体等都有灭活作用，它的作用机制在于引起细菌细胞及其产物中某些分子基团的改变，这些基团对紫外线有特异的吸收作用。但紫外线的穿透力很弱，只能对表面光滑的物体才有较好的消毒效果，而且距离只

能在1米以内，照射时间不得少于30分钟。此外，紫外线对人的眼睛和皮肤有一定的损害，所以紫外线灯并不适宜放置在猪场进出口处对人员进行消毒。

⑤火焰喷射　用专用的火焰喷射消毒器，喷出的火焰具有很高的温度，这是一种最彻底而简便的消毒方法，可用于金属栏架、水泥地面的消毒。专用的火焰喷射器需用煤油或柴油作为燃料，不能消毒木质、塑料等易燃物体。消毒时应注意安全，并要顺序进行，以免遗漏。

(2)化学消毒法　具有杀菌灭毒作用的化学品，可广泛地应用于猪场的消毒，这些化学品可以影响细菌的化学组成、菌体形态和生理活动。不同的化学品对于细菌的作用也不一样，有的使菌体蛋白质变性或沉淀，有的能阻碍细菌代谢的某个环节，如使原生质中酶类或其他成分被氧化等，因而呈现抑菌或杀菌消毒作用。

化学消毒的方法，即将消毒剂配制成一定浓度的溶液，用喷雾器对需要消毒的地方进行喷洒消毒。此法方便易行，大部分化学消毒剂都可用喷洒消毒法。消毒剂的浓度，按说明书配制。喷雾器的种类很多，一般农用喷雾器都适用。

3. 猪场常用的化学消毒剂介绍　在猪场的消毒工作中，以化学消毒剂使用最普遍，而化学消毒剂种类繁多，其商品名称更是五花八门，理想的消毒剂应具备下列条件：①具有高效的杀菌消毒效果。②无不适气味，无刺激性，对人、畜无害。③对环境无二次污染。④稳定性好，保质期长。⑤物美价廉，使用方便。

目前市售的消毒剂中，符合以上全部条件的不多，但每种消毒剂都有其特点，各猪场应根据需要酌情选用，现简要介绍如下。

(1)酚类　市售的此类消毒剂的商品名有来苏儿、石炭酸、农富、菌毒敌、菌毒净、菌毒灭、杀特灵等。

①杀菌机制　高浓度可裂解细胞壁，使菌体蛋白质凝集，低

浓度使细胞酶系统失去活力。

②杀菌消毒效果　使用2%～5%浓度，30分钟可杀死细菌繁殖体、真菌和某些种类的病毒；对细菌芽孢无杀灭作用。

③优点　对蛋白质的亲和力较小，它的抗菌活性不易受环境中有机物和细菌数量多少的影响，适用于消毒分泌物及排泄物。化学性质稳定，不会因贮放时间过久或遇热而改变药效。

④缺点　有特殊的刺激性气味，杀菌消毒能力有限，长期浸泡会使物品受损。

（2）氯制剂　市售氯制剂的商品名称有漂白粉、抗毒威、威岛、优氯净、次氯酸钠、消毒王、氯杀宁、百毒克、宝力消毒剂等。

①杀菌机制　次氯酸作用为主，在水中产生次氯酸，使菌体蛋白质变性。次氯酸分解形成新生态氧，氧化菌体蛋白质。氯直接作用于菌体蛋白。

②杀菌消毒效果　1%浓度在pH值7左右，5分钟可杀灭细菌繁殖体，30分钟可杀灭细菌芽孢。

③优点　杀菌谱广，使用、运输方便，价廉。

④缺点　性能不稳定，有效氯易丧失，有机物、酸碱度、温度影响杀菌效果。气味重，腐蚀性强，有一定的毒性，残留氯化有机物有致癌作用，慎用。

（3）含碘类　市售含碘类消毒剂的商品名有碘伏、碘酊、三氯化碘、百菌消、爱迪伏、爱好生等。

①杀菌机制　碘元素直接卤化菌体蛋白质，产生沉淀，使微生物死亡。

②杀菌消毒效果　可杀灭所有微生物，6%浓度、30分钟可杀灭芽孢。

③优点　性质稳定，杀菌谱广，作用快，毒性低，无不良气味，适用于饮用水的消毒。

④缺点　成本高，有机物和碱性环境影响杀菌效果；日光也

能加速碘分解。因此，环境消毒受到限制。

(4)季铵盐类　市售季铵盐类消毒剂的商品名有新洁尔灭、百毒杀、消毒净、度米芬等。

①杀菌机制　改变菌体的通透性，使菌体破裂。具有表面活性作用，影响细菌新陈代谢，使蛋白质变性，灭活菌体内酶系统。

②杀菌消毒效果　0.5%浓度的溶液，对部分细菌有杀灭作用，对结核杆菌、真菌等效果不佳，对亲水性病毒无效，对细菌芽孢仅有抑制作用，无杀灭作用。

③优点　杀菌浓度低，毒性与刺激性小，性质较稳定，无色，气味小。

④缺点　对部分病毒杀灭效果不好，对细菌芽孢无杀灭作用，效果受有机物的影响较大，价格较贵。

(5)碱类　市售碱类消毒剂的商品名有氢氧化钠、碳酸钠、石灰等。

①杀菌机制　高浓度的氢氧根离子（OH^-）能水解蛋白质和核酸，使细菌的酶系统和细胞结构受损。碱还能抑制细菌的正常代谢功能，分解菌体中的糖类，使细菌死亡。

②杀菌消毒效果　2%氢氧化钠溶液能杀死细菌和病毒，对革兰氏阴性菌较阳性菌有效。4%溶液作用45分钟可杀灭芽孢。

③优点　杀菌消毒的效果较好，碱还有皂化去垢作用，无色无味，价格低廉。

④缺点　能烧伤人、畜的皮肤和黏膜，对铝制品、油漆漆面和纤维织物有腐蚀作用，若大量含碱性的污水流入江河，可使鱼、虾死亡，淌进农田会造成禾苗枯萎，对环境造成严重的二次污染，故要限用、慎用。

(6)过氧化物类　市售过氧化物类消毒剂的商品名有过氧乙酸、过氧化氢、臭氧、二氧化氯等。

①杀菌机制　释放出新生态氧，起到杀菌消毒的作用。

②杀菌消毒效果　0.5%溶液能杀灭病毒和细菌繁殖体，1%溶液5分钟内能杀死细菌芽孢。

③优点　无残留毒性，杀菌力强，易溶于水，使用方便。

④缺点　易分解不稳定，价格较高，液体制剂运输不便。

4. 猪场消毒的内容和方法

(1)猪舍大消毒(全进全出的栏圈消毒)　注意事项：①舍内的猪必须全部出清，一头不留。②彻底清扫栏圈内的粪便、污物，疏通沟渠。③取出舍内可移动的部件(饲槽、垫板、电热板、保温箱等)，洗净、晾干或置于阳光下暴晒。④舍内的地面、走道、墙壁用高压泵或自来水冲洗，栏栅、笼具进行洗刷和抹擦。⑤闲置1天，待其自然干燥后才能消毒。消毒后需闲置净化2天以上才能进猪。

消毒剂的选用：该项消毒面广，消毒剂的用量较大，不与猪体直接接触，可选用碱类、过氧化物类或氯制剂，用量为0.5～1升/米^2。

(2)门卫消毒　是指进入生产区前的消毒。此项工作往往由门卫来完成，同时与进出大门有关，故暂称门卫消毒，有以下几个方面的内容。

①大门消毒池　主要供出入猪场的车辆和人员通过，要避免日晒雨淋和污泥浊水流入池内，池内的消毒液经3～5天要彻底更换1次，可选用碱类、酚类、氯制剂等消毒剂轮换使用。

②洗手消毒盆　猪场进出口除了设有消毒池消毒鞋靴外，还需要进行洗手消毒，此项消毒往往被忽视，其实是十分重要的，因为手总要东摸西碰，易携病原，而手的消毒也很方便，可选用季铵盐类、过氧化物类等消毒剂。

③车辆消毒　进出猪场的运输车辆，特别是运猪车辆，车厢内、外都需要进行全面的喷洒消毒，可选用过氧化物类、碱类、酚类消毒剂。

(3)临时消毒　当猪只要转群(母猪转入产房待产前)，环境发生变化或发现可疑疫情等情况下，对局部区域、物品随时采取的应急消毒措施，可见于以下几种情况。

①带猪消毒　是指当某一猪圈内突然发现个别病猪或死猪时，并疑为传染病，在消除传染源后，对可疑被污染的场地、物品和同圈的猪所进行的消毒。一般用手提喷雾器进行喷雾消毒，要求使用安全、无气味、无公害、无二次污染的消毒剂，可选用过氧化物类、季铵盐类等消毒剂。

②空气消毒　是指在寒冷季节，为保温门窗紧闭，猪群密集，舍内空气严重污染的情况下进行的消毒，要求消毒剂安全、无气味，人、畜吸入后对机体无害，不仅有杀菌作用，还有除臭、降尘、净化空气等功能，可选用过氧化物类、季铵盐类等消毒剂。

③饮水消毒　在饮用水中的细菌总数或大肠杆菌数超标或可疑污染了病原微生物的情况下，需进行消毒，要求消毒剂对猪体无害，对饮欲无影响，可选用含碘类消毒剂或氯制剂。

5. 猪场消毒应注意的问题

第一，猪场消毒的目的是为了杀灭滞留在外界环境中的病原微生物，对病猪没有治疗作用，一次消毒后，其作用的时间也是有限的，不可能一劳永逸。

第二，猪场消毒是预防传染病流行过程中的一个环节，起到以防万一的作用，对待消毒工作若是一时疏忽、一处遗漏或一次例外，都可能给病原微生物提供一个入侵和生存的机会，导致前功尽弃，所以猪场的消毒工作要做到经常化、制度化。

第三，猪舍平时进行的全进全出消毒（尤其是产房和保育舍必须做到）要求舍内的猪全部出清，一头不留，其目的是利于清扫和冲洗猪圈，如果猪圈不干净，消毒的效果是会受到影响的。因为任何一种消毒剂，遇到有机物（粪便、尘埃、污物等）都能削弱或丧失其消毒功效。况且消毒剂只能作用于物体的表面，对于被粪便或污物覆盖下的微生物是没有杀伤力的。

试验表明，猪群全出后的猪圈，经扫帚打扫后，大约可清除30%的细菌，接着对猪圈进行冲洗和擦刷又可清除50%的细菌，然后再喷洒消毒液，又能杀灭10%左右的细菌，经过这3道程序之后，则可消除和杀灭猪圈内90%左右的细菌，达到这个要求可以说已经合格了。

第四，当猪圈内发现个别病、死猪时，对这个局部环境，需要进行临时消毒，但必须注意及时消除传染源（死猪做无害化处理、病猪做隔离或淘汰处理），再对被污染的环境和物体进行消毒，才能奏效，否则是徒劳的。

第五，任何一种消毒剂，既有杀菌、灭毒的功能，同时对人、畜也存在不同程度的不良反应，而且会给环境带来二次污染。因此，消毒剂使用的浓度并非越高越好，消毒剂的用量也不是越多越好，消毒的次数也不能过于频繁，所以猪场消毒要求做到科学化、规范化。

（二）杀　虫

杀虫是指杀灭或驱除猪的体外寄生虫及滞留在猪舍内的某些节肢动物，如虱、螨、蚊、蝇等。这些虫子虽小，但危害很大，在猪场内无恶不作，它们吮吸猪血，传播疾病，骚扰猪群，闹得人、畜不得安宁。由虱、螨引起的疥螨病，将在猪病防治一章中叙述，以下主要介绍蚊、蝇的生活习性和一般的杀灭常识。

1. 蚊　蚊的种类很多，猪场中常见的有按蚊、库蚊和伊蚊3种。

（1）生活史　蚊的发育过程可分为卵、幼虫（孑孓）、蛹及成虫4期。卵很小，不到1毫米长，夏季一般2天即可孵出幼虫。幼虫（孑孓）需蜕皮4次才变成蛹，在气温30℃左右、食物充足的条件下，经5～7天即可变成蛹。蚊蛹形似逗号，不食，能动，对外界环境有较强的抵抗力，若在30℃条件下，只需2天便可羽化为成蚊。成蚊就能交配，雌蚊吸血后产卵。

(2)习性　成蚊的产卵地也是幼虫的滋生场所，通常水生植物较多的江河、池塘、水田为中华按蚊的滋生地。溪水、泉水等清洁的流水是微小按蚊的产卵处，缸、罐、树洞内的清洁小积水是白纹伊蚊的生长场所，阴沟、污水、稀粪缸是库蚊的大本营。

蚊子幼虫的生长发育与温度有密切关系，一般在40℃以上、10℃以下因过热或过冷而死亡，以20℃～30℃为最适宜。

蚊子交配的时间，大都选在夕阳之后的黄昏或日出之前的黎明。交配前常表现群舞现象，交配后雌蚊的受精囊内贮满了精液，甚至可供应到越冬后翌年春天吸血后仍可受精。

雄蚊不吸血，以植物液汁为食料。雌蚊吸血，其卵必须在吸血后才能发育。雌蚊寿命30天左右，雄蚊更短。

(3)危害　蚊子的危害主要是在夜间叮咬、吸血，被刺螫动物的局部有强烈的痛感和痒感。由于猪舍内的蚊子数量很多，使猪丧失大量鲜血，同时闹得猪群不得安宁，影响正常生长，还能传播流行性乙型脑炎和猪瘟等疾病。

2. 蝇　通常称苍蝇。其种类很多，猪场中常见的苍蝇有家蝇、市蝇、厕蝇、金蝇等。

(1)生活史　苍蝇的发育分为卵、幼虫、蛹及成虫4期。雌蝇在交配后5～6天，开始在潮湿、肮脏的粪堆、垃圾堆、尸体处产卵。卵呈乳白色，形似香蕉，在30℃条件下发育很快，0.5～1天即可孵出幼虫。幼虫(蝇蛆)无足无眼，畏阳光，很活跃，善钻小孔，常聚集在粪堆的表面上，一般达三龄幼虫时，即爬出滋生地，钻入松土中，停止摄食而变为蛹。蛹为椭圆形，外壳硬，颜色深，不食不动，并能越冬，待春暖时，即能羽化成蝇。蝇在蛹内发育成熟后，冲破蛹壳爬出，刚羽化出来的蝇，外皮柔软，经数小时后才能飞翔。了解这一特点，有利于杀灭苍蝇。

苍蝇发育要求较高的温度，在30℃～40℃条件下，只需8～10天即能完成1代。因此，炎热的夏、秋季是苍蝇繁殖最快的季节。

成蝇羽化后就可交配、产卵，一生产卵4～5次，每次产卵数为100～150个。

(2)习性　苍蝇以各种腐烂的有机物为食料，如猪的粪便、饲料、尸体、垃圾堆等，这些也是苍蝇的聚集地。温度和光线能影响苍蝇的活动，白天气温在30℃左右最活跃，夜晚静伏。蛹、蛆状态是越冬的主要形式。

(3)危害　家蝇不吸血，但在猪圈内飞来飞去，在猪身上爬来爬去，在饲料和粪便之间觅食，使猪不得安宁。由于苍蝇在采食时常有呕吐和排便行为，所以极易传播某些病原体和寄生虫虫卵，如猪瘟、副伤寒、蛔虫等。

3. 如何搞好猪场的杀虫工作

第一，猪舍要保持通风良好，地面干燥，及时清理积粪，铲除猪舍内外的垃圾、乱草堆，疏通排水道，填平污水沟，绿化、美化猪场周围的环境。场地要分区分工专人负责，开展检查评比，表扬先进，批评落后，这要成为一种制度，长期坚持下去。

第二，杀虫、驱虫的方法很多，如拍、打、压、砸、捕、粘以及使用毒饵、毒药等。有的猪场采用黑光灯灭蝇、蚊(黑光灯是一种特制的电光灯，灯光为紫色，苍蝇有趋向这种光的特性，当飞扑触及带有正、负电极的金属网时，即被电击而死)。也可使用敌百虫(1%水溶液)、除虫菊(0.2%煤油溶液)喷洒。也可将药液掺入食物制成毒饵或制成熏烟剂，但要注意使用时防止人、畜中毒。也有人使用捕蝇笼，或在猪舍安装纱门、纱窗，防止蚊、蝇飞入。

第三，随着科学技术的发展，新的无公害杀虫方法不断出现。例如，利用昆虫的天敌或雄性绝育技术等生物学灭虫法消灭蚊、蝇；在猪圈周围的池塘、水沟中放养柳条鱼，能吃掉其中的孑孓；也有人研究用辐射的方法使雄虫不育，然后大量释放在猪场内，使与其交配的雌蝇或雌蚊失去繁殖能力，让蚊、蝇断子绝孙。

（三）灭　鼠

猪场的鼠害十分普遍，损失也相当严重，表现在咬伤仔猪、盗食饲料、毁坏器物、传播疾病等。因此，灭鼠是猪场一项重要的、长期的和艰巨的任务。

1. 鼠类的生物学特性 鼠的种类很多，猪场中常见的鼠种有褐家鼠、黑家鼠、小家鼠等数种，其中以褐家鼠分布最广。褐家鼠又称沟鼠，这种鼠前趾粗壮，性凶猛，善于掘穴，亦会游泳，但攀登能力较差。它们栖息于猪舍附近的园地，掘穴于建筑物的基部及沟渠和下水道内。褐家鼠的繁殖能力极强，一年四季均可生育，在温暖的4～6月份为其繁殖高峰季节，1年产6～10胎，每胎产仔鼠7～10只，个别的多达18只，妊娠期21～22天，3～4月龄的幼鼠就能交配生育，寿命2～3年。该鼠为杂食动物，夜间活动较频繁，在安静无人的环境下，白昼也出来活动。

鼠类的适应范围很广，如果猪场可提供优越的条件，如饲料种类多，营养成分全面，加之饲料仓库无防鼠措施，饲槽开放供应饲料，任鼠类自由采食，在这种独特的环境条件下，鼠类会迅速繁殖，即使新建的猪场，也会很快发生严重的鼠害。

2. 鼠类的危害 主要是消耗饲料，破坏建筑物和传播疾病等。

鼠的食量很大，每只鼠1天吃进的食物占其体重的1/10～1/5，为50～100克。有人统计，1只老鼠在饲料仓库内停留1年，可吃掉12千克粮食，排泄2.5万粒鼠粪，污损40千克粮食，有的鼠还要贮存大量粮食。老鼠的门齿能终身生长，每年要长17～20厘米，为了保护嘴唇，老鼠每周要咬齿1.8万～1.9万次，以将牙齿磨平，因而老鼠要不断啃咬建筑物、箱柜和衣物。

鼠类传播疾病有直接传播和间接传播两种，直接传播是指感染某些疾病的鼠类或机械携带某些病原体的老鼠，在盗食猪饲料时，病原污染了饲料（鼠类在吃食时，往往同时有排粪、排尿的习

惯），可造成某些通过消化道感染的疾病流行，如沙门氏菌病、伪狂犬病、猪瘟、钩端螺旋体病等。间接接触传播是指鼠类借其体外寄生虫如蚤、虱等吸血昆虫吸血时，将疾病散播开来，这类疾病有流行性出血热、鼠疫、猪丹毒等。

3. 灭鼠的方法　灭鼠工作应从两方面进行。一方面是根据鼠类的生态学特点开展防鼠、灭鼠工作，这要从猪舍建筑和卫生措施着手，控制鼠类的繁殖和活动，把鼠类在各种场所生存的空间限制到最低限度，使它们难以得到食物和藏身之处。要求经常保持猪舍及其周围地区的整洁，及时清除残留的饲料，将饲料保存在鼠类不能进入的库房内，则可大大减少家鼠的数量。在猪舍的建筑结构方面，要达到防鼠的要求，墙基、地面、门窗等方面都应力求坚固，发现洞穴，立即堵塞。

另一方面，采取种种方法直接杀灭鼠类。猪场灭鼠的方法大体可分为器械灭鼠和药物灭鼠两类。

（1）器械灭鼠法　即利用各种工具扑杀鼠类，其中包括关、夹、压、扣、套、粘、翻（草堆）、堵（鼠洞）、挖（鼠洞）、灌（水）以及电子捕鼠等。

使用鼠笼、鼠夹之类的工具捕鼠时，应注意下列事项。

①掌握鼠情　捕鼠前必须了解当地的鼠情，弄清以哪种家鼠为主，以便有针对性地采取措施。

②诱饵选择　若在猪舍内、饲料库周围，则以蔬菜瓜果作诱饵较为适合。鼠性刁猾，可先将诱饵放在机扣上固定，或放在未支上弹簧的捕鼠器上，让鼠安稳就食数次，待鼠消除警惕性后再在原地安装捕鼠机械，利用原诱饵，这样可以较有效地歼灭大量老鼠。此外，诱饵要勤换，捕鼠方法也需经常变换。经验表明，在阴天或将要下雨时，老鼠更易上钩。

③捕鼠器放置　捕鼠器应尽量放在鼠洞附近或鼠道上。常见的小家鼠是沿着墙壁行走的，故捕鼠器应贴近墙壁放置；猪场

以褐家鼠为主，捕鼠器可放置于沟中，用砖略垫高，在鼠洞出口处可按不同方位放置3个捕鼠器。捕鼠器上遗留的血迹，须及时清洗。

（2）*药物灭鼠法* 灭鼠药物种类很多，过去曾使用安妥、氟乙酸钠等药物，由于这类药对人、畜的毒性很大，很不安全，现已禁用。目前推荐使用的抗凝血灭鼠剂有敌鼠钠盐、大隆、卫公灭鼠剂等。其主要机制是破坏老鼠血液中的凝血酶原，使其失去活力，同时使毛细血管变脆，致使老鼠内脏出血而死亡。此类药物对人、畜的毒性较低，况且人、畜一般不易多次误食毒饵，所以比较安全。其使用方法，以卫公灭鼠剂为例：将每支10毫升药剂溶于100毫升热水中，充分混匀，再加入500克新鲜玉米或小麦等食物，反复搅拌，至药液吸干后即可使用。

灭鼠的方法多种多样，各有优缺点，各猪场可因地制宜地选用。同时，还要制订灭鼠的奖励规定，充分发挥猪场每个员工的灭鼠积极性，才能有效地消灭猪场的鼠害。

（四）切断传播途径时遇到的困扰

随着社会的发展，我国养猪业的规模、猪的品种以及猪群的饲养管理条件等都在不断改变，养猪业的生产力提高了，但猪病防治工作的难度也增加了，表现在切断疫病传播途径的重要环节发生了困扰，这是一个社会问题，值得有关部门进一步探讨，现举例说明如下。

第一，自繁自养是切断疫病传播的一种重要手段，但现在的规模猪场，普遍推行的是洋三元瘦肉型杂交猪，因此每个猪场每年必须从国内外引进一批种猪，难以实现自繁自养，需要经常引进种猪，就很难避免带进隐性感染的病猪。

第二，我国商品肉猪的流通性大，猪肉的消费在城市，养猪生产在农村，导致商品肉猪的大流通，由于活猪从产区运出，至消费城市屠宰，沿途必然遭到其排泄物的污染，这是引起疫病流行的

一个重要的途径，如何克服值得探讨。

第三，空气污染日益加重，我国的雾霾天气有增无减，有的病原微生物可利用 PM2.5 飘浮在空气中，乘机进入到猪体内，导致猪群发病，当前我国很多地区雾霾天气持续时期长，同时养猪密度高，一旦发生疫病，风险很大。

四、建立不易感猪群

建立不易感猪群，就是使猪群对疾病产生抵抗力或免疫力，从而使某些病原体呈现不感染状态。

免疫接种能激发动物机体产生特异性抵抗力，是使易感猪转化为不易感猪的一种手段。因此，猪场有计划地开展免疫接种，是预防和控制传染病的重要措施，特别是对于猪瘟、伪狂犬病、流行性乙型脑炎等传染病，更具有关键的作用。

猪群通过疫苗的接种产生免疫力，必须具备两方面的因素：一是猪的个体具有健全的免疫系统，对抗原（疫苗）接种有产生免疫应答的能力，这是猪体产生免疫力的内部基础；二是要有免疫原性良好的疫苗、合理的免疫程序和正确的免疫接种方法，这是使猪体产生免疫力的外部条件。

（一）机体免疫的内部基础

1. 免疫器官　猪的免疫器官可分为中枢免疫器官和外周免疫器官。中枢免疫器官由骨髓和胸腺组成，最近有人认为肠道集合淋巴结也属于中枢免疫器官。外周免疫器官包括脾脏、淋巴结以及消化道、呼吸道和泌尿生殖道的淋巴结。

骨髓既是造血器官，又是中枢免疫器官，T 淋巴细胞（简称 T 细胞）、B 淋巴细胞（简称 B 细胞）等都是由骨髓多能干细胞分化而来的。

胸腺由2叶组成，位于胸腔前部的纵隔内，可伸展到颈部直至甲状腺，仔猪出生后，胸腺随着日龄的增长而增大，而到成年后则又逐渐退化、萎缩。胸腺是诱导T细胞分化成熟的场所，来自于骨髓的淋巴干细胞经血液循环进入胸腺，在胸腺激素的作用下，分化发育成为T细胞。试验表明，当新生仔猪切除胸腺后，血液和淋巴组织中的淋巴细胞明显减少，细胞免疫反应性降低，B细胞功能受到影响，甚至出现细胞免疫缺陷。

猪的外周免疫器官是T细胞、B细胞定居的场所，对抗原的刺激产生免疫反应，从而产生抗体。脾脏是产生抗体的主要器官，呼吸道和消化道黏膜固有层中的浆细胞，可产生分泌型免疫球蛋白A(IgA)，发挥黏膜免疫的功能，对经呼吸道和消化道感染的病原，黏膜免疫是十分重要的。

2. 免疫细胞 凡是参与机体免疫反应的细胞统称为免疫细胞，包括各种淋巴细胞、单核吞噬细胞和粒细胞。

T细胞的功能是承担机体的细胞免疫，并辅助B细胞产生抗体。

B细胞的功能是承担机体的体液免疫，即受抗原刺激后，在T细胞的辅助下，分化成具有合成和分泌抗体能力的浆细胞，发挥体液免疫的功能。

K细胞称为杀伤细胞，在抗体的参与下，发挥细胞毒作用，杀伤受病毒感染的细胞和肿瘤细胞。

NK细胞称为自然杀伤细胞，可独立地直接杀伤病毒感染的细胞和肿瘤细胞。

单核吞噬细胞的主要功能是吞噬病原微生物，储存、处理抗原物质，传递抗原信息。

粒细胞包括中性、嗜碱性和嗜酸性粒细胞以及肥大细胞，其主要功能是吞噬作用。

3. 免疫应答 猪的免疫系统在抗原(疫苗)的刺激下，产生一系列的免疫反应，如对抗原物质的识别和处理，抗原递呈，T细胞

和B细胞的活化，致敏淋巴细胞、淋巴因子和抗体的产生，以及这些因素参与的清除抗原物质的过程。总之，机体的免疫应答包括细胞免疫应答和体液免疫应答2个方面。猪体通过免疫应答建立对某种病原体的抵抗力。疫苗接种就是使猪产生免疫应答，增强免疫力，防止传染病的发生。

4. 构成免疫力的因素　包括非特异性免疫和特异性免疫2个方面。

非特异性免疫是动物种系发育和长期进化过程中建立起来的天然防御功能。由机体的组织机构和生理功能构成。如健康的皮肤、黏膜和血脑的屏障作用，细胞的吞噬作用，补体成分和干扰素的生物活性作用等。

特异性免疫是动物机体的免疫系统受抗原物质（如疫苗）刺激后产生的对该抗原的特异性抵抗力，包括以下几种因素。

（1）抗体　主要功能是特异性地中和相应的病毒、细菌及其毒素，抑制病原微生物的生长与繁殖，防止病原微生物经黏膜组织感染，在补体的作用下溶解病原微生物，促进吞噬细胞的吞噬作用，介导淋巴细胞的细胞毒作用等。

抗体的化学本质是免疫球蛋白（Ig），进一步还可分为IgM、IgG、IgA和IgE等。虽然都有免疫作用，但功能有所不同。IgM是机体免疫系统受抗原刺激后产生最早的抗体分子，是抗感染免疫的先锋，在抗早期感染中发挥主要的作用。但是，IgM在体内维持时间较短，随着IgG水平的升高，IgM的含量逐渐减少。IgG是猪血清中的一种主要抗体，维持时间最长，是机体抗感染免疫的主力，也是免疫监测和血清学诊断检测的主要抗体。IgA可分单体和双体2种形式。单体主要存在于血清中，双体则见于呼吸道、消化道、泌尿生殖道等黏膜表面，是黏膜抵抗病原体感染的主要抗体，所以提高IgA的浓度，对增强呼吸道、消化道抗感染有重要的作用。

抗体的产生是一个动态变化过程，若掌握了它的规律，在生产实践中就可制订出合理的免疫程序，使猪群产生坚强的免疫力。

①初次应答　动物机体初次接种抗原的一种反应，具有潜伏期。例如，病毒弱毒苗潜伏期为3～4天，细菌苗5～7天，油乳剂苗2～3周，在这期间测不到抗体，当然也得不到保护。

②再次应答　当动物机体第二次接种同样的抗原所产生的抗体反应。其潜伏期显著缩短，所产生的抗体主要是IgG，维持时间较长。因此，许多疫苗进行二次免疫接种可增强免疫力和延长免疫期。

③回忆应答　免疫接种经过一段时间后，抗体已降到最低水平了，这时再次接种相同的抗原，又能产生较高的抗体，其主要类型是属IgG抗体。

(2)致敏淋巴细胞　致敏淋巴细胞是T细胞受抗原物质(疫苗)刺激后产生的能发挥免疫功能的效应性淋巴细胞。例如，Tc细胞、Tk细胞，可特异性杀伤靶细胞(病毒感染细胞、肿瘤等)。

(3)淋巴因子　是由致敏淋巴细胞产生的具有多种免疫活性的物质。虽然在体内其产生量较少，但作用大，能直接或间接地促进免疫活性细胞的分裂增殖，杀伤和破坏靶细胞。

(4)白细胞介素　是在白细胞之间发挥作用的一些细胞因子，具有多种免疫功能。

(二)机体免疫的外部条件

动物在长期的进化过程中，形成了完善的免疫系统，对抗原的刺激能产生有效的免疫应答，从而建立起免疫力。形成这种免疫力的外部条件是多方面的，现主要介绍以下2点。

1. 疫苗接种　疫苗接种是使猪群产生主动免疫力的措施，按照一定的免疫程序接种疫苗可使猪群建立起持续时间较长的特异性免疫力，有的疫苗通过重复接种可强化或延长其免疫效果。

疫苗接种是建立和提高猪群免疫力的关键，要求猪场疫病防疫人员对免疫和疫苗的知识要有较系统地了解。目前在猪病防治中，普遍使用的疫苗有活苗与灭活苗两大类。

(1)活苗　此类苗使用最多的是弱毒苗。弱毒苗是将病原微生物通过一定的宿主系统(如培养基、细胞或兔体等)传代致弱制成的，但仍然保持着原有的抗原性并能在体内繁殖，因而可用较少的免疫剂量，诱导产生坚强的免疫力，而且不需使用佐剂，免疫期较长，不影响肉产品的品质。有些弱毒苗可刺激机体细胞产生干扰素，对抵抗其他野毒的感染也有良好的效果。但活苗必须冷藏，若贮存、运输不当，容易失效。

(2)灭活苗　病原微生物经理化方法灭活后，仍然保持免疫原性，接种后使动物产生特异性抵抗力，这种疫苗称为灭活苗或死苗。由于死苗接种后不能在体内繁殖，因此使用的剂量较大，产生免疫力的时间较慢，若加入适当的佐剂，可以增强免疫效果。灭活苗的优点是研制周期较短，使用安全，便于保存。常用的制剂如下。

①油佐剂灭活苗　是以矿物油为佐剂与灭活抗原液按一定的比例混合，加适量的乳化剂乳化而成。目前的产品有猪细小病毒病、伪狂犬病等油乳剂灭活苗。

②氢氧化铝灭活苗　是将灭活的抗原液加氢氧化铝胶制成的。这种铝胶苗的制备较简便，免疫效果也较好，但吸收较困难，在体内可形成结节，影响肉的品质，如猪肺疫氢氧化铝灭活苗等，目前较少使用。

2. 被动免疫　输入抗体属于被动免疫。新生仔猪主要从初乳中获得特异性抗体，从而产生被动免疫力，抵御病原体的感染，以确保仔猪的早期生长发育。但是这种被动免疫抗体不是自身免疫系统产生的，是从母乳中获得的，而且随着哺乳的延续，乳汁中母源抗体的含量越来越少，因而母源抗体对仔猪只能起到暂时的免疫保护作用。此外，母源抗体也存在其不利的一面，如可干扰弱毒疫苗对仔猪的免疫效果，是仔猪免疫失败的原因之一。

重视母猪的免疫接种，提高其抗体水平，增加初乳中的抗体效价，是防治仔猪大肠杆菌病、传染性胃肠炎等疾病的重要措施。

人工制备的特异性高免血清，不仅可用于紧急预防，还有良好的治疗作用。这种产品在抗生素及磺胺类药物问世以前，曾经广泛用于某些传染病的防治，被认为是唯一能有效地控制病原微生物的制剂，是由专业厂家生产、市场上销售的一种生物制品。后来由于有的疾病已研制出疫苗，能有效地控制其流行（如猪瘟），有的疾病可用抗生素等药物进行治疗（如猪丹毒等），因此这些血清制品已停止生产，在市场上销声匿迹了。

近年来，不断出现一些新的猪病，如蓝耳病、2 型圆环病毒病等，尚缺乏理想的疫苗。还有些传染病，过去使用抗生素疗效很好，而现在无效了，如大肠杆菌病、链球菌病等易产生耐药性。根据这一状况，有人研制出相应的高免血清，不仅有理论根据，实践证实也有良好的效果。

构成机体免疫力的因素可归纳如下。

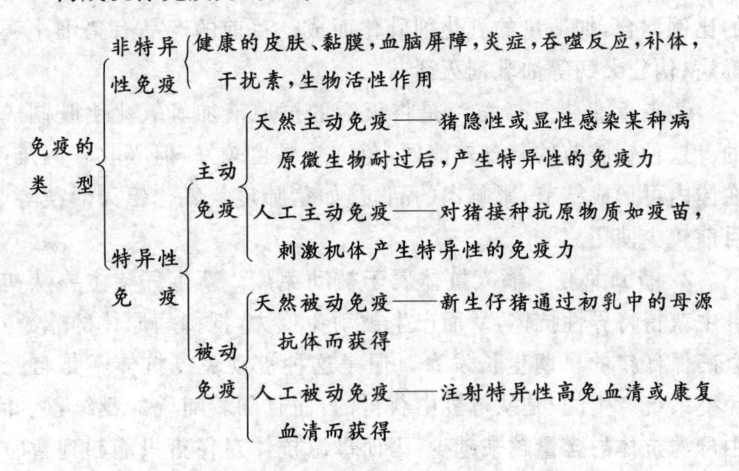

(三)影响猪群免疫力的因素

免疫应答是一个生物学过程,不可能提供绝对的保护,在免疫接种群体的所有成员中,免疫水平也不会相等,这是因为免疫反应受到遗传和环境等诸多因素的影响。在一个随机的动物群体里,免疫反应的范围倾向于正态分布,也就是说大多数动物对抗原有免疫反应倾向于中等水平,而一小部分动物则免疫反应很差,这一小部分动物尽管已经免疫接种,却不能获得抵抗感染的足够保护力。所以,随机动物群是不可能因免疫接种而获得百分之百的保护率。一般认为,在一个猪群中,绝大部分猪能获得保护,少部分易感猪即使被感染,也不至于造成该疫病的流行。以下诸因素均能影响猪群的免疫力。

1. 遗传因素　动物机体对接种抗原有免疫应答,在一定程度上是受遗传控制的。猪的品种繁多,免疫应答各有差异,即使同一品种不同个体的猪只,对同一疫苗的免疫反应,其强弱也不一致。

2. 营养状况　现代养猪吃的是全价配合饲料,一般不会缺乏生长发育所需的营养物质,但规模养猪无法提供大量的青绿饲料,故现在的猪普遍缺少免疫所需的营养物质,因为这些物质主要存在于各类植物中。由于现代养猪人们只求猪的快速生长,忽略了免疫营养物质,导致当前猪体质衰弱、抵抗力下降,对疾病的易感性增加等。研究表明,抗病营养物质的主要成分是茶多酚、植物多糖、皂苷、黄酮等,并已研制出免疫营养的提取物,现已有商品化生产,商品名为植生素、植康素等,解决了规模猪场无法提供大量青绿饲料的难题。

3. 环境因素　动物机体的免疫功能在一定程度上受到神经、体液和内分泌的调节,在环境过冷、过热、湿度过大和通风不良等应激因素的影响下,可导致动物对抗原的免疫应答能力下降。免

疫接种后动物表现出低抗体和细胞免疫应答减弱。

搞好猪场的环境卫生，给予猪群一个适宜的生存条件，杜绝传染源，即使猪群的抗体水平不高，也不至于发生传染病。此外，虽然对猪进行多次免疫可以提高抗体的水平，但并非防病的目的，因为高免疫力（高抗体）的本身对猪来说也是一种应激反应。有资料表明，动物经多次免疫后，高水平的抗体会使动物的生产力下降。因而，搞好环境卫生与接种疫苗在疫病防治中同等重要。

4. 疫苗质量 疫苗质量的好坏十分重要，包括疫苗产品本身的质量，保存以及使用过程中的质量等。疫苗应有标签，有批准文号、使用说明、有效日期和生产厂家。各种剂型的疫苗应按其要求的温度进行运输和贮存。

在疫苗的使用过程中，有很多影响免疫效果的因素，如疫苗的稀释方法、接种途径、免疫程序等，各个环节都应给予足够的重视。

5. 血清型 有些病原含有多个血清型，如猪大肠杆菌病、猪肺疫等。其病原的血清型多，给免疫防治造成困难，选择适当的疫苗株是取得理想免疫效果的关键。在血清型多、又不了解为何种血清型的情况下，应选用多价苗。

6. 母源抗体 母源抗体的被动免疫对新生仔猪是十分重要的，然而对疫苗接种却带来了一定的影响，尤其是用弱毒疫苗。如果仔猪有较高水平的母源抗体，就能影响疫苗的免疫效果。仔猪首次免疫的日龄，应根据母源抗体测定的结果来确定。

7. 其他因素 如患慢性病、寄生虫病，各种疫苗间的干扰（尤其是弱毒苗），接种人员的素质和业务水平等。近年来发现一些免疫障碍性疾病如伪狂犬病、蓝耳病等都能使猪的免疫功能下降，免疫应答能力减弱，从而影响疫苗的免疫效果。

（四）如何搞好猪群的免疫接种工作

1. 确保疫苗的质量 第一，要从正规的渠道进货，把好疫苗

的采购关。产品必须有批准文号、有效日期和生产厂家，三无产品不可使用。可能有的新产品或试产品尚无批文，但应该了解生产和研制单位，发现疫苗的质量问题便于追查。

第二，疫苗怕热，需要低温保存，特别是活苗对温度更加敏感。猪用的疫苗种类很多，不同制剂，其保存温度与有效期限是有差别的，参考数据见表 1-1。

表 1-1　不同疫苗制剂的保存温度和期限

疫　苗	不同温度下的保存期限			
	－15℃以下	0℃～4℃	10℃～25℃	25℃～30℃
冻干疫苗	1年	6个月	7天	2天
冻干菌苗	—	12个月	6个月	10天
油乳剂灭活苗	—	12个月	6个月	2个月

2. 规范免疫接种技术　第一，免疫接种工作应指定专人负责，包括免疫程序的制订，疫苗的采购和贮存，免疫接种时工作人员的调配和安排等。根据免疫程序的要求，有条不紊地开展免疫接种工作。

第二，疫苗使用前要逐瓶检查苗瓶有无破损，封口是否严密，标签是否完整，有效日期是否超过，要有生产厂家，批准文号，其中有一项不合格，均不能使用，应做报废处理，以确保疫苗的质量。

第三，免疫接种工作必须由兽医防疫技术人员执行。接种前要对注射器、针头、镊子等器械进行清洗和煮沸消毒，备有足够的碘酊棉球、稀释液、免疫接种登记表格和肾上腺素等抗过敏药物。

第四，免疫接种前应检查了解猪群的健康状况，对于精神不振、食欲欠佳、呼吸困难、腹泻或便秘的猪打上记号或记下耳号暂时不接种疫苗。

第五，凡要求肌内接种的疫苗（按照疫苗使用说明书），操作要点如下：①吸入苗液，排出空气，调节用量。②接种前对术部进行消毒。③接种时将注射器垂直刺入肌肉深处。④注射完毕拔出针头，消毒并轻压术部。

第六，对哺乳仔猪和保育猪进行免疫接种时，需要饲养员协助保定，保定时应做到轻捉、轻放。接种时动作要快捷、熟练，尽量减少应激。

第七，免疫接种的剂量应按照说明书的要求进行（个别疫苗可以适当增加剂量），种猪要求1头换1根针头，哺乳仔猪和保育猪要求1圈换1根针头。紧急免疫接种时均要求1头换1根针头。

第八，免疫接种的时间应安排在猪群喂料以前空腹时进行，免疫接种后2小时内要有人巡视检查，若遇有变态反应的猪立即用肾上腺素等抗过敏药物抢救。

3. 制订合理的免疫程序 有良好的疫苗和规范的接种技术，若没有合理的免疫程序，仍不能充分发挥疫苗应有的作用。因为一个地区、一个猪场，可能发生多种传染病，而可以用来预防这些传染病的疫苗的性质又不尽相同，有的免疫期长，有的免疫期短。因此，免疫程序应该根据当地疫病流行的情况及规律，猪的用途、日龄、母源抗体水平和饲养管理条件以及疫苗的种类、性质等方面的因素来制订。不能做硬性统一规定。所制订的免疫程序还可根据具体情况随时调整。

（五）猪常用疫苗简介

当前猪的传染性疾病复杂，传统的传染病尚未消灭，新的传染病又不断增加。因此猪的免疫接种越来越受到人们的重视，一个猪场需要接种哪些疫苗、它们的性能如何、怎样选购是猪场兽医所关注的问题。疫苗属特殊的专控商品，目的在于保证质量。因此，有关部门规定其产品必须由主管部门定点的厂家生产，每

种产品应有批准文号。根据疫苗抗原的性质和制备工艺，常见的猪用疫苗可分为活疫苗、灭活苗和基因工程疫苗3类，其主要特点有以下几点。

1. 活疫苗　可以在免疫动物体内繁殖，能刺激机体产生全面的系统免疫反应和局部免疫反应，免疫力持久，有利于清除局部储毒、产量高、生产成本低。但是，该类疫苗残毒在自然界动物群体内持续传递后，可能有毒力增强和返强的危险，有不同抗原的干扰现象；要求在低温、冷暗条件下运输和贮存。例如，猪瘟活疫苗、猪气喘病活疫苗、猪乙型脑炎活疫苗等。

2. 灭活疫苗　不能在动物体内繁殖、比较安全，不发生全身不良反应，无毒力返强现象，有利于制备多价或多联等混合疫苗，制品稳定，受外界环境影响小，便于保存运输。但该类疫苗的免疫剂量大，生产成本较高，需多次免疫，而且该类疫苗一般只能诱导机体产生体液免疫和免疫记忆，故常需要用佐剂或携带系统来增强其免疫效果。例如，猪蓝耳病灭活苗、猪口蹄疫灭活苗等。

3. 基因工程疫苗　包括基因缺失疫苗，重组活载体疫苗、合成肽疫苗、核酸疫苗等，目前应用较成功的是基因缺失疫苗，该疫苗是利用生物技术去掉病毒致病基因组中某一片段，使缺损毒株难以自发恢复成强毒株但并不影响其复制，同时保持了其良好的免疫性。

基因缺失冻干苗的生产成本较低，价格相对便宜，具有安全性好、免疫保护期较长等优点，而且还可通过分子生物学手段，对苗毒和野毒进行鉴别诊断。但是也有人担心，如果长期使用后是否可能与野毒株发生基因重组而使毒力返强。如猪伪狂犬病基因缺失疫苗、猪大肠杆菌MM工程疫苗等。

4. 猪的常用疫苗

(1)猪瘟活疫苗　C系猪瘟兔化毒株被公认为是一种较理想的疫苗毒株，具有性状稳定、无残余毒力、不带毒、不排毒、不返强等特点，当前市场上供应的有以下 3 种制剂。

①猪瘟细胞活疫苗　是用猪瘟兔化弱毒株接种犊牛睾丸细胞培养，收获细胞培养物，冷冻干燥制成。本品用细胞生产，产量较高，价格相对较便宜，并可用于初生乳猪的超前免疫。

②猪瘟乳兔组织苗　是用猪瘟兔化弱毒株接种乳兔，无菌收获乳兔的肌肉及实质脏器制备的疫苗。由于组织中含有某些与免疫相关的细胞因子，能起到免疫增强作用。但本品需用活体乳兔生产，产量较低，价格相对较高。

③猪瘟淋脾苗　是用猪瘟兔化弱毒株接种成年家兔，无菌收获含毒量较高的淋巴结、脾脏制备的疫苗。本品也是用组织制备，具有免疫增强作用，适用于猪瘟的紧急免疫接种。但其产量较低，价格相对较高。

④注意事项

第一，按瓶签注明的剂量，每头份加 1 毫升专用的稀释液或灭菌生理盐水，无论大小猪一律肌内注射 1 毫升。

第二，细胞苗可酌情增加用量(2～4 头份)疫苗稀释后应存放在冷暗处，限 2 小时内用完。

第三，组织苗稀释后不可再冻结，如气温在 15℃以下，6 小时内用完；15℃～30℃，应在 3 小时内用完。

第四，被注射的猪一定要健康，体质瘦弱或患有较严重的疾病时暂不能注射，母猪妊娠期间避免接种。

第五，本品与蓝耳病疫苗接种，至少间隔 1 周。

第六，注射后要注意观察反应，若出现变态反应，要及时注射肾上腺素等抗过敏药抢救。

(2)伪狂犬病疫苗　伪狂犬病疫苗可分为活疫苗和灭活疫苗 2 种剂型，根据制苗毒株的基因缺失情况可分为基因缺失苗和非基因缺失苗。基因缺失苗又有 gE 缺失苗、gG 缺失苗和 TK 缺失苗。不同疫苗各有优缺点，猪场应根据本场的实际情况和免疫目

的选用，不能轻信商业广告宣传盲目追从，若防疫的最终目的是要求净化本病，应选用基因缺失苗，因为基因缺失苗产生的抗体与野毒产生的抗体有别，通过抗体检测，可以看出本场是否有野毒感染，以便及时淘汰野毒感染的病猪；如果仅为了防疫，不要求检测抗体，也可使用廉价的非基因缺失苗。

①伪狂犬病基因缺失活疫苗　采用人工构建猪伪狂犬病病毒基因缺失株，接种鸡胚成纤维细胞，收获细胞培养物，加适宜的稳定剂，经真空冷冻干燥制成。本品为微黄色海绵状疏松团块，加磷酸盐缓冲液(PBS)后迅速溶解呈均匀的悬液。

用法：按标签注明的头份，肌内注射，每头 1 毫升，并在 2 小时内用完，妊娠母猪注射 2 头份，初生乳猪注射 1/2 头份或滴鼻。

②伪狂犬病油乳剂灭活苗　本品由猪伪狂犬病病毒的细胞培养液经甲醛溶液灭活后加入油佐剂乳化而成，产品呈白色乳剂。

使用前充分摇匀，仔猪肌内注射 1 毫升，母猪肌内注射 2 毫升，妊娠母猪在产前 1 个月加强免疫 1 次。

(3)口蹄疫 BEI 灭活苗　用细胞培养的 O 型口蹄疫病毒液，经二乙烯亚胺(BEI)灭活后，与白油按一定的比例乳化制成。产品为乳白色的乳状液体。

①使用方法　断奶后无论大小猪，均可注射，每头肌内注射 3 毫升；未断奶的仔猪注射 1～2 毫升。间隔 1 个月强化免疫 1 次，每头猪注射 3 毫升，种猪每年补防 2 次。

②免疫期　免疫接种后 2 周即对 O 型口蹄疫产生较强的免疫力，保护期 6 个月。

③注意事项　本疫苗对 O 型以外的口蹄疫没有保护力。因此，还有 A 型口蹄疫疫苗和多价口蹄疫疫苗。

当前市场供应的猪口蹄灭活疫苗可分普苗和浓缩苗(或称高效苗)2 种，其使用方法和作用相同，仅在疫苗的效价上有所区别。

(4)气喘病疫苗　本疫苗可分为活苗和灭活苗2种,其免疫作用和效果基本相同,活苗系国产,价格相对较廉,但需采用肺内注射。灭活苗目前是进口产品,价格相对较贵,但可以肌内注射。

①气喘病活苗　本品是近年来由我国兽医科研工作者研制成的,有多个弱毒疫苗株,如猪支原体168株弱毒疫苗,其冻干苗为淡红色或淡黄色的疏松团块,加入稀释液后即迅速溶解。

肺内注射有利于免疫力的产生,且实际操作是方便的、安全的。注射方法是从被注射猪的右侧肩胛骨后缘沿中轴线向第二至第三肋骨间垂直进针(仔猪用配套专用注射针头)。

注意事项:在免疫接种前后7天内,禁止使用抗支原体的药物(如土霉素、泰乐菌素、氟苯尼考等)和含有这类药物的添加剂,可以使用青霉素或磺胺类药物。注射部位必须彻底消毒,每头猪使用1根针头或至少每窝猪使用1根针头。若个别猪或个别窝仔猪在注射疫苗30分钟内出现呼吸急促或呕吐等变态反应可立即帮助猪做扩胸运动。

仔猪7日龄前后即可首免,强阳性猪场在60～80日龄二免,效果更好。

②气喘病灭活苗　是使用抗原缓释技术制备的猪用长效疫苗,接种后能迅速产生免疫应答,诱导最佳的体液和细胞免疫水平。

注意事项:由于灭活苗较黏稠,气温较低时在使用前应置于37℃温水中加温30分钟左右。目前市场上有不同国家多个厂家的疫苗,使用前要细读说明书。

气喘病疫苗使用效果的简易判定(与未使用疫苗时的比较):临床上咳嗽的猪是否减少;测算猪只在生长期的生长速度是否提高;饲料报酬是否提高;屠宰时猪肺部特征性的病变是否减少。

(5)传染性胃肠炎、流行性腹泻疫苗　本品有活苗和灭活苗之分,活苗是单苗,灭活苗是二联苗,在临床上这两种病不易区分,因此两种疫苗都需接种。

①传染性胃肠炎、流行性腹泻二联灭活苗　本品采用猪传染性胃肠炎和流行性腹泻病毒分别接种 PK_{15} 和 Vero 细胞培养，收获感染细胞液，经甲醛溶液灭活后等量混合，加油佐剂乳化后即制成灭活苗，用于预防猪传染性胃肠炎和流行性腹泻。

②传染性胃肠炎活苗　本疫苗采用华 27 细胞弱毒株的胎猪肾上皮组织的培养悬液，经真空冷冻干燥制成，产品为淡黄色疏松的团块。

使用方法：本疫苗主要用于妊娠母猪，使其产生坚强的免疫力，仔猪通过乳汁可获得被动免疫力。在分娩前 40～50 天肌内接种 1 毫升（1 头份）；临产前 10～15 天再滴鼻（或后海穴位注射）1 毫升。

对受该病威胁的地区，也可对仔猪进行主动免疫，1～2 日龄的初产仔猪口服（或后海穴位注射）0.5 毫升。10～25 千克体重的仔猪，滴鼻（或后海穴位注射）1 毫升。25 千克以上体重的猪使用 2 毫升。5 天后产生免疫力。

注意事项：本疫苗用于疫区及受威胁区。疫区或有疫苗接种史的母猪，在使用本疫苗前应做中和抗体抽样检查，中和抗体效价在 16 倍以下者，按规定剂量接种疫苗，才能获得较高的抗体。流行性腹泻疫苗同上。

（6）流行性乙型脑炎活苗　本品由猪流行性乙型脑炎 14-2 弱毒株的细胞培养液，加入适当的稳定剂，经真空冷冻干燥制成。产品呈淡红色疏松团块状，加稀释液后即溶解。

①使用方法　后备母猪在蚊虫滋生季节到来前 45 天（一般在 4 月份）首次免疫，每头份稀释成 1 毫升肌内注射，间隔 2 周后重复免疫 1 次。种公猪与经产母猪每年接种 1 次。

②注意事项　保存温度与保存期同猪瘟活苗。其他注意事项同猪细小病毒灭活苗；同时也有灭活苗。除猪以外，犬等动物也可使用。

(7)细小病毒油乳剂灭活疫苗　本疫苗系猪细小病毒的细胞培养液经灭活后，加入油佐剂配制而成的双相油乳剂苗。经贮藏后，乳状液可能分为乳白色和淡红色2层，但对质量无影响，振摇后即成均匀的乳状液。

①使用方法　后备母猪和后备公猪于配种前1个月（至少2周）免疫；经产母猪于分娩后或配种前2周进行免疫；种公猪应每半年免疫1次；妊娠母猪不宜接种。耳根后深部肌内注射，每头每次注射2毫升。

②免疫期　接种本疫苗2周后产生免疫力，免疫期6个月。

③注意事项　一是本品保存温度以4℃～12℃为宜，切忌冻结，保存期7个月。二是使用时要不断振摇。三是猪细小病毒是引起母猪繁殖障碍的重要原因，但不是唯一病因。本疫苗只能预防由猪细小病毒引起的母猪繁殖障碍病。四是同时也有活苗可供选用。

(8)传染性萎缩性鼻炎二联油乳剂灭活苗　本品系用败血波氏杆菌和D型巴氏杆菌培养后，经灭活加油佐剂混合乳化制成。为乳白色乳剂。

①使用方法　经过基础免疫（颈部皮下注射1毫升）的妊娠母猪均于每次产仔前1个月颈部皮下注射油乳剂灭活苗2毫升。在种猪场，所产仔猪在1周龄用稀释的疫苗滴鼻免疫，每侧鼻孔0.25毫升。在1月龄加强免疫1次，每侧鼻孔滴0.5毫升。同时，颈部皮下注射油乳剂灭活苗0.2毫升，或于3～4周龄注射0.5毫升，在转群或出售前2周再加强免疫1次。

②注意事项　2℃～8℃保存，有效期12个月，25℃～31℃保存有效期1个月，切勿冰冻；油乳剂灭活苗出现变色、凝集块、不易摇散等，均应废弃不用；疫苗使用前由冰箱取出，平衡至室温，充分摇匀；本疫苗皮下接种后对各类猪只均安全，不发生发热等不良反应，不引起妊娠母猪发生流产、死胎和畸形胎等。在注射

部位有时可能触摸到皮下硬肿，一般不影响外观，短期内可消退。

(9)猪丹毒活苗 本品系用猪丹毒弱毒(G_4T_{10}株)菌株的培养物加入适当稳定剂，经真空冷冻干燥制成。产品呈淡褐色疏松团块状，加入稀释液后即溶解成均匀的混悬液。

①使用方法 按瓶签注明的头份，每头份加入1毫升氢氧化铝胶生理盐水稀释液(20%氢氧化铝胶生理盐水有明显的沉淀，使用时必须充分摇匀)，振摇溶解后使用。2月龄以上的猪，均皮下注射1毫升。

②免疫期 健康猪注射本品7天后，对猪丹毒产生较强的免疫力，免疫持续期为6个月。

③注意事项 一是保存期自制造日期(瓶签标示的失效期减1年，即为制造日期)算起，规定如下：在-15℃条件下保存不超过1年，2℃～8℃条件下可保存9个月，25℃～30℃条件下可保存10天，过期即报废。二是本品使用前1周及注射后10天，均不应饲喂或注射任何抗菌药物(如抗生素、磺胺类药物、喹诺酮类药物等)，若注苗后有不良反应，经抗菌药物治疗后的猪，在康复2周后再免疫注射1次。三是本品系人工致弱的活苗，存在继续变异的可能，在操作时应注意防止活菌的散布，用过的器具都必须消毒。

(10)猪肺疫活苗 本品系用猪巴氏杆菌弱毒菌株(EO-630株)的培养物加入适当的稳定剂，经真空冷冻干燥制成，产品呈淡黄色疏松团块状，加稀释液后即溶解成均匀的混悬液。

①使用方法 同猪丹毒活苗。

②免疫期 断奶15天以上的健康猪，注射本品经7天后即可对猪肺疫产生较强的免疫力，免疫期为6个月。

③注意事项 同猪丹毒活苗。

(11)猪瘟、猪丹毒二联活疫苗 本品系用细胞培养的猪瘟兔化弱毒液和猪丹毒弱毒(G_4T_{10}株)菌液混合后，加入适量的稳定剂，经真空冷冻干燥制成。

①使用方法　按瓶签注明的头份，每头份加入1毫升生理盐水或20%氢氧化铝胶生理盐水稀释液，振摇溶解后使用。2月龄以上的猪一律肌内注射1毫升。

②免疫期　断奶后无母源抗体的仔猪注射本品后，对猪瘟、猪丹毒能产生较强的免疫力，猪瘟可持续1年，猪丹毒6个月。

③注意事项　一是保存期，在－15℃条件保存不超过12个月，0℃～8℃保存期6个月，在25℃左右的环境中不超过10天。二是本品注射后可能出现减食、停食、精神沉郁，甚至有体温升高等反应，在正常的情况下1～2天内即可恢复。三是在本品注射前1周和注射后10天内，不应饲喂或注射任何抗菌药物。注苗后有不良反应的猪，经抗菌药物治疗康复后，需再免疫1次。四是本品系致弱的活苗，在操作时应注意防止活菌的散布，用过的器具都必须消毒。

(12)链球菌病活苗　本品是用猪链球菌弱毒菌株培养液加保护剂经真空冷冻干燥而制成。产品为浅黄色或白色的固形物，加入稀释液后易溶解成均匀的悬液。

①使用方法　按瓶签注明的头份，每头份加入1毫升生理盐水稀释，肌内或皮下注射，口服量加倍，哺乳仔猪禁用。

②免疫期　接种本疫苗1周后即产生免疫力，免疫期6个月。

③注意事项　一是本品为弱毒活苗，需低温保存(保存温度同猪丹毒弱毒活苗)。疫苗被稀释后，限在4小时内用完。二是由于本品未做过与丹毒、肺疫、猪瘟弱毒苗混合注射的试验，不知本疫苗对其他疫苗效力是否有影响，若大量防疫时，建议不与上述疫苗混合注射为宜。

另有C群Ⅱ型链球菌灭活苗可供选用。

(13)仔猪大肠杆菌腹泻K_{88}-LTB双价基因工程活苗(黄、白痢疫苗)　本品采用重组的大肠杆菌K_{88}-LTB基因构建而成的菌

株接种适宜的培养基培养，将培养物加适当的稳定剂，经真空冷冻干燥而制成。呈灰白色海绵状疏松团块，加稀释液后即溶解成均匀的悬浮液。

①使用方法

注射免疫：在妊娠母猪预产期前15～20天进行注射，按瓶签注明头份，加摇匀的20%氢氧化铝胶生理盐水稀释，充分摇匀，母猪皮下或肌内注射1毫升(含1头份)。

口服免疫：每头猪口服剂量是注射剂量的5倍。妊娠母猪产前15天进行免疫。疫苗用生理盐水或冷开水稀释，加2克碳酸氢钠后拌入少量的凉的精饲料中，空腹喂给母猪。

加强免疫：疫情严重的地区，在母猪产前7～10天加强免疫1次，也可在仔猪出生后2～4天，按每头仔猪用母猪注射剂量的1/4用量，用注射器或滴管注入仔猪口中。

②注意事项 一是使用本疫苗前后10天不得饲喂或注射抗菌药物。二是使用本疫苗是为了提高初乳中的母源抗体含量，因此要求仔猪充分吮吸母猪的初乳。三是本疫苗稀释后限在4小时内用完。

(14)蓝耳病疫苗 蓝耳病病毒归属于动脉炎病毒，有2个亚群，亚群A为欧洲原型，亚群B为美洲原型，同时病毒的毒力不断发生变异，增加了疫苗研制的困难。目前国内外用于预防本病的疫苗很多，各有优缺点，一般情况下，非疫区不能使用活苗，只能用灭活苗；疫区可用活苗和灭活苗，但至今还没有公认的理想疫苗。目前市场上供应的疫苗有以下3种类型，即蓝耳病活苗、蓝耳病灭活苗、高致病性蓝耳病灭活苗。

(15)其他猪用疫苗 近年来我国先后研制出猪圆环病毒2型灭活苗、猪传染性胸膜肺炎多价灭活苗、副猪嗜血杆菌病灭活苗等，并已投放市场。由于种类较多，本书不再一一做详细介绍。

（六）当前建立不易感猪群的难点

养猪人都知道，建立不易感猪群的唯一办法是接种疫苗，使猪体产生特异性的免疫力，所以无论猪场大小，都十分重视对猪群的免疫接种工作。可是养猪人越来越感觉到，近年来免疫接种的效果并不令人满意，而且当前市场上猪用疫苗的品种还不断增加，疫苗费用的支出十分昂贵，这使得猪场的兽医们感到很困惑，如不打或少打疫苗，一旦猪群发生疫病，责任担当不起；仍按当前既定的免疫程序进行免疫接种，显然是不合理的，并且是劳民伤财的。因此，猪场兽医期望了解如何理性地选用疫苗，根据本场的具体情况，探讨怎样制订合理的免疫程序。

有关专家指出，猪场防疫不能完全依赖疫苗来消灭某种已经广泛流行的传染病，要根据猪场的具体情况和当时当地疫病流行的种类和性质而定，有的疫病必须接种疫苗，有的疫病则不一定。若要用疫苗来控制或消灭某种传染病必须满足以下条件：①病原体是以猪为唯一宿主或传染源。②这种传染病有明显的、特征性的临床症状，没有隐性或非典型感染，临床上容易确诊。③没有长期携带病原者。④这种病原体只有单一的或少数的几种血清型。⑤对于某种传染病耐过或康复后的幸存猪，能产生稳定而持久的免疫力。⑥对于这种传染病必须具有高效、安全、价廉、易普及推广的疫苗。

（七）充分认识猪体自身的免疫力和自愈力

1. 机体自身的免疫力 人们对免疫力这个名词并不陌生，养猪人都知道，通过人为给猪接种疫苗，或使用某些药物能使猪产生免疫力。在理论上说，这种免疫力归属为特异性免疫或人工免疫，这是规模猪场十分重视的一项常规的防疫工作。有关这方面的内容，在第一章中已有介绍，在此不再赘述。

与特异性免疫相对应的是非特异性免疫，又称自身免疫，这是机体自身产生的，是固有的、能够遗传的并对各种传染病都具有的一种免疫力。机体的这种免疫功能并非新的发现，但是人们对这种免疫力的研究不多，认识不足，重视不够。有人认为这种免疫力既看不见，又摸不着，难以判断其效果如何。而对于特异性免疫力，其免疫过程是看得见的（注射疫苗）、测得出的（检测相应的抗体），人们为了提高猪群的免疫力，总是习惯性地给猪接种疫苗或使用抗菌药物。可是人们越来越感到，这些年来猪场不断加强防疫工作，可是猪的传染病不仅没有减少或被消灭，反而有增加的趋势，这是什么原因呢？最新的医学研究指出，过去人们在使用疫苗和化学药物时，只看到其对防治疫病具有积极的一面，而忽略了其副作用对机体产生有害作用的一面，特别是对免疫器官的损害，直接影响机体的非特异性免疫功能。

猪体的非特异性免疫（自身免疫力）具有两大功能：一是清除体内各种垃圾，主要指体内的新陈代谢产物，如猪体内红细胞的寿命只有 120 天，之后就会死去变成垃圾，这就需要自身的免疫系统把它们清除掉。二是抵御疾病，这对保护猪群的健康和抵御病原微生物的入侵都起到重要的作用，当然这其中不包括那些基因、遗传或普通病。

猪体的自身免疫是由体内许多免疫器官来完成的，如骨髓，生产红细胞，从骨髓里产生的红细胞会被送到胸腺内。胸腺，相当于一个保卫部门的培训机构，仔猪阶段还没有训练出足够的保卫人员，任务很重，所以胸腺较大，成年后只要补充保卫人员就行了，培训任务减轻，所以胸腺也就逐渐萎缩了，但并不表示没有作用了。扁桃腺，也是免疫器官的一部分，不可缺少。脾脏，储藏很多 V 细胞，产生各类抗体，当注射疫苗或患病后，脾脏即能肿大，这是由于产生抗体抵御疾病的必然后果。淋巴，就像一个过滤器，将所有入侵的敌人集中起来，然后由免疫细胞将其消灭，所以发病时会肿大。盲肠，主要抵御下腹部各种各样的感染。血液内的白细胞，都是免疫细胞，可分为 T 细胞和 V 细胞两大类，V 细胞能产生各种抗体。

2. 自愈力 这对猪场兽医来说，是一个较新的名词，但并不深奥，从字面上也都能理解，其定义是人或动物机体依靠自身的内在生命力，修复肢体缺损和摆脱疾病与亚健康状态的一种依靠遗传获得的维持生理健康的能力。自愈力相对于他愈力而存在。

自愈力和自身免疫力在本质上是相同的，两者是不可分割的，其具有以下特点：①遗传性。一切生物的自愈力都包含在遗传信息之中，通过遗传来获得。②非依赖性。自愈力发生作用的时候，除维持生命的起码要素外，生物可以依赖其他任何外在的条件。③可变性。自愈力的强弱受生物自身生命指征强弱的直接影响，同时也受到外在环境的影响以及生命体与环境物质交换状况的影响，可以向正、反两个方向变化。

猪的生命就是靠这种自然的自愈力和自身免疫力，在千变万化的大自然中才得以生存和繁衍。当猪体的这种自愈力和自身免疫力下降时，就会发生疾病或衰老。所以，保护和增强猪体的自愈力和自身免疫力，对预防疾病的发生或促进疾病的痊愈，都有重要的作用。

3. 影响猪体自身免疫力和自愈力的主要因素 ①应激因素，包括养猪环境的过冷、过热、过潮湿，饲养密度过高，圈舍通风不良、空气质量不好等。②营养不良，如饲料卫生不好、饲料霉变、管理不善等。③缺乏免疫营养，现代养猪吃的饲料一般都是市场提供的全价饲料，所谓全价饲料包括 6 类营养成分，即蛋白质、碳水化合物、脂肪、维生素、矿物质和水。其实机体需要的是 7 类营养物质，即商品饲料中缺少一种免疫器官所需的营养物质，这种免疫营养物质主要存在于青绿饲料和多种植物中，现代规模养猪很难提供这些青绿饲料。④长期大量使用各种化学药物，特别是滥

用抗生素和疫苗，可使自身的免疫系统和自愈力受到极大的损害。⑤某些疫病如蓝耳病、圆环病毒病、伪狂犬病等能破坏免疫系统和自愈力。

4. 如何保持并提高猪群的自身免疫力和自愈力　猪的自身免疫力和自愈力既是天生的、可遗传的，又受到后天的各种不利因素的影响，导致其功能下降和削弱。人们若能了解并顺应其自然规律，因地制宜地改善猪群生存环境，搞好猪场的生物安全体系的建设，避免对猪群过度管理，减少人为对猪群的干扰，这些都有利于保持和激发猪体自身的免疫力和自愈力。特别强调要给规模猪场的猪群添加免疫营养物质，现代养猪均饲喂全价饲料，猪群不缺乏生长发育所需的营养，但缺少免疫营养，建议有条件的猪场，经常给猪群补充各种青绿饲料，或添加人工提取的植生素（主要成分是茶多酚、植物多糖、黄酮、皂苷等）。另外，应根据本场的具体情况，制订科学、合理的免疫程序，不用或少用抗生素或其他化学药物。

五、猪场的生物学安全体系

生物学安全体系这一新概念，近年来在生物学领域里得到了广泛的应用，特别受到养殖场、养殖专业户（主要是猪、禽饲养业）的关注。规模化养猪场的特点是猪的数量大，饲养密度高，运动范围小，应激因素多，给疫病的发生和传播提供了有利条件，一旦发生疫情，其损失要比一般散养或小型猪场大得多。

猪场的生物学安全体系，是以猪的生物学特性为基础，以传染病流行的 3 个基本环节（即传染源、传播途径、易感畜群）为根据，要求规模化猪场在生产过程中，对猪群建立一系列的保健和提高生产力的措施。这也可以看作是传统的综合防治或兽医卫生监督在集约化生产条件下的延伸和发展。通过完善猪场的布局和猪舍内部的工艺设计，给猪群提供一个良好的生活环境，喂给合理的全价饲料，配合科学的管理，以增强猪群的体质。防疫卫生工作要求做到经常化、制度化。开展抗体检测，加强安全监督，整个生产系统和生产过程都要符合猪场生物安全体系的要求，这样才能确保规模化猪场的安全生产。

随着养猪生产向集约化、规模化发展，环境控制对养猪生产水平的制约日益显著，环境控制水平成为养猪现代化的重要标志。

（一）猪场的布局和外环境

1. 场址的选择 必须考虑到猪场的地势、水源、雨量、交通、疫情等自然条件，要注意留有发展的余地，做到既有足够的面积，又不浪费土地资源。猪场要求地势高燥，便于排水，水源充足，供电有保证，远离主干公路、居民区和村寨，但也要考虑到交通运输的方便和工作人员生活的安定。

2. 建筑物的布局 猪场的饲料贮存库、产房应建在猪场的上风头，粪便堆积池设在猪场的下风头。

猪场要建 3 米以上高度的围墙，有条件的猪场在周围要设防疫沟和防疫隔离带，场内道路要分为净道和污道，饲料车、工作人员走净道，粪车走污道。场外运输车辆不能进入生产区，生产区内的运输，另由专用车辆解决。

3. 猪场周围和场区环境的绿化 有条件的猪场应建绿化带，在场区的上风方向种植 5～10 米宽的防风林，其他方向及各场区间种植 3～5 米宽的防风林和隔离林。道路两旁应种植行道树，猪舍前后可进行遮阴绿化，场区的空闲地应遍植花草或蔬菜，以改善和绿化、美化环境，使场内的工作人员感到心旷神怡，也能使关在笼舍内的猪有回归大自然的感觉。研究表明，实施这一措施后，对改善小气候环境有重要作用，可使冬季风速降低 75%～80%，使夏季气温下降 10%～20%，能使场区中有毒有害气体减少 25%，

臭气减少50%，尘埃减少35%～65%，细菌数减少20%～80%。

4. 各地区猪舍的建筑要求

(1)1月份平均气温在－15℃以下的地区（东北、内蒙古及西北地区）　猪舍应采用少窗结构，墙和屋顶的保温性不应低于当地民用建筑，在满足采光和通风要求的前提下，应尽量少设门窗，以利于保温。南墙或南窗上部应设通风孔或风斗式风窗，冬季酌情开启，以利于通风防潮。产房和带仔母猪舍最好设双层窗。冬季产仔舍内必须加温，保持在20℃以上，仔猪的保温箱内应配备电热板或红外线灯泡。

(2)1月份平均气温在－15℃～－5℃的地区（华北等地区）　产房、带仔母猪舍及保育舍宜采用有窗式猪舍，南窗可适当大一些。为加强夏季通风防暑，在南、北窗下靠近舍内地面设地窗。冬季除设仔猪保温箱外，应考虑供暖，或采取季节性产仔。其他各类猪舍可采用有窗式、半开放式（三面有墙，南面为半截墙）或开放式（三面有墙，南面无墙）。为防暑可设地窗，为防寒可在半截墙上加框架挂塑料薄膜。开放式猪舍可在南房檐和运动场南墙之间搭框架挂塑料薄膜。冬季为防舍内潮湿，南侧均应设通风孔或窗。

(3)1月份平均气温在－5℃～5℃的地区（华东、华中、西南地区）　产房、带仔母猪舍及断奶仔猪舍采用有窗式，冬季产仔也必须设仔猪保温箱。除部分地区外，舍内可不供暖。其他各类猪舍可用半开放式或开放式，部分地区应考虑冬季加框架挂塑料薄膜。为了防暑，各类猪舍除设地窗外，部分地区在夏季可设通风屋顶、通风屋脊或通风阁楼，并可在运动场或猪床上架水管，高温时给猪淋浴降温。

(4)1月份平均气温在5℃以上的华南地区　各类猪舍均可采用半开放式或开放式，并设地窗、通风屋顶和喷淋装置。产房及带仔母猪舍冬季可加框架挂塑料薄膜。

(5)隔离、消毒制度　猪场的生产区只能设1个出入口，非生产人员不得进入生产区，生产人员要在场内宿舍居住，进入生产区时都要经过洗澡或淋浴，更换已消毒的工作衣裤和胶靴，工作服在场内清洗并定期消毒。车辆进场也要消毒(来历不明的车不准进场)，饲养人员不得随意到工作岗位以外的猪舍去。猪舍内的一切用具不得带出场外，各栋猪舍的用具不得串换混用。场内食堂和工作人员不能从市场购买猪肉，本场职工生活上所需的肉食，应由本场内部解决。

(6)粪污处理　一个年产万头的规模化猪场，每日排放出的猪粪污水达100～150米^3，这些高浓度的有机污水，若得不到有效处理，囤积在猪场，必然造成粪污漫溢，臭气熏天，蚊、蝇滋生，其中不乏病原微生物，还可给环境带来二次污染。如果随意将粪污排放到江、河、池塘内，则可使水质发生富营养化污染，在污水中还常常含有超标的酸、碱、酚、醛和氯化物等残留的消毒剂，可致死鱼、虾，能使植物枯萎。如果忽视或没有搞好猪场的粪污处理，不仅直接危害猪群的健康，也会影响附近人们的生活。

猪场的粪污包括固体和液体两部分。

①固体　即干粪，比较容易处理，可直接出售给农户作肥料或饵料，亦可进行生物发酵，生产猪粪生物有机肥。这种肥料除了保持猪粪本身的肥效外，其中的有益菌还能起到除臭、除湿、杀灭病原微生物的作用。这样，不仅可消除污染源，还能创造出可观的经济效益。为此，要求规模化猪场应采用人工清粪为主的方法，少用水冲栏圈，实行粪水分离，这样可提高猪粪有机肥的产量和质量。

②液体　即从各栋猪舍的沟渠集中排放到污水池内高浓度的有机污水。为了净化这些污水，人们做了很多探索。一般来说，首先要进行固、液分离(可用沉淀法、过滤法和离心法等)，将分离出的固体部分做干粪处理，液体部分再进行生物氧化、厌氧

处理或用于人工湿地。在水资源缺乏的地区还可将处理后经检验合格的上清液回收后再用于冲洗猪圈。

为了提高猪场粪污的质和量，应从污染源头抓起：①不随意大量使用水冲圈，及时发现并修好漏水的龙头，减少污水的排放量；②选用合理的配合饲料，避免服用过量的氮、磷、铜、锌、砷等物质以减少粪便中的污染物质；③必要时可在饲料中添加适量的植酸酶，以提高机体对氮、磷等营养物质的利用率，降低这些物质的排放量；④消毒猪舍时，应避免大量使用氢氧化钠、氯制剂和酚类等消毒剂，防止二次污染环境，提倡使用过氧化物类和季铵盐类的消毒剂。

（二）猪舍的工艺设计和内环境

猪舍的结构和工艺设计都是围绕着温度、湿度、通风换气及光照诸因素来考虑的，而这些因素又是互相影响、相互制约的。例如，当猪舍内的水汽含量一定时，舍温越高则相对湿度越低。通风可以排出水汽，降低舍内的湿度，同时也能使热量散失，降低了舍温。由此可见，猪舍内的小气候调节，必须综合考虑这些因素，以创造有利于猪群生长发育的环境条件。

1. 温度　是气象诸因素中起主导作用的因素，猪对环境温度的高低非常敏感。可以说猪是一种既怕冷，又怕热，还怕湿的动物。据测定，肥育猪在－8℃时就冻得发抖，不吃不喝；瘦弱的猪在－5℃时则冻得站立不稳。新生仔猪裸露在1℃环境中2小时，可冻僵、冻昏，甚至冻死。保育猪在12℃以下、相对湿度在90%～98%的猪舍中，其增重减少4.3%，饲料报酬降低5%，同时易诱发多种疾病，特别是腹泻性的疾病，故有“小猪怕冷”之说。

肥育猪或妊娠母猪在冬季要求舍温不低于12℃；1周龄以内的仔猪，舍温应保持在30℃为宜；2～3周龄时以26℃最佳；保育猪舍的地面温度不应低于23℃。仔猪在适宜的温度环境内，表现活泼，常在吮乳、吃料后就睡在母猪身旁，这样有利于生长发育。

肥育猪则不耐高温，当猪舍内的温度高于 28℃时，对于体重 75 千克以上的肉猪或妊娠母猪，可能出现气喘现象。若超过 30℃时，肥育猪的采食量明显下降，饲料报酬降低，长势缓慢。如果气温高达 35℃以上时，又不采取任何降温措施，有的肥育猪可引起中暑，妊娠母猪可能发生流产。种公猪性欲下降，精子数量减少，品质不良，并在 2～3 个月内都难以恢复。许多猪场反映，10～12 月份母猪的产仔数普遍较其他月份减少，分析其原因与 7～9 月份高温期间配种，公猪精液品质差是有一定关系的。

在猪舍中，白天与夜间总存在一定的温差，昼夜气温变化在升降 5℃～6℃范围内可获得与恒温相同的生产效果，而且变温能使猪得到耐寒、耐热的锻炼，增强其适应能力。但如果温差变化的幅度过大，将使日增重和饲料利用率下降，也是引起哺乳仔猪黄、白痢病和保育猪腹泻的原因之一。

猪舍内温度的高低，取决于舍内热量的来源和散失程度，在无取暖设备的条件下，热的来源主要是靠猪体散发的热量和日光照射的热量。热量的散失与猪舍的结构、建材、通风设备和管理等因素有关。在冬季，保温的主要方法是，最大限度地保存和增加猪体发散的热量和获得的日光热。为此，要适当地增加猪群的密度，缩小猪舍的面积，合理设计采光和通风设备，提高屋顶和墙壁的保温性能。及时维修门窗，控制门窗开启等。哺乳仔猪和保育猪对舍温的要求较高，冬季应设置加温设备。

夏季要有防暑降温措施，如加大通风量，给猪淋浴，以加快热的散失；同时要搞好绿化遮阴、搭凉棚或设遮阳板，酌情减少猪舍容猪头数，以降低舍内的热源。特别是对种用公猪，在高温季节要根据本场的条件，想尽一切办法优先采取有效的防暑降温措施。不同类型猪最适宜的环境温度见表 1-2。

表 1-2　不同类型猪最适宜的环境温度

猪的类型	适宜的环境温度(℃)
哺乳仔猪(1～3 日龄)	32～35
哺乳仔猪(4～20 日龄)	26～30
保育仔猪(20～60 日龄)	22～26
育成猪	18～22
后备猪	15～18
妊娠母猪	15～18
哺乳母猪	25～28
公　猪	16～18

2. 湿度　是指猪舍内空气中水汽含量的多少，一般以相对湿度表示。猪舍适宜的相对湿度范围为 65%～85%。试验表明，在气温 14℃～23℃、相对湿度 50%～80%条件下，对猪的肥育效果最好。

在高温或低温的环境下，高湿度可加剧炎热或寒冷的作用，同时还能加速猪舍内微生物的繁殖，使猪舍内的设备腐蚀和饲料霉变。由于猪体、粪尿、地面等的水分蒸发，封闭的猪舍内，水汽含量要比舍外高出许多，潮湿能诱发仔猪腹泻性疾病，也是导致风湿性肌肉、关节炎症和某些寄生虫病及皮肤病发生的诱因。特别是哺乳猪舍防潮是一个非常重要的问题。

为防止湿度过高，应尽可能减少猪舍内水汽的来源，要设置通风设备，保持地面平整，防止积水，沟渠要通畅；要提高屋顶和墙壁的保温性能，以减少水汽的凝结，尤其是哺乳仔猪舍和保育猪舍对湿度的要求更高，可用石灰吸收水分，在寒冷季节应采用取暖设施。相反，若猪舍内相对湿度过低，即过于干燥，则可使空气中的尘埃增加，又成了呼吸道疾病发生的诱因。如在红外线加热的仔猪保温箱中，低湿度可使患腹泻的仔猪急剧脱水，加速死亡。

3. 空气洁净度 呼吸道感染是困扰当前养猪业进一步发展的主要疾病，分析其原因虽然很多，但空气污染是诸因素中起主导作用的。成年猪所在的开放或半开放猪舍中，因空气流动性较大，舍内空气成分与舍外差不了多少；而保育猪舍和哺乳仔猪舍为了保温，往往门窗紧闭。若猪舍设计不合理、管理不善或猪群过密，则可造成空气污染，污染源来自猪舍中猪只的呼吸、粪便和饲料等有机物的分解，以及烧炉取暖和生产作业过程中所产生的一氧化碳和扬起的尘埃。有害气体包括氨气、硫化氢、二氧化碳、一氧化碳和尘埃等。现将各种污染物的特性、危害及净化空气的措施简述如下。

（1）氨气 是含氨的有机物（粪、尿、饲料）分解的产物，为无色、有刺激性臭味的气体。按有关部门规定，猪舍内氨气的允许含量不超过 30 毫克/米^3，由于氨气能溶解于水，若被吸附在猪的黏膜和结膜上，可引起上呼吸道和眼部充血、水肿、分泌物增多。在低浓度氨气的长期毒害下，仔猪的抗病力明显下降，易感染或加剧气喘病、胸膜肺炎、蓝耳病等呼吸道疾病。当空气中氨气浓度达到 100 毫克/米^3 以上时，可引起仔猪频频摇头、打喷嚏、流涎和食欲减退甚至丧失，生长发育速度显著下降，因仔猪每时每刻都处于猪舍空气的影响下，对氨气的允许量应当限制得更严一些。有人认为，当猪的下眼睑处有黑色眼晕出现时，即说明存在着一定氨气的危害。

（2）硫化氢 是猪舍中的含硫有机物分解而来，是一种无色、易挥发、有恶臭的气体。猪采食富含蛋白质的饲料，在消化功能不良时，可由肠道大量排出，随之分解产生硫化氢；当猪舍中的铜质器皿或电线因生成硫化铜而变成黑色，镀锌的铁器表面有血色

沉淀，可判断空气中存在着硫化氢。按有关部门规定，猪舍内硫化氢的允许含量为不超过20毫克/米^3，猪长期生活在含有低浓度硫化氢的空气环境中，会感到不适。若超过20毫克/米^{3}时，猪变得怕光、神经质、食欲丧失；若超过100毫克/米^{3}时，会引起呕吐、恶心和腹泻；当超过500毫克/米^{3}时，猪会丧失知觉，很快因中枢神经麻痹而死亡。

(3)二氧化碳　二氧化碳本身并无毒性，它的卫生学意义在于它表明了空气的污浊程度，在二氧化碳含量高的环境里，其他有害气体含量也可能增加。二氧化碳的主要危害是造成猪体缺氧，引起慢性中毒。由于二氧化碳测定的方法较简单确切，所以常被用作测定空气污染程度的指标。大气中二氧化碳的含量为0.03%，一般猪舍空气中二氧化碳以0.15%为限，最高不能超过0.4%。

(4)一氧化碳　冬季封闭式猪舍用燃气、煤炭生火供暖时，若排烟不良，会使一氧化碳浓度急剧升高。一氧化碳是一种无色、无味、无臭、有剧毒的气体。少量吸入可引起中毒，主要表现为血液运氧能力大大下降，猪体组织缺氧，导致中枢神经麻痹和酸中毒。我国卫生标准规定，一氧化碳的最高允许含量为24毫克/米^3。

(5)尘埃　猪舍内的尘埃，主要是因饲养管理操作和猪只的运动引起的。尘埃对猪的健康影响，在于吸入后引起咳嗽和呼吸道的炎症，特别是直径5微米以下的微小尘埃，可到达细支气管以至肺泡，引起肺炎，此外也能引起皮炎和结膜炎。若病原菌附着在尘埃上，还可传播多种疾病，而且可以传播很快、很远。

(6)PM2.5　这是当今人们所关注的一个重要的环境污染问题。据报道，在我国的一些地区，每当遇到雾霾天气，空气中的PM2.5就会增加，当环保部门持续发出黄色、橙色或红色预警时，医院的呼吸科及心血管科的病例就会增加，足以说明空气中含有高浓度的PM2.5，对人类身体健康有较大的影响。其实猪也不例

外，许多猪场兽医反映，每当雾霾天气到来之时，也是猪群呼吸道疾病高发之日，特别是对于那些处于亚健康状态的猪，一旦遭遇PM2.5的应激，危害更大。由于PM2.5是个新词汇，在过去的兽医书籍中很少提及，这次借本书再版的机会，介绍一些相关的知识。

什么是PM2.5呢？PM是英文Particulate Matter的缩写，翻译为“细颗粒物”，其中的2.5是指2.5微米（1 000微米＝1毫米），2.5微米相当于人类头发丝直径的1/20，所以这种细颗粒物是我们肉眼看不见的。当空气中的颗粒达到PM50以上时，肉眼才可见到。在家里，一缕阳光射进来时，我们可见到光线里有无数微尘在翻飞，那就是PM50和大于PM50的微颗粒物。桌面上落了一层灰，那就是远远大于PM50的颗粒物。

PM50、PM10和PM2.5是3个临界值，空气里并非只有这3种直径的颗粒物，50微米以下的或以上的任何直径长度的微粒物都有。50微米是肉眼可见的临界值，可以进入鼻腔，但不能继续前进。动物鼻腔里的鼻毛，看起来很致密，但是对PM50来说就显得稀疏了，鼻毛能挡住PM100、PM75，但挡不住PM50。

能挡住PM50的是鼻腔黏膜细胞的纤毛，这些纤毛肉眼是看不见的，很细密，所以能挡住PM50，而且鼻腔里的黏膜细胞分泌的黏液还可以把PM50粘住，使它不能继续前进。当积累到一定程度就会随鼻液一起流出了。

PM10是可以到达咽喉的临界值，所以PM10以下的细颗粒物被称为“可吸入颗粒物”。咽喉是PM10的终点站，咽喉表面的黏膜细胞分泌的黏液会粘住它们。每个黏膜细胞还有200根纤毛（也是肉眼看不见的），在不停地向上摆动，就像逆水行舟一样，这是一种与生俱来的生理功能，就是为了阻止PM10继续下行。PM10积累于咽喉，所以在上呼吸道积累越多，分泌的黏液也越多，当积累到一定程度，就形成了痰。

2.5微米是可以到达肺泡的临界值，PM2.5以下的细颗粒物

经过上呼吸道时，是挡不住的，它们可以顺利下行，进入细支气管和肺泡，再通过肺泡壁进入毛细血管，并可进入整个血液循环系统。PM2.5 的体积和细菌差不多大小，不但可携带病原微生物，还可吸附许多有害的有机和无机分子，是动物致病之源。

若是细菌进入动物机体的血液中，血液内的巨噬细胞(是一种免疫细胞)立刻过来将其吞噬，它就不能使动物致病。但是 PM2.5 还会携带一些无生命的物质，巨噬细胞将这些无生命物质吞噬掉之后，那么动物的免疫力就下降了，同时这些死亡的巨噬细胞还能释放出一种可导致细胞及组织发生炎症的物质，可见 PM2.5 比病原微生物致病性更强。

引发呼吸道阻塞或炎症的致病微生物、油烟等有害物质，可借助 PM2.5 进入机体内致病，影响妊娠母畜胚胎发育，造成胎儿缺陷；PM2.5 还可通过气血交换进入血管。

污染的空气不仅对猪有害，对猪场的工作人员也同样有危害，所以提供一个洁净的空气环境有十分重要的意义。消除猪舍内的有害气体，除通风换气外，还应采取多方面的综合措施。首先，从猪舍的卫生管理着手，应及时清除粪尿污水，以免它们在舍内分解腐败。其次，对猪只进行调教，每日数次将猪赶到舍外去排粪尿，使之养成习惯，可有效减轻舍内空气的恶化程度。在猪舍建筑设计中应有除粪装置和排水系统，注意猪舍防潮，保持舍内干燥。因为氨和硫化氢都易溶于水，当舍内湿度过大时，氨和硫化氢被吸附在墙壁和顶棚上，并随着水分渗入建筑材料中，当舍内温度上升时又挥发逸散出来，污染空气。因此，猪舍的防潮和保暖也是减少有害气体产生的重要措施。

4. 光照 光照对猪有促进新陈代谢、加速骨骼生长和杀菌消毒等作用。据报道，肥育猪对光照时间的长短与增重和饲料转化率并无显著的影响，但光照强度对猪体代谢过程有活化和增强免疫功能的作用。试验结果表明，繁殖母猪的光照度由 10 勒增加到60～100勒，可提高繁殖率4.5%～8.5%，新生仔猪窝重可以增加0.7～1.6千克，仔猪的育成率提高7.7%～12.1%。

哺乳仔猪和育成猪的光照度提高到60～70勒，仔猪的发病率下降9.3%。对哺乳母猪栏舍内，每日保持16小时光照，可以诱发母猪在断奶后早发情，在断奶后5天内发情者占83%，而每天只给1小时光照的对照组，则仅有68%。因此，母猪、仔猪和后备猪舍的自然光照和人工光照，应保持在50～100勒，每日光照时间14～18小时；公猪和肥育猪每日应保持光照8～10小时。

一般认为，采用自然光照的猪舍比较好。因此，猪舍建筑要根据不同类型猪的需要，采用不同的采光面积。同时，也要注意减少冬季和夜间的散热，避免夏季照入直射阳光的措施。

5. 噪声 是使人讨厌、烦躁，呈不规则、无周期性振动所发生的声音。随着工业的发展，噪声对环境的污染越来越严重。不过多数养猪场的环境较偏僻，受噪声的影响不大。

噪声对仔猪的影响包括食欲不振，呼吸和心跳数增加；遇突然噪声会受惊狂奔导致撞伤、跌伤和碰坏设备。对妊娠母猪可导致流产。但猪对噪声的反应通常只是暂时性的，会很快适应。因此，噪声对增重和饲料利用率没有明显影响。相反，经常给猪以较弱的音响刺激或适当播放一点轻音乐，能增进食欲，防止断奶仔猪咬尾嚼耳。可见，对猪来说，环境管理的重点是防止突然出现的强烈噪声。

（三）猪群的饮食和栏圈

1. 饮水 猪体的水分占体重的55%～65%，仔猪还要高一些。水对猪体的生理作用并不比蛋白质、脂肪小，因为猪体内的消化、吸收和养分的输送、废物的排泄、体温的保持等都离不开水分，如果体内失去10%的水分，就会引起严重的病理变化，甚至死亡。而一头长期饥饿的猪，靠消耗体内的脂肪和蛋白质，仍能维

持一段时间的生命。

猪场的用水量较大，水的来源大多采用自建机井和水塔，经管道通向各栋猪舍。忌用场外的江河或池塘水，以防污染。井水的品质取决于土壤的性质、井的构造和深度以及卫生管理条件。地下水经过土壤的过滤，其中悬浮物和微生物几乎完全消失，而可溶性的矿物盐类却增加，水的硬度亦变大。井水便于搞好卫生防护，只要水量充足，是一种良好的供水源。

猪舍内的饮水装置，应能保证猪随时都能喝到清洁的饮水。规模化养猪场一般都采用鸭嘴式的饮水器，其外形近似鸭嘴，当猪咬动阀杆时，阀杆偏斜，水沿缝隙流入猪的口中，效果较好，耗水量少。但若制造质量不高，易漏水，同时也要注意管道阻塞或断水。每头猪每天的饮水量与饲料的性质、猪龄、空气湿度及舍温有关。饮水量的多少对饲料的利用率和日增重并无很大的影响，一般不限制饮水量。如果有的猪饮水太多或者经常在饮水器上玩耍，则应从饲料的成分、猪舍的气温、饲养密度及饲养方法上查找原因。

2. 饲料　工厂化养猪中，由于猪终生不接触泥土，不见阳光，缺少运动，脱离了大自然的影响，因此对饲料的要求更加严格。通常饲喂“全日粮型配合料”，这种饲料除水以外不需要添加其他物质，即可维持生命，并能达到预期的生产水平。配合饲料是发展规模化养猪业的一个重要环节，必须按国家规定的饲养标准配合。在制作配合饲料的配方设计时，应注意以下原则。

(1)营养性　猪的饲料配方是以动物的营养学为理论根据的。制作全价配合饲料，就是将各种饲料和添加剂按一定的比例混合，达到或符合饲养标准。但是，由于我国地域辽阔，各地饲料资源不同，其所产的饲料营养成分存在一定的差异。计算营养成分亦必须按全国饲料数据库的标准或选择邻近地区的样品分析值来计算，少数项目也可用实测值。

目前的饲料配方可分为两类：一类是地区性的典型饲料配方，以利用当地饲料资源为主，不追求高营养指标和高饲料效率；另一类是高效专用配方，具有高饲养效益。

(2)安全性　配合饲料所选用的原料，包括添加剂，必须安全可靠，无霉变、无酸败和无污染。对于质量不合格的原料，不能使用。在添加剂的选择和使用上，必须遵守国家有关某些添加剂停药期的规定。

(3)经济性　配合饲料是商品，用户选购时要考虑到经济效益，应尽量采用当地易得、物美价廉的饲料原料。

全价配合饲料的配制方法有专门的书籍和专用电子计算机配方软件，本书不做介绍。

3. 栏圈　规模化养猪场的生产体系是一项系统工程，猪圈是按猪群不同的生理发育阶段，采用不同的生产工艺，以相对固定的生产模式将各个生产环节有机地联合起来，形成一套完整的肉猪生产线。通常可分为以下几种类型。

(1)产房和高床分娩栏　在猪场中产房的建筑要求较高，屋顶结构要有利于防水、防潮、保温，且要耐用，不透风，并需建保温隔热的天花板；猪舍的墙壁采用导热系数较小的材料，如空心砖、加气混凝土块等，门窗面积要占产房地面面积的20%以上，以双列式栏圈为宜，以20个床位为一单元，这样便于产房内猪群的全进全出。高床分娩栏是分娩母猪和哺乳仔猪舍，设有饲槽、饮水器及保育箱等，其结构可防止母猪压死哺乳仔猪，一般是将临产前1周的母猪迁入，断奶后离开。

(2)保育猪舍和高床保育栏　对保暖的要求较高，同时又要求通风良好，一般以自然通风为主。在建筑结构上，门窗面积要占地面面积的30%左右，双列式栏圈，网上饲养，每栏饲养10～15头仔猪。一栋猪舍分两个单元，每个单元饲养500头左右，便于全进全出。冬季应增设电热板，由于保育栏能保持清洁、干燥，

可大大减少仔猪疾病的发生，能显著提高仔猪成活率。

(3)妊娠母猪舍的限位栏　妊娠母猪怕热不怕冷，猪舍结构要便于夏季的通风降温，限位栏即每栏关养1头妊娠母猪，这样既可提高猪舍的利用率，又可避免猪群斗殴咬架，防止发生机械性的流产，还可控制喂料，对于每头猪的食欲、粪便情况一目了然，还便于了解每头猪的健康状况和猪舍的清洁卫生工作。

但是，这种栏圈也有缺点，由于母猪运动受到限制，有虐待动物之嫌，长此以往腿部、蹄部萎缩，易受到损伤，影响种猪的利用年限。

(4)配种猪舍　是种公猪和待配母猪合一的猪舍，其好处是便于配种，在同一舍内的公、母猪不时可嗅到异性的气味，能激发双方的性欲，当见到其他公、母猪配种的动作，还能“触景生情”，有利于待配母猪的发情和配种。但为了避免公猪之间的斗殴和对母猪的性骚扰，公猪应一猪一栏。为了增强公猪的体质和性功能，公猪圈应宽敞一些，有运动的余地或设有运动场。母猪则在定位栏内饲养。

(5)后备猪和肥育猪舍　采用开放式的棚舍，可实行大群饲养，后备猪每圈不宜超过10头。为了保持猪圈内的清洁、干燥及充分发挥猪圈的容猪量，在猪圈的外墙一侧，应开一小门通向运动场，将饮水器装在舍外，当猪进圈后就要调教，使其吃、喝、拉、睡四点定位。为了冬季的保暖，在运动场上搭塑料棚架(用钢筋做支架)，夏季改用遮阳篷，避免阳光直射。

(四)倡导动物福利

近20年来，我国养猪业从传统的千家万户分散饲养方式，迅速向专业化、规模化转变，这无疑是养猪业的一场革命，养猪业界人士效仿西方发达国家的生产模式，用洋法饲养洋猪，使生产力得到了提高，经济效益也获得了迅速的增长。但是人们在喜悦之

余，也遇到了问题，产生了忧虑，主要是由于当前猪病猖獗，防不胜防，普遍反映现在养猪难、难养猪，原因何在？解铃还须系铃人，让我们回过头去看看那些被我们学习的西方国家，现在是如何养猪的。原来他们已先于我们尝到了这种违背自然规律的苦果，其中的原因很多，他们的体会很深，但主要的一点是以牺牲动物（猪）的福利为代价。为此，这些欧美国家于20世纪80年代就对动物福利予以立法，重视动物福利，倡导福利养猪。为此，我们趁本书再版的机会，增加了一些有关动物福利的内容。由于动物福利是一门学科，内容丰富，本文只能简要地摘录有关福利养猪的资料，与读者交流、探讨。

1. 有关动物（猪）福利的信息摘要

第一，近年来许多发达国家对动物福利越来越重视，将动物福利提高到一个国家或地区生产力发展及社会文明进步的标志，有些国家定期出版有关动物福利内容的专业刊物，建立了动物福利的研究机构，在有关的高等院校内，设有动物福利的课程和专业，重视培养相关的人才。

第二，一些国际组织，如联合国粮农组织（FAO）、世界动物卫生组织（OIE）、非政府组织（NGO）等都制订了有关动物福利的条款，要求人类善待动物。对养猪者来说，要让猪在成长过程中生活得更舒适、更自由、更健康。强调动物福利并非是“猪道主义或复古主义者”，也不意味着我们不能利用动物，而是要求我们“养之得法，取之有道”，尽量使那些为人类做出贡献和牺牲的动物享有最基本的权利，也让人们学会怎样与动物和谐相处，共同发展。同时，动物福利是一门惠及人类自身的科学，也是一门保证农场动物养殖业可持续发展的学科。

第三，在动物福利的立法方面，目前以欧盟的体系较健全，尤其是对那些关系到国际贸易农场的动物，指令他们对饲养过程中的地面、垫料、光照、通风、供水、供料系统以及饲养密度、疾病防

治、运输、装卸时的操作和屠宰过程中的关键点等都做出了详细、具体的规定，要求各成员国遵守。

第四，美国最大的有机食品零售商还推出爱心饲养福利动物产品的商标，在肉类食品的包装上写明这些动物在生前一直都以仁慈的方式饲养，虽然这种产品比普通肉类产品的价格贵 2 倍，但很多充满爱心或崇尚自然的人士还是会心甘情愿地多掏腰包购买。销售商高兴地说这种强调动物福利的商标，给他们带来的好处很多，不仅能提高销售额，还能提升公司的形象。

第五，近年来一些国家开始将动物福利与动物及动物产品的国际贸易紧密挂钩，成为对进口动物及其产品的一个重要标准。然而也有一些发达国家，以动物福利为借口，限制达不到动物福利标准要求的动物和动物产品出口，从而对发展中国家设置了新的贸易壁垒。

第六，从我国的养猪实践中可发现，我国农村的传统养猪是很关注动物福利的，农民对待动物的观念是“天人合一”“物吾与也”（“与”为伙伴之意），体现了农牧结合、人猪亲和的原生态饲养方式，猪有放牧运动的机会，有拱土觅食的自由，可以享受到阳光下睡觉的舒坦、泥潭里打滚的欢乐……而在规模化猪场中的猪却被关在水泥圈内或铁笼之中，虽然衣食无忧，但失去了自由，抑制了动物的本性。

第七，随着科学技术的发展和社会的进步，我国的养猪业也不能保持在固有的生产模式和原生态的生产水平，发展规模化、商品化生产是养猪业的必然趋势，近年来我国养猪生产在引进国外优良品种，学习先进技术方面取得了很大的成绩，但也带来了一些糟粕，同时还丢掉了许多优良的传统。当前有些猪场被复杂的猪病纠缠不休，虽然导致这种局面的原因很多，但忽视动物福利是其中一个重要的因素。如果说近年来我们在学习国外规模化养猪技术的时候，将精华与糟粕都同时引进了，但是现在国外的养猪业人士已将这些糟粕摒弃，我们为何还要保留？赶紧检查一下，去伪存真，发扬我国民间养猪的优良传统，去关注猪的福利吧！

2. 动物福利的主要内容 动物福利是一门科学，内容广泛、含义深刻，而且动物的种类繁多，对福利的需求各不相同，其内容一时也说不清，况且笔者也正在学习和探索之中，本文只介绍规模化猪场中有关猪福利的点滴学习心得、体会。

何谓动物福利，从国外翻译的资料看大概包括以下5个方面的内容。

第一，动物免受饥渴之苦，要求在饲料的数量和质量上得到满足，这是确保猪能正常生长、发育的基本条件。笔者的理解就是搞好日常的饲料、饲养工作。

第二，动物享有舒适的生活环境，无冷、热和生理上的不适。其实就是做好猪场的管理或生物安全体系的建设。

第三，消除动物的痛苦、伤害与疾病的威胁。这就需要提高猪场的防疫卫生和兽医诊疗工作的水平。

第四，要使动物在无恐惧、无抑郁和无悲伤的环境中成长，要求人们要以爱心去养猪，善以待猪，给猪一个安静、祥和的环境。

第五，要让动物能自由地表达天性，活得自在，死得安乐。例如，要给公、母猪之间有亲昵的机会，哺乳母猪可享受母爱的天伦之乐，仔猪要有活动的空间，屠宰要按规程进行。

综上所述，前三条属于动物的生理福利，这些内容人们是很容易理解的，其措施也是具体的，并且可以量化，也便于检查，事实上各个猪场对猪的生理福利都比较重视，有关的论述很多，本文从略了。

后两条可归纳为动物的心理福利，对这些内容人们不很了解，也不重视，因为这是无形的，难以衡量的，一时又不能见效的，往往被人忽略。近年来的研究表明，猪的心理福利对猪的成长和健康起到重要的作用，有人认为当前猪的生理疾病和心理疾病都

可能存在，相互影响难以区分。本文粗浅地谈谈规模化猪场猪的心理福利问题。

关于猪的心理福利，可查的资料不多，本人的理解也不深刻，现举例说明如下。

(1)种公猪的福利　在许多猪场中的种公猪都被单独关养在狭小的圈内，缺乏运动，没有同伴，难以与母猪交流和亲密接触，过着寂寞、孤单的生活。有人认为，在一个猪场内可以将几头关系相对稳定的公猪关在同一圈，即使偶尔发生小斗小闹，一般也没有关系，问题不像人们想象得那么严重，合理的群养能提高种猪的性欲，避免精神抑郁，是种公猪的一种福利。

(2)哺乳母猪的福利　野生妊娠母猪在产前会含草筑巢建窝，并于产后一段时间内安静地待在窝内哼哼哺乳，不时亲昵一下仔猪，享受母爱的欢乐。而在规模猪场中则难以实现，尤其使母猪痛心地是人们不断捉弄仔猪，引起仔猪阵阵凄厉的叫声(源于剪牙、断尾、打耳号、去势、打防疫针、保健针等)，这不仅直接伤害仔猪，也侵犯了母猪的母爱权、护仔权。更有甚者，有人竟将刚出生的弱仔、死胎任意甩在母猪的眼前，这对母猪的精神伤害是很大的，有人观察到这种现象能直接影响母猪的食欲、泌乳量及母源抗体的产生，受害的是仔猪，而遭受经济损失的是畜主。

澳大利亚动物行为学家保罗·海姆斯伍斯曾在猪场调查多年，他总结的资料表明：如果饲养员善于和母猪进行交流，包括抚摸、按压、声音传递、从不施暴等，那么和饲养员喂完料就走的对照组比较，前者饲养的母猪每年至少可多成活 2 头以上合格的断奶仔猪。这说明关爱母猪的福利能提高仔猪的成活率。

(3)仔猪的福利　哺乳仔猪要求吮到足够的母乳，为此饲养员应检查、了解母猪的奶水能否满足仔猪的需求，产房内的环境要安静，不能随意去骚扰仔猪，因母猪放奶大概只有 20 秒钟的时间，错过 1 次哺乳机会，对新生仔猪的健康是不利的。有的猪场对仔猪进行粗暴地剪牙、断尾以及不断地接种疫苗和服药等操作，这对仔猪的健康弊多利少，今后如何合理地开展这些工作是值得探讨的问题。

保育仔猪活泼好动，猪圈要有活动的余地，圈内可放一些玩具如皮球、旧车胎、木头等供仔猪玩耍；同时饲料中应尽量少添加药物，以便提高食欲，避免各种应激，增加仔猪的欢乐。

(4)生长、肥育猪的福利　首先要提供足够的空间，即每头猪不少于1米^{2}的面积；同时要训练、调教猪群，创造条件将猪睡觉、采食和饮水、排泄等3个区域分开。

每个圈内的猪要保持稳定，混群易发生斗殴，每栋猪舍要有隔离圈，以便安置那些有异常行为或体弱的猪只。禁止棒打、脚踢猪体，不准对猪施暴。

(5)运输的福利　运输对猪的应激很大，表现在血浆中皮质醇水平升高。因此，在长途运输中要提供必要的食物和饮水，运输设施不能过于狭窄，要求清洁卫生，夏季应防止日晒、闷热；冬季要注意挡风、防寒。不得对动物实施残忍的关押或禁锢。

(6)屠宰的福利　当猪群运到屠宰场后，应尽快卸下，不得有拖、拉、棒打、脚踢等粗暴的动作；不能在活猪前屠宰猪，屠宰时要在隔离间进行，屠宰猪时要分两步进行，首先将猪电击、晕倒，然后刺死、放血。

(7)人员素质和猪的福利　猪是由人来养的，饲养员与猪的接触最密切。业已证实：得到饲养员不断的、富有同情心对待的猪，比没有得到或得不到合意对待的猪，其血液中皮质类固醇激素前者明显低于后者，而生长速度和繁殖率则比后者高。饲养员最易犯的行为错误就是粗暴地对待所饲养的动物，但这也不能简单地归结于饲养员的素质不高，因为这是源于人类几千年来形成的对动物的错误认识，即“物种歧视”，人们不会顾及动物的心理与行为，认为人类是至尊无上的，可以为所欲为。

为此，猪场应创造条件鼓励员工学习文化和科学技术，提高道德修养，当然场长更要注意提高自身的素质。此时此刻笔者想以一位猪场场长提出的口号作为本节的结束语，“诚以待人，善以待猪”，构建和谐猪场。

六、药物防治

猪的某些传染病虽然可以通过接种疫苗进行预防，但仍有些传染病至今尚未研制出有效的疫苗；有的疫苗其预防效果并不令人满意，而药物不仅可防治某些传染病，对寄生虫病和内、外科病更是不可缺少，何况有些药物还能调节机体代谢，改善消化吸收，提高饲料利用率，促进动物生长。为了正确、合理地使用药物，充分发挥药物应有的作用，本节简要地介绍一下药物对机体作用的基本知识，至于猪场常用药物的性能及使用方法，本书不做赘述，因为药物的种类繁多，新的药物层出不穷，商品药名五花八门，无法一一罗列，请参看有关药品的说明书和兽医药物专著。

（一）药物的作用

药物的作用是药物与机体相互影响的综合性反应。机体在药物的影响下，使内部的生理生化功能发生变化，从而呈现防治疾病的效能，这种效能称为药物的作用；同时药物在机体内受到机体组织和器官的影响，使药物发生一系列的变化，直到药物作用消除，此过程称为药物的代谢或药物的体内过程。

药物作用表现的基本形式为兴奋和抑制。使机体功能活动加强，称为兴奋作用；使机体功能活动减弱，称为抑制作用。在正常情况下，机体的兴奋和抑制处于对立统一的平衡状态，一旦平衡失调，则出现病理状态。此时，药物可以调节已失调的功能，促进机体恢复正常。例如，应用呼吸兴奋药尼可刹米后，可以使呼吸功能减弱的机体立即加强，呼吸加快。反之，使用镇静药氯丙嗪后，能使过于兴奋不安的机体安静下来。但兴奋和抑制也不是恒定不变的，在一定条件下可以转化。例如，中枢兴奋药在治疗量时，对中枢神经系统有兴奋作用，若使用的剂量过大，则可引起中枢神经系统过度兴奋，甚至中毒而发生惊厥状态，继而转入超限抑制，最终导致中枢衰竭。根据药物兴奋与抑制作用的不同程度，可将其作用区别如下：药物将低下的功能活动提高到正常水平，称为强壮作用；使之高于正常水平，称为镇静作用；使之降到正常水平以下，称为抑制作用；如果过度地抑制，甚至使功能活动几乎接近于停止状态，则称为麻醉作用。

临床上所用的药物，几乎每一种药都有多种作用，其中与治疗目的有关的作用称为治疗作用；其余与治疗目的无关的甚至对机体有害的作用，总称为不良反应。在某些情况下，这两方面的作用会同时出现，所以对药物的作用一定要用“一分为二”的观点来看待。在临床用药时，要充分发挥药物的治疗作用，而减少或避免其不良反应的发生。

1. 对因治疗　即药物的作用在于消除原发致病的因素。特别是对传染病和寄生虫病具有重要的意义。当侵袭体内的病原体和寄生虫被抑制或杀灭后，即消除了致病原因，病猪随之恢复健康。这类药物主要包括抗菌药物和驱虫药。当中毒时，采用相应的解毒药。这些都属于对因治疗，或称“治本”。

2. 对症治疗　当导致猪发病的原因尚不清楚，但已出现某种临床症状时，如体温升高、呼吸困难、腹泻、神经症状、食欲不振等。为了缓解病情，防止疾病的发展或恶化，也是为对因治疗争取时间，应采取对症治疗，亦称“治标”。当然，两种治疗措施是密切结合的，不可偏废。在中医学中有“急则治其标，缓则治其本”的用药原则，即对急性病例应首先用药消除某些严重的症状，解除危急；而对慢性病例则以治本为主，以获得对疾病的根治。这

就充分说明了对因治疗与对症治疗是相互联系、相辅相成的。

3. 不良反应　是指药物在治疗剂量时所出现的与治疗目的无关的作用。这种作用一般在用药前，根据药理学的知识，是可以预见到的，通常的表现都比较轻微且容易恢复。例如，使用阿托品可以解除肠道平滑肌痉挛，但其不良反应是使瞳孔散大和使腺体分泌减少，引起口腔干渴。反之，如果用它来散大瞳孔，则松弛平滑肌和制止分泌等症状就成为不良反应。

4. 毒性作用　指药物对机体的损害作用。其实绝大多数的药物都有一定的毒性，它们所产生的毒性作用的性质各不相同。一般用药剂量过大、用药时间过长、2 次用药间隔时间过短等，可使药物在机体内蓄积过多，超过机体的耐受力，从而引起机体生理生化功能和结构发生变化，称为毒性作用。

另外，猪若患有肝、肾疾病，在对药物的代谢、排泄功能不健全的情况下，即使常量药物也可能出现毒性作用。所以，在用药时一定要了解病畜的病史，并严格掌握用药剂量和连续用药的持续时间。对于剧毒药更应严格控制剂量，以免出现毒性反应。

许多抗微生物药物和抗寄生虫药物在治疗剂量时对机体就有一定的毒性，这时所产生的与治疗目的无关的作用往往不称为不良反应，习惯上称为毒性作用。例如，大量使用氯霉素后，可能抑制骨髓的造血功能，从而引起再生障碍性贫血等。

5. 变态反应　少数过敏体质的病猪，在治疗量或低于甚至远低于治疗量时，也会发生特异反应，如青霉素过敏。变态反应，是指少数家畜对某种药物的特殊反应。这种反应与剂量无关，而与免疫学上的变态反应相同，可由抗原（如异性蛋白）或半抗原（如青霉素）与抗体相结合而产生。对于一般畜体，即使用到中毒剂量也不出现类似的反应。不同药物所引起的变态反应或过敏反应基本相同，故其治疗措施也差不多。概括地说，“变态反应”是过敏反应和变态反应的总称。

（二）影响药物作用的因素

药物的效果是通过药物与机体相互作用来完成的。一般来说，许多因素都会影响药物的作用。在药物方面有药物的质（指药物的理化性质和化学结构）和量（指剂量），药物的剂型和给药的途径，合并用药时药物的相互作用等；在机体方面，有机体对药物的吸收、分布、转化和排泄，机体的生物学差异，个体差异和功能状态，饲养管理和环境条件等。这些因素不是孤立的，而是相互关联的，或是具有因果关系的。现将几个主要的影响因素简要介绍如下。

1. 药物因素对药物作用的影响

（1）药物的化学性质　药物的化学性质与其作用有非常密切的关系。例如，重金属盐类具有使蛋白质凝固、沉淀的特性，故对组织就有收敛、刺激和腐蚀作用。青霉素的一般制剂，由于易受胃肠道内酸、碱环境的破坏，所以口服无效。

（2）药物的结构　有些药物的结构虽然相似，但药理作用并不相似，甚至有拮抗作用。例如，磺胺类药物与局部麻醉药普鲁卡因，结构虽相似，但作用不同，若两者同时应用，则影响磺胺类药物的药效。

（3）药物的剂量　剂量是指临床上的一次用药量。一般来说，剂量越大，药物的作用越强，但也有一定的限度。若剂量很小，尚未出现肉眼可见的药物作用时，称无效量。由无效量到出现可见的治疗作用，其剂量称为最小有效量。治疗量增加到最大限度的剂量，称为极量（用药时不能超过极量）。由最小有效量到极量之间的范围，称治疗量。能引起机体产生病理状态的剂量称为中毒量。机体除产生病理变化以外，还能引起死亡的剂量，称为致死量。

毒药、剧药、普通药的区分，主要根据药物作用的强弱、剂量

大小和安全范围大小而决定。即药物使用的剂量小、作用强、安全范围小则为毒药或剧药，反之为普通药。

(4)给药的途径　不同的给药途径，可影响药物吸收的快慢、吸收量的多少及其作用的强弱和维持时间的长短，有的甚至可以引起药物作用性质的改变。例如，硫酸镁口服有下泻作用，而静脉注射则产生中枢神经抑制作用。因此，不同的情况应选择不同的给药途径，不同的给药途径要用不同的给药剂量。猪病防治在临床上的给药途径可分为消化道给药、注射给药和局部用药等。

①口服　是最常用的给药方法，适用于消化道的疾病和肠道寄生虫病，但其对药物的作用表现为吸收慢、吸收不完全或不规则，药效迟，为此必须加大用药剂量。

②皮下注射　是将药物注入皮下疏松的结缔组织，由皮下毛细血管和淋巴系统吸收，药物作用持久，但刺激性大的药液或液量过大、混悬液等，由于吸收不良，不适宜皮下注射。

③肌内注射　肌肉中有丰富的血管网，吸收较快，水溶液注射后约10分钟即出现药效。混悬剂、油剂吸收较慢，为延缓药物吸收，延长药物作用时间，可用此种剂型。略具刺激性的药物则须分点深部肌内注射。

④静脉注射　使用此方法药物不需经过吸收阶段而可直接进入血液循环，转运到全身，迅速出现药效。适用于急性重病例，通常注入大量体液补充剂，即使刺激性强或渗透压过高而不能用其他给药法时，也能适量静脉滴注，因为血液中有多种缓冲系统(如重碳酸、磷酸等缓冲系统)，且循环血流很快，所以能缓和刺激及稀释高渗。

⑤局部用药　即皮肤黏膜给药。主要是将刺激、保护、消炎及杀虫等药物应用于体表、创伤、可视黏膜部位、乳房和子宫腔等，在局部发挥作用。常以溶液剂、搽剂、软膏剂、眼膏剂或粉剂等剂型用于局部，采用冲洗、涂搽、撒粉、灌注和引流等方法给药。

黏膜的敏感性大于皮肤，所以用药的浓度应较低。皮肤黏膜也可部分吸收药物，因此局部使用杀虫药时，一次药量和用药面积不宜过大，防止吸收中毒。

不同给药途径与治疗剂量的比例见表1-3。

表1-3　不同给药途径与治疗剂量的比例

给药途径	口　服	皮下注射	肌内注射	静脉注射
药物用量比例	1	1/3～1/2	1/4～1/3	1/4

（5）合并用药　药物间可通过影响受体或竞争性与受体相结合等方式，使药效产生变化，促使药物效应增强或减弱。

①协同作用　即合并用药后可使药物的效应增强。根据药效增强的程度，等于或大于两药效应的总和，又可分别称之为相加作用和增强作用。例如，几种磺胺类药物合并应用，可产生相加作用，若磺胺类药物和甲氧苄啶（TMP）合并应用，则可产生增强作用（两药的作用点不同）。

②拮抗作用　即合并用药后造成药效减弱或抵消。例如，磺胺类药物与普鲁卡因合用，则普鲁卡因水解，产生对氨基苯甲酸，与磺胺类药物争夺菌体内的二氢叶酸合成酶，从而使磺胺类药物的抑菌作用大为降低。

此外，有些药物在合并使用时，对药物的吸收、分布、代谢转化、排泄及药物的理化性质方面都有一定的影响。

2. 机体因素对药物作用的影响

（1）种属的差异　由于动物的种属不同，其解剖结构和生理功能也有差别。例如，兔子食用颠茄类植物不中毒，而猪只要食入少量就可中毒。

（2）个体差异　同一种动物对一种药物，大多数具有相近似的感受性和反应性，但个别动物对药物出现特殊的感受性和反应

性，称为个体差异。即个别机体对药物的作用敏感，应用小剂量就能产生强烈的反应，甚至中毒，称为高敏性。与高敏性相反，个别机体对药物的敏感性极低，甚至用中毒量也无反应，称为耐受性。此外，有个别机体所呈现的药物反应，与该药物的作用完全不同，这种由于个体对药物产生质的不同，称为特异质。

(3)性别与年龄　由于不同的性别和年龄，其体内药物代谢酶的活性有差异，因此对药物反应也不同。一般来说，母猪对药品的敏感性较公猪高，应酌情减少药物的用量。又如，在妊娠期使用剧泻药，可能引起子宫平滑肌兴奋而发生流产。泌乳期用药须注意到有的药物可能通过乳汁排出而影响到哺乳仔猪。

幼龄及老龄猪对药物的敏感性较成年猪为高。因为幼龄猪的神经系统、内分泌系统功能和组织代谢方面有其本身的特点，所以对某些药物敏感，而对另一些药物有耐受性。临床上应根据猪的不同月龄，在用药剂量上有所区别。

猪不同月龄治疗药物用量的比例见表1-4。

表1-4　猪不同月龄治疗药物用量的比例

猪的月龄	10月龄以上	6～10月龄	4～6月龄	2～4月龄	0～2月龄
药物用量比例	1	1/2	1/4	1/8	1/16

(4)体重　一般来说，体重大相应的用药剂量也大。当应用剧药或驱虫药时，按每千克体重计算剂量是比较合适的，但也不能超过极量。也就是说，体重过大时，每千克体重的用量也需相应减少，以免超过极量。

(5)机体的功能状态　通常药物对正常机体作用并不明显，甚至无效。当机体处于病理状态下，对药物的敏感性增加，药物的作用则显著。例如，解热药安基比林，只有在家畜体温升高时应用，才能产生退热作用。当机体的呼吸中枢受到抑制时，尼可刹米才有明显的呼吸兴奋作用。又如，当机体内重要的解毒、排泄器官肝、肾功能减退时（肝炎、肾炎），可影响药物在体内的转化和排泄，使有些药物对机体的作用延长或加强，甚至发生药物蓄积性中毒，必须加以注意。

环境因素和饲养管理条件，均能改变机体的功能状态，从而影响机体对药物的敏感性。如动物在夏季较冬季对药物的敏感性大，用药量可酌情减少。

（三）合理使用抗菌药物

1. 抗菌药物概述 抗菌药物包括消毒防腐药和化学治疗药，消毒防腐药虽能杀灭微生物，但对动物机体也有很大的毒性，只能用于体表和环境的消毒。本文所述的抗菌药物是指化学治疗药，临床上常用的是抗生素、磺胺类药物、喹诺酮类药物和硝基呋喃类药物等。笔者对某猪场的调查资料表明，以上这些药物占该场药物消耗总量的80%以上，其中抗生素又占到了大部分。

抗生素应用于猪病防治已有50余年的历史，在治疗动物感染性疾病方面起到了巨大的作用。例如，一些对猪危害严重的细菌性传染病包括猪丹毒、猪肺疫、副伤寒、仔猪大肠杆菌病等，自从有了抗菌药物之后，在治疗和预防方面都取得了良好效果。有些抗菌药物（泰乐菌素、螺旋霉素等）还能促进动物的生长和提高饲料利用率，可作为饲料添加剂，给猪长期或定期服用。

由于抗菌药物的价格相对较低廉，使用也较方便，无论对消化系统、呼吸系统还是其他系统的细菌感染，都有疗效。因此，抗菌药物得到了人们的青睐。近年来，在规模化的养猪业上，使用越来越广泛，用量也越来越大，以至达到滥用的程度，造成细菌耐药性不断增强，药物不良反应增加，治疗效果明显下降，甚至抗菌药物大量残留在猪的胴体中，降低了猪肉的品质，影响猪肉的出

口，引起了社会的广泛关注。最近，国家有关部门公布了《无公害食品　生猪饲养兽药使用准则》，主要是针对抗菌药物特别是抗生素而言的，应认真阅读和理解，遵照执行。

2. 抗菌药物在猪场使用的误区

(1)误区之一　认为抗菌药就是“退热药”，凡是体温升高的病猪，不分析病情，盲目使用抗菌药物。殊不知，发热并不都是由细菌感染所致。由病毒引起的高热，如猪流感、蓝耳病、猪瘟等用抗菌药物治疗是无效的；夏季高温气候引起的中暑，也可引起体温升高，对这些病使用抗菌药物是有害无益的。

(2)误区之二　将抗菌药当做“万能药”，只要猪生病了，就用抗菌药物。高热不退时使用，呼吸困难时使用，有神经症状时使用，皮肤破损时使用，母猪不孕时也使用，如此滥用的后果，一是贻误了治疗时机，二是浪费了药物。

(3)误区之三　当发现少数病猪，即对全群甚至全场的猪使用抗菌药物，将药拌在料内或混于水中，一日三餐连续使用，其用量之大使人吃惊，如此用药适得其反，造成了药物的不良反应，培育了大量耐药菌，得不偿失。

(4)误区之四　以为抗菌药物的价格越贵效果越好，国外进口的更好。其实并非如此。问题在于病猪感染的是什么细菌，病原主要存在于哪个系统或部位，应针对病情，选择对病原菌作用强、药物在感染部位浓度较高的品种。例如，阿莫西林对多数革兰氏阳性菌的效果较好，可用于败血症和皮肤黏膜的感染；喹诺酮类药物对消化道、泌尿道感染有疗效；链霉素、卡那霉素、泰乐菌素等适用于上呼吸道感染。

(5)误区之五　抗菌药物使用剂量越大疗效越好，这也是错误的。各种药物的使用剂量在说明书上都有明文规定，尤其是有些药物有一定的毒性和不良反应，如链霉素、氯霉素、诺氟沙星和硝基呋喃类药物，轻则产生耐药性，重则发生中毒致死。当然，有些药物的毒性不大，如青霉素、土霉素等，适当增加用量是可以的，但要参照《无公害食品　生猪饲养兽药使用准则》的规定。

(6)误区之六　患有细菌感染性疾病，不分青红皂白随意使用抗生素。若是感染被控制了，那是碰运气；如果疗效不佳，则更换药物，车轮大战。建议有条件的猪场应进行药敏试验，选择最敏感的抗菌药物进行治疗。

(四)无公害食品　生猪饲养兽药使用准则

1. 术语和定义　下列术语和定义适用于本标准。

(1)生猪 swine　人工养殖的肉用活猪。

(2)兽药 veterinary drug　用于预防、治疗和诊断畜禽等动物的疾病，有目的地调节其生理功能并规定作用、用途、用法、用量的物质(含饲料药物添加剂)。包括兽用生物制品、兽用药品(化学药品、中药、抗生素、生化药品、放射性药品)。

①抗菌药 antibacterial drugs　能抑制或杀灭病原菌的药物，其中包括中药材、中成药、化学药品、抗生素及其制剂。

②抗寄生虫药 antiparasitic drug　能杀灭或驱除体内、体外寄生虫的药物，其中包括中药材、中成药、化学药品、抗生素及其制剂。

③疫苗 vaccine　由特定细菌、病毒、立克次体、螺旋体、支原体等微生物以及寄生虫制成的主动免疫制品。

④消毒防腐药 disinfectant and preservative　用于杀灭环境中的病原微生物、防止疾病发生和传染的药物。

⑤饲料药物添加剂 rnedicated feed additive　为预防、治疗动物疾病而掺入载体或者稀释剂的兽药的预混物，包括抗球虫药类、驱虫剂类、抑菌促生长类等。

(3)休药期 withdrawal period　食品动物从停止给药到许可屠宰或它们的产品(奶、蛋)许可上市的间隔时间。

2. 使用准则　生猪饲养者应供给动物适度的营养，饲养环境

应符合《畜禽场环境质量标准》(NY/T 388—1999)的规定，加强饲养管理，采取各种措施以减少应激，增强动物自身的免疫力。生猪饲养使用饲料应符合《无公害食品　畜禽饲料和饲料添加剂使用准则》(NY 5032—2006)的规定。生猪疾病以预防为主，应严格按《中华人民共和国动物防疫法》的规定防止生猪发病死亡。必要时进行预防、治疗和诊断疾病所用的兽药，必须符合《中华人民共和国兽药典》《中华人民共和国兽药规范》《兽药质量标准》《兽用生物制品质量标准》《进口兽药质量标准》和《饲料药物添加剂使用规范》的相关规定。所用兽药必须来自于具有《兽药生产许可证》和产品批准文号的生产企业，或者具有《进口兽药许可证》的供应商。所用兽药的标签应符合《兽药管理条例》的规定。使用兽药时，还应遵循以下原则：①允许使用消毒防腐剂对饲养环境、厩舍和器具进行消毒，但应符合《无公害食品　生猪饲养管理准则》(NY/T 5033—2001)的规定。②优先使用疫苗预防动物疾病，但应使用符合《兽用生物制品质量标准》要求的疫苗对生猪进行免疫接种，同时应符合《无公害食品　生猪饲养兽医防疫准则》(NY 5031—2001)的规定。③允许使用《中华人民共和国兽药典》二部及《中华人民共和国兽药规范》二部收载的用于生猪的兽用中药材、中药成方制剂。④允许在临床兽医的指导下使用钙、磷、硒、钾等补充药、微生态制剂、酸碱平衡药、体液补充药、电解质补充药、营养药、血容量补充药、抗贫血药、维生素类药、吸附药、泻药、润滑剂、酸化剂、局部止血药、收敛药和助消化药。⑤慎重使用经农业部批准的拟肾上腺素药、平喘药、抗(拟)胆碱药、肾上腺皮质激素类药和解热镇痛药。⑥禁止使用麻醉药、镇痛药、镇静药、中枢兴奋药、化学保定药及骨骼肌松弛药。⑦允许使用表1-5中的抗菌药物和抗寄生虫药物，其中治疗药应凭兽医处方购买。还应注意以下几点：一是严格遵守规定的用法与用量。二是休药期应遵守表1-5中规定的时间。在表1-5中未规定休药期的品种，

表 1-5 无公害食品 生猪饲养允许使用的抗寄生虫药和抗菌药及使用规定

类别	名称	制剂	用法与用量	休药期(天)
抗寄生虫药	阿苯达唑 allondazole	片剂	口服，1 次量，5～10 毫克	—
	双甲脒 amitraz	溶液	药浴、喷洒、涂搽，配成 0.025%～0.05%的溶液	7
	硫双二氯酚 bitbionole	片剂	口服，1 次量，75～100 毫克/千克体重	
	非班太尔 febantel	片剂	口服，1 次量，5 毫克/千克体重	14
	芬苯达唑 fenbendazole	粉、片剂	口服，1 次量，5～7.5 毫克/千克体重	0
	氰戊菊酯 fenvalerale	溶液	喷雾，加水以 1∶1000～2000 倍稀释	—
	氟苯咪唑 fiubendazole	预混剂	混饲，每 1000 千克饲料加入 30 克，连用 5～10 天	14
	伊维菌素 lvemectin	注射液	皮下注射，1 次量，0.3 毫克/千克体重	18
		预混剂	混饲，每 1000 千克饲料加入 330 克，连用 7 天	5
	盐酸左旋咪唑 levamisole hydrochlaride	片剂	口服，1 次量，7.5 毫克/千克体重	3
		注射液	皮下、肌内注射，1 次量，7.5 毫克/千克体重	28
	奥芬达唑 oxfendazole	片剂	口服，1 次量，4 毫克/千克体重	—
	丙氧苯咪唑 oxibendazole	片剂	口服，1 次量，10 毫克/千克体重	14
	枸橼酸哌嗪 piperazine eitrate	片剂	口服，1 次量，0.25～0.3 克/千克体重	21
	磷酸哌嗪 piperaszine phosphate	片剂	口服，1 次量，0.2～0.25 克/千克体重	21
	吡喹酮 praziquantel	片剂	口服，1 次量，10～35 毫克/千克体重	—
	盐酸噻咪唑 tetramisole hydrochloride	片剂	口服，1 次量，10～15 毫克/千克体重	3

续表 1-5

类别	名称	制剂	用法与用量	休药期(天)
抗菌药	氨苄西林钠 ampicillin sodium	注射用粉针	肌内、静脉注射,1 次量,10～20 毫克/千克体重,每日 2～3 次,连用 2～3 天	—
	硫酸安普(阿普拉)霉素 apramycin sulfate	注射液	皮下或肌内注射,1 次量,5～7 毫克/千克体重	15
		预混剂	混饲,每 1000 千克饲料加入 80～100 克,连用 7 天	21
		可溶性粉	混饮,每 1 升水,12.5 毫克/千克体重,连用 7 天	21
	阿美拉霉素 avilamycin	预混剂	混饲,每 1000 千克饲料,0～4 月龄加入 20～40 克;4～6 月龄加入 10～20 克	0
	杆菌肽锌 bacitracin zine	预混剂	混饲,每 1000 千克饲料,4 月龄以下加入 4～40 克	0
	杆菌肽锌、硫酸黏杆菌素 bacitracin zine and cclistin sulfate	预混剂	混饲,每 1000 千克饲料,2 月龄以下加入 2～20 克,4 月龄以下加入 2～40 克	7
	苄星青霉素 benzathine benzyl penicillin	注射用粉针	肌内注射,1 次量,3 万～4 万单位/千克体重	—
	青霉素钠(钾)benzylpenicillin sodium(potassium)	注射用	肌内注射,1 次量,2 万～3 万单位/千克体重	—

续表 1-5

类别	名称	制剂	用法与用量	休药期(天)
抗菌药	硫酸小檗碱 berberine sulfate	注射液	肌内注射，1次量，50～100毫克	—
	头孢噻呋钠 cefticfur sodium	注射用粉针	肌内注射，1次量，3～5毫克/千克体重，每日1次，连用3天	7
		预混剂	混饲，每1000千克饲料，仔猪加入2～20克	—
	硫酸黏杆菌素 colistin sulfate	可溶性粉剂	混饮，每1升水添加40～200毫克	7
	甲磺酸达氟沙星 danofloxacin mesylate	注射液	肌内注射，1次量，1.25～2.5毫克/千克体重，每日1次，连用3天	25
	越霉素A desomycine A	预混剂	混饲，每1000千克饲料加入5～10克	15
	盐酸二氟沙星 difloxacin hydrochloride	注射液	肌内注射，1次量，5毫克/千克体重，每日2次，连用3天	45
	盐酸多西环素 doxycycline hyclate	片剂	口服，1次量，3～5毫克，每日1次，连用3～5天	—
	恩诺沙星 enrofloxacin	注射液	肌内注射，1次量，2.5毫克/千克体重，每日1～2次，连用2～3天	10
	恩拉霉素 enramycin	预混剂	混饲，每1000千克饲料加入2.5～20克	7
	乳糖酸红霉素 erythromycin Lactobionate	注射用粉针	静脉注射，1次量，3～5克，每日2次，连用2～3天	—

续表 1-5

类别	名称	制剂	用法与用量	休药期(天)
抗菌药	黄霉素 flavomycin	预混剂	混饲，每1000千克饲料，生长、肥育猪加入5克，仔猪加入10～25克	0
	氟苯尼考 florfenicol	注射液	肌内注射，1次量，20毫克/千克体重，每隔48小时使用1次，连用2次	30
		粉剂	口服，20～30毫克/千克体重，每日2次，连用3～5天	30
	氟甲喹 flumequine Soluble	可溶性粉剂	口服，1次量，5～10毫克/千克体重，首次量加倍，每日2次，连用3～4天	—
	硫酸庆大霉素 gentamycin sulfate	注射液	肌内注射，1次量，2～4毫克/千克体重	40
	硫酸庆大-小诺霉素 gentamy-cin-micronomicin sulfate	注射液	肌内注射，1次量，1～2毫克/千克体重，每日2次	—
	潮霉素B hugromycin B	预混剂	混饲，每1000千克饲料加入10～13克，连用8周	15
		注射用粉针	肌内注射，1次量，10～15毫克，每日2次，连用2～3天	15
	硫酸卡那霉素 kanamycin sulfate	片剂	口服，1次量，20～30毫克/千克体重，每日1～2次	—

续表 1-5

类别	名称	制剂	用法与用量	休药期(天)
抗菌药	北里霉素 kitasamycine	预混剂	混饲，每 1000 千克饲料，防治时加入 80～330 克，促生长时加入 5～55 克	7
	酒石酸北里霉素 kitasamycine tarlrate	可溶性粉剂	混饮，每 1 升水加入 100～200 毫克，连用 1～5 天	7
		片剂	口服，1 次量，10～15 毫克/千克体重，每日 2 次，连用 3～5 天	1
	盐酸林可霉素 lincomycin hydrochloride	注射液	肌内注射，1 次量，10 毫克/千克体重，每日 2 次，连用 3～5 天	2
		预混剂	混饲，每 1000 千克饲料加入 44～77 克，连用 7～21 天	5
	盐酸林可霉素、硫酸壮观霉素 incomycin hydrochloride and Spectinomycin	可溶性粉剂	混饮，每 1 升水，10 毫克/千克体重	5
		预混剂	混饲，每 1000 千克饲料加入 44 克，连用 7～21 天	5
	博落回 macleayae	注射液	肌内注射，1 次量，体重在 10 千克以下者用 10～25 毫克，体重在 10～50 千克者用 25～50 毫克，每日 2～3 次	—
	乙酰甲喹 mequindox	片剂	口服，1 次量，5～10 毫克/千克体重	—

续表 1-5

类别	名称	制剂	用法与用量	休药期(天)
抗菌药	硫酸新霉素 neomycin sulfate premix	预混剂	混饲，每 1000 千克饲料加入 77～154 克，连用 3～5 天	3
	硫酸新霉素、甲溴东莨菪碱 nelrnycin sulfate and methlsopolamine bromide	溶液剂	口服，1 次量，体重在 7 千克以下者用 1 毫升(按泵 1 次)，体重在 7～10 千克者用 2 毫升(按泵 2 次)	3
	呋喃妥因 nitrofurantoine	片剂	口服，每日量，12～15 毫克/千克体重，分 2～3 次	—
	喹乙醇 olaquindox	预混剂	混饲，每 1000 千克饲料加入 1000～2000 克，体重超过 35 千克者禁用	35
	牛至油 oregano oil	溶液剂	口服，预防：2～3 日龄，每头 50 毫克，8 天后重复给药 1 次。治疗：10 千克以下者每头 50 毫克；10 千克以上者每头 100 毫克，用药后 7～8 天腹泻仍未停止时，重复给药 1 次	—
		预混剂	混饲，1000 千克饲料，预防时用 1.25～1.75 克，治疗时用 2.5～3.25 克	—
	苯唑西林钠 oxacillin sodium	注射用粉针	肌内注射，1 次量，10～50 毫克/千克体重，每日 2～3 次，连用 2～3 天	5
		片剂	口服，1 次量，10～25 毫克/千克体重，每日 2～3 次，连用 3～5 天	—

续表 1-5

类别	名称	制剂	用法与用量	休药期(天)
抗菌药	土霉素 oxytetracycline	注射液（长效）	肌内注射，1 次量，10～20 毫克/千克体重	28
	盐酸土霉素 oxytetracycline hydrochloride	注射用粉针	静脉注射，1 次量，5～10 毫克/千克体重，每日 2 次，连用 2～3 天	26
	普鲁卡因青霉素 procaine benzylpenicillin	注射用粉针	肌内注射，1 次量，2 万～3 万单位，每日 1 次，连用 2～3 天	6
		注射液	同　上	6
	盐霉素钠 salinomycin sodium	预混剂	混饲，每 1000 千克饲料加入 25～75 克	5
	盐酸沙拉沙星 sarafloxacin hydrochlorjde	注射液	肌内注射，1 次量，2.5～5 毫克/千克体重，每日 2 次，连用 3～5 天	—
	赛地卡霉素 sedecamycin	预混剂	混饲，每 1000 千克饲料加入 75 克，连用 15 天	1
	硫酸链霉素 streptomycin sulfate	注射用粉针	肌内注射，1 次量，10～15 毫克/千克体重，每日 2 次，连用 2～3 天	—
	磺胺二甲嘧啶钠 salfadimidine sodium	注射液	静脉注射，1 次量，50～100 毫克/千克体重，每日 1～2 次，连用 2～3 天	7

续表 1-5

类　别	名　称	制　剂	用法与用量	休药期(天)
抗菌药	复方磺胺甲噁唑片 compound sulfamethoxazloe tablets	片　剂	口服,1 次量,首次量 20～25 毫克/千克体重(以磺胺甲噁唑计),每日 2 次,连用 3～5 天	—
	磺胺对甲氧嘧啶 sulfame thoxydiazine	片　剂	口服,1 次量,50～100 毫克,维持量 25～50 毫克,每日 1～2 次,连用 3～5 天	—
	磺胺对甲氧嘧啶、二甲氧苄氧嘧啶片 sulfamethoxydiazine and diaveridin Tahlets	片　剂	口服,1 次量,20～25 毫克/千克体重(以磺胺对甲氧嘧啶计),每 12 天使用 1 次	—
	复方磺胺对甲氧嘧啶片 compound sulfamethoxydiazine tablets	片　剂	口服,1 次量,20～25 毫克(以磺胺对甲氧嘧啶计),每日 1～2 次,连用 3～5 天	—
	复方磺胺对甲氧嘧啶钠注射液 compound sulfamethoxydiazine sodium injection	注射液	肌内注射,1 次量,15～20 毫克/千克体重(以磺胺对甲氧嘧啶钠计),每日 1～2 次,连用 2～3 天	—
	磺胺间甲氧嘧啶 sulfatnonomethoxine	片　剂	口服,1 次量,首次量 50～100 毫克,维持量 25～50 毫克,每日 1～2 次,连用 3～5 天	—

续表 1-5

类别	名称	制剂	用法与用量	休药期(天)
抗菌药	磺胺间甲氧嘧啶钠 sulfamonomethoxine sodium	注射液	静脉注射，1 次量，50 毫克/千克体重，每日 1～2 次，连用 2～3 天	—
	磺胺脒 sulfaguanidine	片剂	口服，1 次量，0.1～0.2 克/千克体重，每日 2 次，连用 3～5 天	—
	磺胺嘧啶 sulfadiaxine	片剂	口服，1 次量，首次量 0.14～0.2 克/千克体重，维持量 0.07～0.1 克/千克体重，每日 2 次，连用 3～5 天	—
		注射液	静脉注射，1 次量，0.05～0.1 克/千克体重，每日 1～2 次，连用 2～3 天	—
	复方磺胺嘧啶钠注射液 compound sulfadiazine sodium injection	注射液	肌内注射，1 次量，20～30 毫克/千克体重（以磺胺嘧啶计），每日 1～2 次，连用 2～3 天	—
	复方磺胺嘧啶预混剂 compound sulfadiazine premix	预混剂	混饲，1 次量，15～30 毫克/千克体重，连用 5 天	5
	磺胺噻唑 sulfathiaole	片剂	口服，1 次量，首次量 0.14～0.2 克/千克体重，维持量 0.07～0.1 克/千克体重，每日 1～3 次，连用 3～5 天	—

续表 1-5

类别	名称	制剂	用法与用量	休药期(天)
抗菌药	磺胺噻唑钠 sulfathiazole sodium	注射液	静脉注射,1 次量,0.05～0.1 克/千克体重,每日 2 次,连用 2～3 天	—
	复方磺胺氯哒嗪钠粉 compound sulfachlor pytidaxine sodi um pouder	粉剂	口服,1 次量,20 毫克/千克体重(以磺胺氯哒嗪钠计),连用 5～10 天	3
	盐酸四环素 tetracycline hydrochloride	注射用粉针	静脉注射,1 次量,5～10 毫克/千克体重,每日 2 次,连用 2～3 天	—
	甲砜霉素 thiamphenicol	片剂	口服,1 次量,5～10 毫克/千克体重,每日 2 次,连用 2～3 天	—
	延胡索酸泰妙菌素 tiamulin fumarate	可溶性粉剂	混饮,每 1 升水加入 45～60 毫克,连用 5 天	7
		预混剂	混饲,每 1000 千克饲料加入 40～100 克,连用 5～10 天	5
	磷酸替米考星 tilmicosin phosphate premix	预混剂	混饲,每 1000 千克饲料加入 400 克,连用 15 天	14

续表 1-5

类　别	名　称	制　剂	用法与用量	休药期(天)
抗菌药	泰乐菌素 tyiosin	注射液	肌内注射,1 次量,5～13 毫克/千克体重,每日 2 次,连用 7 天	14
	磷酸泰乐菌素 tylosin phosphate	预混剂	混饲,每 1000 千克饲料加入 10～100 克,连用 5～7 天	5
	磷酸泰乐菌素、磺胺二甲嘧啶预混剂 tylosin phosphate and sulfa-methazine premix	预混剂	混饲,每 1000 千克饲料加入 200 克(100 克泰乐菌素＋100 克磺胺二甲嘧啶),连用 5～7 天	15
	维吉尼亚霉素 virginiamyein	预混剂	混饲,每 1000 千克饲料加入 10～15 克	1

节选自《无公害食品　畜禽饲养兽药使用准则》(NY 5030—2006)

休药期不应少于28天。⑧建立并保存免疫程序记录。建立并保存全部用药记录,治疗用药记录包括生猪编号、发病时间及症状、治疗用药物名称(商品名及有效成分)、给药途径、给药剂量、疗程、治疗时间等;预防或促生长混饲给药记录包括药品名称(商品名及有效成分)、给药剂量、疗程等。⑨禁止使用未经国家畜牧兽医行政管理部门批准的用基因工程方法生产的兽药。⑩禁止使用未经农业部批准或已经淘汰的兽药。

七、猪场"与病共存"的新理念

近年来,我国经济发展已呈现出"新常态"的格局,预示着我国的经济将步入新的发展轨道,何谓"新常态"呢?"新"就是指有异于旧质,"常态"就是时常发生的状态,"新常态"就是不同于以往,但是呈现相对稳定的状态。我国经济发展的新常态,势必影响到各行各业,当然养猪业也不例外。有人解释养殖业的新常态是:以适度规模化、产业化发展为主导,逐步淘汰小规模猪场和散养户,缩减过剩产能,提升产业科技含量和产品质量,建立以"健康生态养殖,减轻环保压力"为主旨的养殖模式,实现劳动密集型向知识密集型,粗放管理型向科学管理型,简单数量型向质量效益型的转变。走出一条可持续发展之路。那么在这种形势之下,猪场的防疫工作该如何进行呢?有人提出在猪场疫情稳定的基础上,尝试猪场"与病共存"的方式。现将我们所理解的猪场"与病共存"的理念简要介绍一下,供读者探讨。

当前对我国养猪业危害最大的是传染性疾病,因此防治传染病的发生和流行是猪场兽医工作的重点。人们在防疫实践中也认识到由于传染病的种类不同,其防治措施应有区别,有的疫病可用疫苗进行控制甚至消灭(如猪瘟等疫病),有的疫病则采取隔离或消毒等办法即可(如气喘病等疫病),有的疫病只要改善环境条件和清洁卫生工作也可避免发生（如仔猪黄痢等疫病）。但是近年来人们发现一些猪的传染病，使用以上这些传统的防疫措施都不见效，某些病原微生物由于不断地发生变异，结果有的病原体引起动物的非典型感染或隐性感染，有的病原体产生了耐药性等，人们为了对付这些不断变异的病原微生物，运用了高科技的手段，研制了许多种疫苗、超级抗生素和高杀伤力的消毒剂等，有人将这种现象比喻为人类与病原微生物开展了一场无休止的军备竞赛，可谓是道高一尺、魔高一丈。这使猪场兽医感到十分困惑和纠结。

有人提出，既然猪场使用了这些常规甚至高端的防疫措施都不见效，暂时又无法改变或消灭这些顽固的病原微生物，那么就改变我们自己。人类可以与某些病原微生物“和平共处”，猪场是否也能“与病共存”呢？从理论上分析，传染病的发生是病原微生物与动物机体相互作用的结果，因此病原微生物并非是引起动物传染病发生或死亡的唯一因素，若动物机体的抵抗力强，即使有病原体入侵，该动物也不一定发病，或即使发病了也不至于死亡。最近人类医学调查数据表明，有10%的病人感染依波拉病毒，但这些人并没有死于这种病，原因在于他们身体里有抵抗力。同样，有30%的肺结核病人并没有出现严重的症状，而且结核病灶还可以自行康复，这都要归功于自身的免疫系统。艾滋病是一个可怕的传染病，但有5%的人感染后在5～10年也不发病。至于猪群所发生的传染病，可能没有人做过这样详细的调查和统计，我们拿不出具体的数据，但有充分的证据表明，当前在我国许多猪场的猪群中，用聚合酶链式反应技术（PCR）都可查出一种或数种抗原阳性猪，包括猪蓝耳病、圆环病毒病、流行性感冒、流行性腹泻、链球菌病、气喘病、伪狂犬病等。但是当我们进入猪场检查时，很难找到有临床症状的病猪，说明这些疫病的病原变化多端，时而呈显性，时而呈隐性，而此时机体的自身免疫力就显得十分

重要。因此，在猪场内即使见到个别病猪，也不会造成大的影响。

猪场“与病共存”的理念是一种无奈的选择，也是当前猪场防疫的权宜之计。这并不是否定猪场防疫的三原则，也不意味着对猪场的防疫工作可以放任自流，而是要求养猪人尽量减少对猪群的应激，对猪群要慎打疫苗、少打疫苗，对抗生素和其他化学药物要少用或不用。对猪群不要过度管理和消毒，但要积极改善猪群的生存环境，减少各种应激，补充猪群的免疫营养物质，充分发挥猪体自身的免疫力和自愈力，把疫病带来的损失减少到最低限度。

第二章　猪各生长时期常见病的诊治

一、哺乳仔猪(0～30日龄)

(一)哺乳仔猪的生理特点

1. 代谢功能旺盛，生长发育迅速　仔猪出生时的体重不到成年猪体重的1%，但10日龄时的体重则为初生重的2倍以上，30日龄时达6倍以上，这样快的生长速度，是以旺盛的物质代谢为基础的。仔猪对营养缺乏极为敏感，因此除提供足够的母乳外，还要补充全价的、高质量的仔猪饲料。经验表明，仔猪的断奶体重大，抗病力就强，其后的生长发育也快。

2. 消化功能不完善　新生仔猪胃内仅有凝乳酶，而唾液酶和胃蛋白酶都很少，胃内的游离盐酸含量极微，缺乏条件性的胃液分泌能力，对于从消化道感染的病原体不能起抑制作用，故易发生腹泻性疾病。

3. 缺乏先天性免疫力　由于猪的胎盘构造复杂，限制了母猪的抗体经血液传给胎儿，仔猪只能通过吃初乳获得被动免疫抗体。若是初乳不足，或者即使有充足的初乳，但其母源抗体维持的时间也不长，至20日龄后母源抗体已降到最低限度。这期间是仔猪对疾病的易感期，对某些疫病要进行疫苗的免疫接种。

4. 体温调节功能不健全　仔猪被毛稀疏，皮下脂肪很少，体内能源储备有限，对寒冷的适应性很差。20℃是新生仔猪的临界

温度，低于此温度时，要注意产房的增温工作。低温环境不仅影响仔猪的生长发育，还易诱发多种疾病，如仔猪黄痢、白痢及传染性胃肠炎等。

（二）产房和哺乳仔猪的管理要点

1. 产房　产房内的猪只实行全进全出，当一批母猪和仔猪转出后，即对产房床位、饲槽、栏杆、保育箱、垫板、门窗、地面及产房内外的环境进行全面、彻底的清扫、冲洗和擦拭，待干燥后用消毒剂喷洒消毒，并闲置净化2天后才能进猪。

2. 妊娠母猪　于临产前5～7天转入产房待产，进产房前对母猪体表进行喷洒消毒，并要检查母猪的档案卡，了解其品系、胎次、健康状况和预产期。

3. 母猪饲喂　对母猪饲喂湿料，要求拌和均匀，现拌现喂。若上一餐饲料没有吃完，必须清除剩料，清洗饲槽后才能加下一餐的饲料，防止用霉变饲料饲喂。对体况膘情较好的母猪，可适当减少精饲料喂量，补充一些青绿饲料；对膘情较瘦的母猪可酌情增加精饲料喂量。

4. 待产母猪　当待产母猪出现乳房膨胀、潮红，用手挤之有乳汁流出时，即为临产的预兆。如果母猪有频频排尿、站立不安、食欲下降等表现，说明即将分娩，这时要派专人值班观察。一旦羊水膜破裂，流出黏性的羊水时，则表明仔猪就要出世，此时应做好一切接产的准备工作，如准备消毒药液、毛巾、碘酊棉球及剪刀等，并用消毒药液擦洗和消毒母猪乳房。在寒冷季节要注意调节产房和保育箱的温度，夜间分娩时要有照明设施。

5. 仔猪护理　仔猪出生后，接产员要及时清除新生仔猪口腔、鼻腔内的黏液，用抹布擦去体表的胎衣及黏膜，并将脐带内的血液挤入仔猪体内后，在距脐孔5厘米处剪断脐带，同时用碘酊等消毒药液消毒断面。对于弱小的仔猪应人为地将其固定在母猪胸部乳头吮乳；若需寄养仔猪，应让其吮足初乳，至少经 6 小时后才能转给保姆猪寄养。为避免排异，寄养时应涂上寄养母猪的乳汁，并安排在夜间进行。

6. 产后处理 当分娩结束后，饲养员要检查胎衣数和胎儿是否一致，并如实填表上报产仔数，包括健活数、弱仔数和死胎数。要给分娩后的母猪饮含食盐的温水，并给予少量麸皮等易消化的饲料。在产后 3 天内每天添加 50 克益母草干粉，混于饲料中口服，以利于排出子宫内的分泌物。

7. 仔猪出生后的管理 要求给新生仔猪提供一个安全、舒适、温馨、和谐的生存环境，在产房内不要高声喧哗或嬉闹，要让母猪安心泌乳、专心哺乳，不提倡给新生仔猪剪尾、断牙或注射各种防疫针和保健针，切勿任意折腾仔猪，特别是要让 1 周内的新生仔猪吮足初乳，这对猪一生的健康有十分重要的意义。

8. 产后母猪的管理 随时注意母猪的起卧、食欲和乳汁分泌情况，精心护理仔猪。当听到仔猪被压的呼声，要迅速将母猪赶起，救出仔猪，避免或减少意外死亡。仔猪 1 周龄即可开食，喂以仔猪用的全价颗粒饲料，至 20 日龄时，基本能主动吃料，通常于 25 日龄前后断奶，即能独立生活。断奶时应先将母猪迁出，让仔猪在原栏位内逗留数天后再转入保育猪舍。

9. 产房的环境 产房的舍温应保持在 20℃以上，空气相对湿度为 60%～70%，风速 0.2 米/秒。仔猪保育箱内的温度，0～7 日龄为 32℃～34℃，8～20 日龄为 20℃～28℃。为防止仔猪黄、白痢的发生，在不同季节应注意以下事项：寒冷冬季，注意产房的增温和保温，夜间防止贼风吹入，同时要注意通风换气；炎热季节，避免湿度过高，保持仔猪栏内清洁干燥，忌用水冲洗仔猪圈，母仔栏的除湿措施是在栏圈四周放置生石灰吸收水分，加大通风力度；春、秋季节，昼夜温差较大，要注意并重视仔猪在夜间的防寒保暖。

10. 产房的管理　产房是猪场中责任较重、技术性较强的岗位，工作人员要不断提高业务水平，发现母猪或仔猪发生疾病，应及时报告兽医，并配合兽医搞好一般疾病的治疗和必要的免疫接种工作。遵守猪场的各项规章制度，听从管理人员的指挥，配合技术人员的工作，不随意到其他猪舍串门，及时准确填写各种数据、报表。

（三）哺乳仔猪常见病的诊治

1. 梭菌性肠炎（Clostridial enteritis of piglets）　梭菌性肠炎又名仔猪传染性坏死性肠炎、仔猪肠毒血症，俗称仔猪红痢。主要发生于1周龄以内的新生仔猪，以排出红色带血的稀便为特征。本病发生快，病程短，病死率高，损失较大。世界上许多国家和地区都有本病的报道，我国各地均有发生，个别猪场危害较重。

【病因与传播】　本病的病原为C型产气荚膜梭菌(或称C型魏氏梭菌)，革兰氏染色阳性，为有荚膜、无鞭毛的厌氧大杆菌，菌体两端钝圆，芽孢呈卵圆形，位于菌体中央和近端。C型菌株主要产生α毒素和β毒素，可引起仔猪肠毒血症和坏死性肠炎。本菌需在血琼脂厌气环境下培养，呈β溶血，溶血环外围有不明显的溶血晕。菌落呈圆形，边缘整齐，表面光滑、稍隆起。

本菌广泛存在于猪和其他动物的肠道、粪便、土壤等处，发病的猪群更为多见。病原随粪便污染猪圈、环境和母猪的乳头，当仔猪出生后(几分钟或几小时)，吞下本菌芽孢而感染。

【诊断要点】　本病多发生于1～3日龄的新生仔猪，4～7日龄的仔猪即使发病，症状也较轻微。1周龄以上的仔猪很少发病。本病一旦侵入种猪场后，如果扑灭措施不力，可顽固地在猪场内扎根，不断流行，使一部分母猪所产的全部仔猪发病死亡。在同一猪群内，各窝仔猪的发病率高低不等。

①临床症状

最急性型：常发生在新疫区，新生仔猪突然排出血痢，后躯沾满血样稀便，病猪精神沉郁，行走摇晃，很快呈现濒死状态；少数病猪未见血痢，却已昏迷倒地，在出生的当天或翌日死亡。

急性型：病程在1天以上，病猪排出含有灰色坏死组织碎片的红褐色液状粪便，迅速消瘦和虚弱，一般在2～3天死亡。

亚急性或慢性型：主要见于1周龄左右的仔猪，病猪呈现持续的非出血性腹泻，粪便呈黄灰色糊状，内含有坏死组织碎片，病猪极度消瘦、脱水而死亡，或因无饲养价值被淘汰。

②剖检病变　主要在空肠，外表呈暗红色，肠腔内充满含血的液体，肠系膜淋巴结呈鲜红色，空肠病变部分的绒毛坏死。有时病变可扩展到回肠，但十二指肠一般不受损害。

③实验室诊断　病原的分离并不困难，但仅分离出病原，诊断意义不大，因外界环境普遍存在本菌，关键是要查明病猪的肠道内是否存在C型产气荚膜梭菌的毒素。应做血清中和试验才能确诊，方法如下：取病猪肠内容物，加等量灭菌生理盐水搅拌均匀后，以3 000转/分离心沉淀30～60分钟。经细菌滤器过滤，取滤液0.2～0.5毫升，静脉注射一组18～22克的小鼠。同时，用上述滤液与C型产气荚膜梭菌抗毒素血清混合，作用40分钟后注射另一组小鼠，如单注射滤液的小鼠迅速死亡，而后一组小鼠健活，即可确诊为本病。

【预　防】

①免疫母猪　在常发本病的猪场，给生产母猪接种C型魏氏梭菌类毒素，使母猪产生免疫力，并从初乳中排出母源抗体，这样仔猪在易感期内可获得被动免疫。其免疫程序是在母猪分娩前30天行首免，于产前15天做二免。以后在每次产前15天加强免疫1次。

②药物预防　在本病常发地区，对母猪可酌情口服抗菌药

物，如强力霉素、硫酸小诺霉素、林可霉素等。

③卫生消毒　产房和笼舍应彻底清洗消毒，母猪在分娩时，应用消毒药液（过氧化氢或季铵盐类消毒剂）擦洗母猪乳房，并挤出乳头内的少许乳汁（以防污染）后，才能让仔猪吮乳。

【治疗】　由于本病发生急，死亡快，几乎来不及治疗病猪就已死亡，药物治疗效果不佳，发现病情建议立即淘汰。但若有抗猪梭菌性肠炎高免血清，及时进行治疗或做紧急预防，可获得满意的效果。

2. 仔猪黄痢（Yellow Scour of newborn piglets）　仔猪黄痢又名早发性大肠杆菌病，或与仔猪红痢一起称为"仔猪三日痢"，国外称为新生仔猪腹泻病，是新生仔猪的一种急性、致死率较高的传染病，以腹泻、排出黄色黏液状的粪便为特征。本病分布很广，凡养猪的国家和地区都有发生，我国有许多猪场深受其害，是新生仔猪的一种常见病和多发病。

【病因与传播】　病原为大肠杆菌，革兰氏染色阴性，无芽孢，有鞭毛，兼性厌氧，对碳水化合物发酵能力强。本菌对外界不利因素的抵抗力不强，50℃加热 30 分钟、60℃加热 15 分钟即死亡。一般常用消毒药均易将其杀死。

病原性大肠杆菌与动物肠道内正常寄居的非致病性大肠杆菌在形态、染色反应、培养特性和生化反应等方面没有差别，但抗原构造不同。从病猪体内分离到的菌株，其菌体抗原（O）因不同地域和时期而有变化，但在同一地点的同一流行猪群中，常限于 1～2 个型，一般以 O_8、O_{45}、O_{60}、O_{157} 等群较为多见，多数具有 K_{88} 表面抗原（L），能产生肠毒素，其中以不耐热的肠毒素（LT）为主，60℃经 10 分钟即被破坏。

本菌菌落在伊红美蓝琼脂（EMB）平板上的主要特征是呈深紫色，鼓凸，表面湿润发亮，具有绿色的金属光泽，凭此特征即可确定。

【诊断要点】 被污染的环境、母猪的乳头和感染的仔猪是本病的主要传染源，经消化道传播，最早见于出生后8～12小时，3日龄以内感染的病情较重，1周龄以后感染的病情较缓和，2～3周龄的仔猪也有发生。

管理好坏与本病的发生有密切联系。气温在20℃以下，舍内保温不良或过于潮湿（空气相对湿度超过80%），母猪乳汁不足均易诱发本病，所以在春、秋季昼夜温差较大时和阴雨连绵的季节，发病率明显上升。猪场内一旦发生本病后，则不易根除。当初产母猪数量增加或引进大量种猪时，本病的发病率和病死率可能随之增加。

典型病例一般在24小时左右出现症状，一窝仔猪中突然发现有一两头仔猪精神沉郁，全身衰弱，迅速死亡，继之其他仔猪相继腹泻，排出水样粪，呈黄色或黄白色，混有凝乳状小片和小气泡，带腥臭味，肛门失禁，捕捉时仔猪挣扎、鸣叫，常从肛门冒出黄色稀便。病猪吮乳停止，饮欲增加，由于脱水和电解质的丧失，病猪双眼窝下陷，腹下皮肤呈现紫红色，昏迷死亡。

剖检可见病猪尸体被毛粗乱，颈部、腹部皮下常有水肿，黏膜、肌肉和皮肤苍白。胃内充满黄色凝乳块，有酸臭味，胃黏膜水肿，胃底呈暗红色，小肠各段有不同程度的充血和水肿，尤以十二指肠的病变最严重。心扩张，心肌松弛，肺显著水肿，切面流出泡沫状液体。

仔猪黄痢由于存在着发病日龄和粪便的特征，一般不难诊断。分离大肠杆菌也不困难，但诊断意义不大，而血清型鉴定繁杂，费用高，时间长，不适用于临床。

有条件的猪场可做肠毒素的测定。选择健康的青年家兔，禁食48小时（饮水不限）。将分离到的大肠杆菌接种在普通肉汤（最好是CAYE-2培养液）内，用电动搅拌器以60～240转/分在37℃条件下连续有氧搅拌培养18小时，以无菌手术切开兔腹壁，

自盲肠游离端的回肠开始，沿向心方向用4号丝线单结扎，注射段长4～5厘米，间隔段3～4厘米，每段分别注射被检菌滤液及用作对照的CAYE-2培养液各1毫升，每份样品以随机方式注射2个肠段，经11小时后扑杀试验兔，取出结扎肠段，测定每个肠段的液体积聚量（毫升）和肠段的长度（厘米），求出液体积聚量与肠段长度的平均比值（毫升/厘米）。如肠段积液为1毫升/厘米时，证实不耐热的肠毒素（LT）阳性，即其病原为K_{88}。

本病在临床上应注意与仔猪红痢、传染性胃肠炎、轮状病毒感染、球虫病等引起哺乳仔猪腹泻的疾病进行区别诊断，同时也要考虑到几种疾病并发或继发感染的可能性。

【预防】 第一，本病原属于条件性的致病微生物，因此积极改善和提供适合仔猪的生存条件是十分重要的（这在其他有关章节中都有详细叙述，在此不做重复），但要特别强调在产房内与本病有直接关系的两个条件，即温度和湿度。

温度：仔猪怕冷，特别是寒冷的冬季要切实做好产房和仔猪保温箱内的增温和保温工作。春、秋季节，温度虽适合，但昼夜温差较大，尤其是超过8℃以上时，要做好夜间的增温和保温工作。

湿度：所有的猪都怕潮湿，尤其是小猪。在炎热的夏季，要注意不要用冷水给猪冲凉，也不要带猪冲圈或带猪消毒。阴雨连绵的春季是黄痢的高发季节，要注重产房的通风和防潮、吸潮。

第二，发病严重的猪场，可对母猪进行免疫接种，以提高其初乳中母源抗体的水平，从而使仔猪获得被动免疫力。目前我国试用的疫苗有MM基因工程苗、大肠杆菌K_{88}、K_{99}双价基因工程苗和K_{88}、K_{99}、987PF_{41}三价灭活苗等。具体用法可参照说明书。

第三，使用微生态生物制剂防治。可试用NY-10活菌肉汤培养液，在新生仔猪出生后、吮乳前，每猪滴服0.5～1毫升。或使用其他微生态制剂口服，如促菌生、乳康生、DM423菌粉制剂等。

【治　疗】

①抗菌药物治疗　一般不提倡使用抗菌药物，必要时可采取几种抗菌药物交替使用。在本病多发的猪场可给母猪注射抗菌药物，通过乳汁被仔猪利用。

②对症治疗　根据病情进行对症治疗，尤其要注意补液，可以做腹腔注射，也可用口服补液盐灌服，剂量按猪体重大小而定，每次50～200毫升，每日2～3次；若能适当添加收敛、壮补的药物，效果更好。

口服补液盐的配方为：氯化钠3.5克，氯化钾1.5克，碳酸氢钠2.5克，葡萄糖粉20克，加饮用水1000毫升。

此外，有条件的猪场可自制仔猪黄痢高免血清，有良好的防治作用。

3. 仔猪白痢（Pig scour）　仔猪白痢又称迟发性大肠杆菌病，是10～30日龄仔猪的一种常发病、多发病。以排出乳白色或灰白色的浆状至糊状粪便为特征。本病的流行十分普遍，几乎没有一个繁殖猪场能够幸免。其发病率较高，病死率很低，但影响猪的生长发育，会给猪场带来一定的经济损失，应引起重视。

【病因与传播】　本病的病原与仔猪黄痢一样，是一类致病性的大肠杆菌，其中以O_8、K_{88}等几种血清型较为多见。本病的发生和流行还与多种因素有关，如气温突变或阴雨连绵，舍温过冷、过热、过湿，圈栏污秽，通风不良等易诱发本病。此外，也与母猪和仔猪的健康状况有关。若有继发感染，可加重病情。据报道，仔猪肠道菌群失调，引起大肠杆菌过量繁殖以及轮状病毒的潜伏感染，都是促使本病发生和流行的条件。所以，仔猪白痢与其说是传染病，倒不如说是一种仔猪管理失误导致的疾病。

【诊断要点】　本病通常发生于10～30日龄的仔猪，以10～20日龄最多见，病情也较严重。各窝仔猪的发病头数多少不一，一般为30%～80%，在一窝猪中发病有先后，常常此愈彼发，拖延

至10余天才停止。

据研究，10日龄以内的仔猪，由于摄入的初乳中含有丰富的母源抗体而获得保护，至10日龄后母源抗体明显下降，而这时的仔猪喜欢舔啃饲料和异物，在环境卫生不良、气温变化异常、各种应激因素的影响下，仔猪的抵抗力减弱，则易发生白痢，继而造成横向传播。

仔猪出现白痢前，有一定的征兆，如不活泼，吮乳不积极，排出粒状的"兔子屎"，经半天至1天后出现典型的症状，排出浆状、糊状的稀便，呈乳白色、灰白色或黄白色，具腥臭味，性黏腻。随着病情的加重，腹泻次数增加，病猪拱背，被毛粗乱污秽、无光泽，行动缓慢，迅速消瘦；有的病猪排便失禁，后躯沾污粪便，眼窝凹陷，脱水，卧地不起。若不加治疗或治疗不当，一般经5～6天死亡，或转为慢性，成为僵猪。

重病急宰或久病死亡的仔猪，外观消瘦，体表苍白，肛门和尾部附有腥臭的粪便，结肠内容物呈浆状、糊状或油膏状，色灰白。胃内有大量气体，肠黏膜充血、出血，有的肠壁薄而透明。

本病的诊断并不困难，根据发病日龄、排泄物的特征以及病死率不高，即可做出诊断。必要时，可由小肠分离出大肠杆菌，用血清学方法鉴定。

【预防】　第一，本病需采用综合性的防治措施，包括环境温度和湿度、卫生消毒、免疫接种(指对母猪)、药物和微生态制剂的防治等。具体措施同仔猪黄痢。

第二，提早开食，5～7日龄的仔猪就可开始补料，经10天左右就能主动吃料。实践证明，仔猪早补料要比晚补料增重快，并能有效降低白痢病的发病率。

【治疗】　仔猪白痢的治疗方法基本同仔猪黄痢。不过，影响本病发生的因素更多，应进行临床调查分析，找出诱因并克服，在此基础上开展治疗，方能奏效。

4. 轮状病毒感染(Rotavirus infection) 轮状病毒可引起仔猪和多种幼龄动物以及婴儿发生急性胃肠道传染病，临床上以腹泻为特征。成年动物一般呈隐性感染。

本病广泛分布于世界各地。据报道，对人、畜进行血清流行病学调查的结果表明，成年人、畜血清中轮状病毒病的抗体阳性率高达40％～100％。我国兽医研究工作者从多种患病幼畜体内发现并分离到本病毒，证实是引起仔猪、犊牛、羔羊腹泻的病因之一，并常常诱发、并发、继发其他一些腹泻性疾病，给畜牧业带来较大的经济损失。

【病因与传播】 轮状病毒属呼肠孤病毒科、轮状病毒属。各种动物的轮状病毒在形态上无法区别，其形态都像车轮，由8个双股RNA片段组成。各种动物和人的轮状病毒之间具有共同的抗原(群特异抗原)，可用补体结合、免疫扩散和免疫电镜方法检查出来。本病毒很难在细胞培养中生长繁殖，只有猪和犊牛的某些毒株能在一些细胞株中繁殖生长。轮状病毒对外界环境中的各种理化因素有较强的抵抗力，在室温中经7个月后仍有传染性。

【诊断要点】 虽然各种动物都可以感染轮状病毒，但是各种动物的轮状病毒仅对各自的幼龄动物呈现明显的易感性，这与存在于病毒外衣壳型的特异抗原有关，可以用中和试验或酶联免疫吸附试验方法将其区别开来。但在人工试验感染的条件下，人的轮状病毒能感染仔猪和犊牛，牛的轮状病毒也能感染猪，但尚未见到动物的轮状病毒能感染人的报道。

病猪和隐性感染猪是本病的主要传染源。病毒存在于患病猪的肠道内，随粪便排到外界环境中，病愈猪还能继续排毒，至少能持续3周。易感仔猪通过被污染的饲料、饮水及栏圈，经消化道感染。

病猪痊愈获得免疫主要是细胞免疫，它对病毒的持续存在影

响时间不长，痊愈猪可以再感染。寒冷、潮湿、不良的卫生条件等应激因素能促进本病的发生和发展，因而在晚秋、冬季和早春季节，以及饲喂不全价的饲料和其他疾病的侵袭等情况下，本病较为多见。

本病潜伏期为12～24小时，呈地方流行性。在疫区，由于大多数成年猪都已感染过本病而获得免疫力，所以在8周龄以内的仔猪较易感，发病率可达50%～80%，如果缺乏母源抗体的保护，症状较严重，病死率可达100%；若有母源抗体保护，则1周龄的仔猪一般不易感染发病；10～21日龄哺乳仔猪症状轻微，腹泻1～2天即自行痊愈。

病猪初期精神委顿，食欲不振，不愿走动，常有呕吐。迅速发生腹泻，粪便呈水样或糊状，色黄白或黯黑，腹泻时间越久，脱水越明显，严重脱水常见于腹泻开始后的3～7天，体重因此可减轻30%。症状轻重决定于病猪的日龄和环境条件，特别是在环境温度下降和继发大肠杆菌病的情况下，病死率增高。

剖检病变主要限于消化道，仔猪胃壁弛缓，胃内充满凝乳块和乳汁，小肠肠壁菲薄、半透明，内容物为液状，呈灰黄色或灰黑色。有时小肠广泛出血，肠系膜淋巴结肿大。

实验室诊断则首推电镜检查，方法是将小肠内容物和粪便经超速离心等处理后进行观察，发现轮状病毒即可确诊。也可在腹泻开始后24小时内采集小肠及其内容物和粪便做病料检查，小肠做冰冻切片或涂片进行荧光抗体检查和感染细胞培养。

【预防】 目前尚未研制出对仔猪有效的疫苗，主要依靠加强饲养管理，认真执行一般的兽医防疫措施，特别是在冬、春季节要注意保温，防止大肠杆菌等肠道病原菌的感染。在疫区要让新生仔猪尽早吃到初乳，接受母源抗体的保护，以减少和减轻发病。将病猪所排出的痢便喂给妊娠母猪，能提高乳汁中抗体的含量。

【治疗】 发现病猪首先要停止哺乳（可通过减少母猪的饲料

使其减少排乳），用口服补液盐水给仔猪自由饮用或灌服，同时进行对症治疗。如投用收敛止泻药，使用肠道抗菌药物，以防止继发的细菌性感染，必要时静脉注射5%糖盐水和5%碳酸氢钠注射液，以防止脱水和酸中毒等，一般都可获得良好的效果。

5. 仔猪先天性肌阵痉(Congenital tremors of piglet) 本病是新生仔猪的一种散发性疾病，主要特征是骨骼肌群发生痉挛性收缩，又名先天性震颤，俗称仔猪抖抖病或跳跳病。本病分布广泛，许多国家都有报道，我国各地均有不同程度的发生。

【病因与传播】 过去对本病的病因不明，曾疑为近亲繁殖、营养缺乏、变态反应等因素所致。近年来有人经试验证实，本病的主要病原是圆环病毒2型。从自然病例采取病猪的脑组织，接种原代猪肾细胞培养，取培养物接种妊娠母猪，其出生的仔猪可出现肌肉震颤，并见到眼观病变，查出相应的抗体。

本病是一种垂直感染性疾病，无论种公猪或种母猪感染后都不呈现症状，但其所产的仔猪则出现震颤症状，一般都发生在第一胎，在同一胎仔猪中少则2～3只，多则全窝发病。

本病在一个地区或一个猪场内的发病率是很低的，各品种猪和杂交猪均可发生。病的传播与购进种猪有关，不呈现水平传播，相邻的仔猪通常不发病。本病发生几窝之后，自行消失，不大可能在一个猪场形成地方性流行。

【诊断要点】 母猪分娩正常，仔猪出生后均呈健康状态，早者3～4小时，晚者3～4天后出现症状。症状有轻有重，轻者在数日内能恢复，重者一般以死亡而告终。少数耐过猪留有后遗症，影响生长发育。

本病主要症状是头部、四肢和尾部的肌肉呈持续性震颤，严重时表现为有节奏的阵发性痉挛，呈跳跃姿势，仔猪行动困难，无法吮乳，一般在2～3天后便活活饿死。若能加强护理，人工补哺乳、补液，减少应激，则可慢慢缓解症状以至消失。

病死猪没有肉眼可见的病变。组织学变化为小脑发育不全，硬脑膜纵沟窦水肿、增厚和出血，小动脉轻度炎症和变性，髓鞘形成不全。

【预防和治疗】　第一，无本病的猪场在引进种猪时，要了解产地的疫情，不到曾发生过本病的猪场去引种。发现本病时，应淘汰病猪和母猪，还要分析一下与种公猪有无关系，必要时也要淘汰种公猪。

第二，本病没有特效的治疗药物。对于发病仔猪若能通过人工喂乳，坚持1周之后可能康复。

6. 新生仔猪溶血病（Hemolytic disease in newborn piglets）　本病是因新生仔猪吃初乳后，引起红细胞溶解，临床上呈现黄疸、贫血和血红蛋白尿。本病的致死率可达100%，但仅发生于个别窝仔猪中，所以发病率并不很高。有人认为，本病在某些方面，与人的Rh血型不相合因子或新生幼驹黄疸-贫血综合征相似。

【病因与传播】　本病的病因与血型有关。猪的血型有A、B、C、D 4个型。红细胞含有特异性抗原，而血浆中含有对抗此4种抗原的抗体。如果某母猪的红细胞不含某种特定抗原，却与含有此种特定抗原的公猪配种，则胎儿体内由公猪遗传而来的特定抗原，经由胎盘进入母猪体内，就可使母猪对这种特定的抗原发生敏感，产生大量特异性抗体。这种抗体随初乳进入新生仔猪体内，经肠黏膜吸收进入血液，与新生仔猪红细胞内从父系遗传而来的抗原相结合，引起红细胞溶解、破坏而发病死亡。

【诊断要点】

①临床症状　仔猪出生后，膘情良好，精神活泼，生长发育正常，在吮吸初乳后数小时至10多个小时发病，表现停止吮乳，精神委顿，畏寒，震颤；被毛粗乱逆立，后躯无力，行动摇摆。特征性的症状是出现黄疸，以眼结膜及齿龈黏膜最明显，严重时皮肤亦可见黄染。粪便稀薄，尿液呈透明红色或暗红色。

②血液检查　血液稀薄，呈绯红色，不易凝固。血滴边缘呈浅黄色，有似珍珠样光辉。白细胞数降至0.6万～0.7万个/毫米^3（正常为1.48万个/毫米^3），红细胞数降至150万～450万个/毫米^3（正常为600万～800万个/毫米^3），血红素降至3.6～5.5克/100毫升血液（正常为10.6克/100毫升血液）。尿液隐血试验呈强阳性。血液抹片镜检几乎很少见到正常红细胞，多呈崩解状态。有时可见到网织细胞。

③肉眼可见病变　皮肤及皮下组织显著黄染，肠系膜、大网膜、腹膜和大、小肠全带黄色，膀胱内积存暗红色尿液，心室内充满绯红色未凝固的血液。

【预防和治疗】　首先要考虑到种公猪的影响，检查发病仔猪的系谱，分析与种公猪的关系。若有证据说明是因种公猪的关系而发病，则应淘汰种公猪。

目前没有特效的治疗药物，唯有在发现本病后立即停止哺喂原产母猪的奶，改用人工哺乳或找保姆猪代哺。

7. 仔猪低糖血症（Piglets hypoglycemia）　仔猪低糖血症见于1周龄以内的新生仔猪，由于血糖含量低而出现神经症状，继而昏迷死亡。

【病因与传播】　本病的病因较为复杂，属于仔猪方面的是由于仔猪在胚胎期间吸收不好，产出即为弱仔，或患有肠道疾病、先天性震颤而造成无力吮乳。属于母猪方面的是由于母猪在妊娠后期饲养管理不当，产后感染而发生子宫炎等疾病，引起缺乳或无乳；也可能因母猪年老体弱，产仔过多，从而造成供奶不足。

【诊断要点】　仔猪多半在出生后第二天开始发病，也有的在第三天或第四天出现症状，个别可延至1周龄。仔猪突然出现四肢绵软无力，步态不稳，卧地不起并呈现阵发性神经症状，头部后仰，四肢做游泳动作。有时四肢伸直，眼球不能活动，瞳孔散大，口角流出少量白沫。肢体瘫软，可以随意摆动，体表感觉迟钝或

消失。

病猪体温不高，甚至稍低。大部分病猪在出现症状 2～3 小时即可死亡，少数拖延到 1 天以上；发病仔猪几乎 100%致死，1 窝仔猪中只要见到 1 头病猪，在 1 天内都可相继死亡。

本病的剖检病变以肝最为典型，呈橙黄色，若肝血量较多时则黄中带红色。切开肝，血液流出后肝呈淡黄色，质地极柔软，稍碰即破。胆囊肿大，内充盈淡黄色半透明的胆汁。其次为肾，呈淡土黄色，表面常有散在针尖大的红色小点，髓质暗红，与皮质分界清楚。膀胱黏膜也可见到小点状出血。

采取病猪的血液，用 Folin-Wn 定量法检查血糖，可发现血糖含量显著降低，最低的每 100 毫升血液仅含 4.2 毫克，而同日龄的健康仔猪血糖含量为 140～174 毫克。

【预防和治疗】 加强妊娠后期母猪的饲养管理，确保在妊娠期内给胎儿提供足够的营养，产后有大量的乳汁，满足仔猪营养的需要。

尽快给仔猪补糖，每隔 5～6 小时腹腔注射 5%葡萄糖注射液 15～20 毫升，也可口服 20%葡萄糖溶液或喂饮糖水，连用 2～3 天，效果良好。

8. 仔猪渗出性表皮炎（Exudative dermatitis in piglet） 本病又名猪油皮病，常发生于 1～6 周龄的哺乳仔猪。其特征为突然发生，皮肤脂肪分泌过多，皮肤呈黏湿油脂状。由于皮肤屏障破坏，细菌入侵，病猪脱水死亡。

【病因与传播】 从病猪体内和病变部位都能分离到葡萄球菌，皮肤的破损和伤口的感染是葡萄球菌入侵的主要途径。因此，确定本病是由葡萄球菌引起的。

【诊断要点】 以 10～20 日龄的仔猪最易感染，其发生率并不高，但死亡淘汰率较高，通常为 20%～80%。产房或哺乳舍卫生不良，母猪感染疥螨，打耳号器和剪除犬齿的器械消毒不严，分娩栏栏柱表面粗糙，擦破仔猪皮肤引起外伤等因素，都是促使本病发生的诱因。

病初表现精神沉郁，结膜发炎，眼睛周围有分泌物。急性病例的皮肤形成水疱及脓疱，破裂后流出渗出液和皮脂，甚至发生溃疡。病猪常在3～5天死亡。

亚急性病例病程较长，病猪的日龄也较大，病变部位逐渐扩展到全身；由于渗出和溃疡使尘埃、皮屑及垢物凝结成龟背样的痂块，同时伴有一种难闻的气味。病猪表现厌食、消瘦、脱水及战栗。若能及时正确的治疗，则有痊愈的可能。

剖检可见急性病例输尿管肿大，肾囊肿。

细菌学检查可从结合膜囊中分离出葡萄球菌，从皮肤及脏器中也能分离出多种细菌，但葡萄球菌可能是主要的致病菌。

【预防和治疗】 第一，注意仔猪舍环境的卫生消毒，栏圈、地板要平整，避免损伤仔猪皮肤，对仔猪进行断脐、剪耳号、除犬齿时要做好消毒工作。一旦发现病猪，要及时隔离或淘汰，被污染的环境要进行彻底消毒。

第二，若发现仔猪脱水，应及时补液，可口服或腹腔注射5%糖盐水。也可使用抗贫血药物及B族维生素添加剂。

第三，用温热肥皂水清洗患部，擦干后涂水杨酸软膏、磺胺类软膏、土霉素软膏或喷洒3%过氧化氢溶液等消毒剂。

9. 球虫病（Coccidiosis） 猪的球虫病是由艾美科的球虫引起的，寄生于猪肠道上皮细胞内，病猪表现肠黏膜出血性炎症和腹泻等症状。

本病分布很广，世界各地都有发生。近年来，我国某些地区对猪球虫病做了普查，证实其感染率较高，是造成仔猪腹泻的主要原因之一，并对养猪业构成了威胁。

【虫体特征与生活史】 球虫是一种个体很小的原虫，须在显微镜下才能看到。寄生于猪体内的球虫有多种，有的呈良性经

过，有的可导致严重症状，其中以寄生于小肠的蒂氏艾美球虫、等孢球虫和寄生于大肠的粗糙艾美球虫的致病力较强。

随猪粪排出的球虫卵囊，形态呈卵圆形，卵囊对外界环境的抵抗力很强，在土壤中能存活5～6个月，在适宜的温度和湿度下，完成孢子发育，成为具有感染性的孢子化卵囊。仔猪吃进被孢子化卵囊污染的饲料、饮水而受感染。据报道，成年母猪带虫率较高，但都呈隐性感染，随时都可排出卵囊，这可能是引起新生仔猪球虫病的重要传染源。

【诊断要点】　饲养于阴暗、潮湿、卫生不良、粪便蓄积的猪舍中的仔猪，球虫病的发生率较高。

球虫病的主要症状是腹泻。感染的日龄越小，病情越严重，1～2周龄的仔猪感染后出现水样腹泻，经2～3天后变为黄色糊状便。病猪精神沉郁，吮乳减少，增重缓慢，生长受阻以至死亡。

本病主要的病理变化为小肠、空肠及回肠黏膜糜烂，常有异物覆盖，肠上皮坏死脱落。组织切片中可见肠绒毛萎缩和脱落。

本病与仔猪红痢、黄痢和白痢等仔猪腹泻性疾病有相似之处，不易区别诊断，在临床上常常是并发或继发感染，不可截然分开。一般来说，本病易被忽略。若要确诊本病，应做虫卵检查：用饱和盐水浮集法和饱和蔗糖溶液（蔗糖454克，石炭酸6.7毫升，水355毫升）浮集法，检查腹泻猪粪便，可以发现卵囊。蒂氏艾美球虫呈卵圆形，淡黄色，表面光滑，大小为20～30微米×14～19微米，孢子发育时间10天，孢子化卵囊无微孔及卵囊残体，内含4个孢子囊，每个孢子囊有2个子孢子。猪等孢球虫呈球形或亚球形，无色，卵囊壁薄、光滑、无微孔，孢子发育时间3～5天，孢子化卵囊内含2个孢子囊，每个孢子囊内有4个子孢子，潜育期约5天。

【预防和治疗】

①预防　保持仔猪舍清洁干燥，产房采用高床分娩栏，可大大减少球虫病的感染率。若发现母猪感染球虫，应在产仔前用抗

球虫药治疗，以防新生仔猪感染。

②治　疗

氨丙啉：用量为20毫克/千克体重，用于3日龄的仔猪或产前母猪的防治。

莫能菌素：用60～100毫克/千克浓度（每吨饲料中加本品60～100克），混于饲料中口服。

拉沙里霉素：每千克饲料添加本品150毫克，连喂4周。

磺胺类药物：能有效防治球虫病，其中以磺胺-6-甲氧嘧啶（SMM）、磺胺喹噁啉（SQ）等较为常用。治疗量为20～25毫克/千克体重，每日1次，连用3天，或用125毫克/千克混于饲料中，连用5天。

10. 伪狂犬病（Pseudorabies，PR） 伪狂犬病是由伪狂犬病病毒引起的家畜及野生动物的急性传染病，其中对猪的危害较大。成年猪一般呈隐性感染，妊娠母猪发生流产，仔猪感染后出现明显的神经症状和全身反应，病死率较高。

【病因与传播】 本病广泛分布于世界各国，据1981年伪狂犬病国际学术讨论会的报告，本病在欧洲、美国、加拿大和南美洲诸国对猪的危害较为严重。我国台湾省自20世纪70年代初发现本病以来，现已遍及全省，给养猪业带来较大的经济损失。近年来，我国其他一些省、自治区、直辖市的猪场，特别是大型猪场都曾查出本病。随着规模化、工厂化养猪生产的发展，伪狂犬病有扩大蔓延的趋势，应该引起我们高度的重视。

伪狂犬病病毒属疱疹病毒。在发病初期，病毒存在于感染动物的血液、乳汁、脏器和尿液中，后期存在于中枢神经系统。本病毒能在鸡胚及多种哺乳动物细胞上生长繁殖，产生核内包涵体，目前只发现1个血清型。病毒对外界环境的抵抗力很强，在污染的猪舍或环境中能存活1个多月。一般常用消毒药都可将其杀灭。

【诊断要点】 第一，病猪、康复猪和无症状的带毒猪是本病的重要传染源。病毒随鼻腔分泌物、唾液、乳汁、粪便、尿液及阴道分泌物排出体外，通过消化道、呼吸器官、皮肤伤口及配种等多种途径传染。鼠类在本病的传播中也起着重要的作用。值得注意的是，病毒在污染猪场中通过猪体多次传代，能使毒力增强。因此，本病一旦传入猪场后，若不采取积极的防治措施，在一定时间内，病情可能越来越严重。

第二，妊娠母猪感染后，可发生流产、死产及延迟分娩，流产、死产的胎儿大小差异不大。也有部分弱仔，这些弱仔于出生后1～2天出现呕吐，腹泻，精神委顿，运动失调，最后痉挛而死。母猪流产后，对下次发情、受胎没有影响，但能继续带毒、排毒。

第三，哺乳期的母猪感染后，其本身并无明显的临床症状，或只表现一过性的发热，但在感染后6～7天的乳汁中含有大量病毒，可持续3～5天。哺乳仔猪因吮乳而感染本病，日龄越小，病情越严重。其特点是全窝仔猪都发病，表现为体温升高，顽固性腹泻，眼睑肿胀，视力丧失或兴奋不安，转圈运动，在2～3天全部死亡。

第四，在本病流行的猪场，有的母猪曾经感染过本病，并产生较高的抗体。因此，仔猪在哺乳期间，可从乳汁中获得母源抗体而不发病，一旦断奶后(进入保育栏)，仍可发病。据台湾省某猪场报道，其发病率为2.1%，病死率达95%，发病特征为短期发热，兴奋不安，步伐不稳，转圈运动，叫声嘶哑，最后衰竭死亡，致死率很高。

第五，60日龄以上的猪感染本病，症状轻微或呈隐性感染，只表现短期发热，病猪的精神、食欲减退，有的出现咳嗽和呕吐，一般经3～5天便可自然康复，有时甚至不被人们所察觉。

第六，死于本病的猪，剖检看不到特征性病变，如呼吸道、胃肠道黏膜有充血、出血和水肾肿，肾可能有出血小点，脑膜充血、水肿，脑脊髓液增量等。组织学病变有一定的诊断价值，表现在中枢神经系统呈弥散性非化脓性脑膜脑炎及神经节炎，血管套及胶质细胞坏死。

第七，伪狂犬病实验室诊断方法很多，目前在我国最常用的是聚合酶链式反应技术和核酸杂交技术，对伪狂犬病病毒的检测特异性好，敏感性高，可检出痕量病毒的存在，无疑是用于诊断的好方法。

【预防】 第一，病猪和隐性感染猪是危险的传染源，但仅凭临床症状是不能确诊的，必须做血清学检查，即对猪群普遍接种基因缺失伪狂犬病疫苗，然后定期采血检测伪狂犬病抗体，通过特殊的试剂，可鉴别出是疫苗产生的抗体，还是野毒感染产生的抗体，保留前者，淘汰后者，如此反复几年，即可将本病的污染场转为清净场。此法可以借鉴。

第二，鼠是伪狂犬病的重要传播媒介，猪场平时应坚持做好灭鼠工作。

第三，本病的免疫程序是值得研究和探讨的问题。各种疫苗的说明书说法不一，各种专业书籍的介绍不尽相同。笔者认为，免疫程序应根据猪场是否存在本病来制订，若是伪狂犬病的疫区或流行场，则只要对后备公猪和母猪进行接种，初配后再加强免疫1次。若是非疫区或为本病的清净场，则要对全场的猪都进行接种，接种间隔期应按疫苗的保护期长短而定。

【治疗】 本病目前没有特效的治疗药物，确诊本病后应立即淘汰病猪。

11. 传染性胃肠炎(Transmissible gastroenteritis of pigs，TGE) 传染性胃肠炎是由传染性胃肠炎病毒引起的猪的一种高度接触性肠道传染病。特征性的临床表现为呕吐、腹泻和脱水，可感染各种日龄的猪，但其危害程度与病猪的日龄、母源抗体状况和流行的强度有关。

本病于1946年首先在美国发现,此后流行于世界各养猪国家和地区。我国自20世纪70年代以来,本病的疫区不断扩大,并与猪流行性腹泻混合感染,给养猪业带来较大的经济损失。

【病因与传播】　传染性胃肠炎病毒属于冠状病毒,迄今只分离到1个血清型。病毒大量存在于病猪的空肠、十二指肠、肠系膜淋巴结内,其滴度为每克组织含1亿个猪感染剂量,在病的早期,呼吸系统和肾组织的含毒量相当高。猪圈的环境温度可影响猪体内病毒的繁殖,在8℃～12℃的环境中比30℃～35℃的环境中产生的毒价高,这可能是本病在寒冷季节流行的一个重要因素。

本病毒可在猪肾细胞、猪甲状腺细胞和猪睾丸细胞上增殖,引起明显的细胞病变。病毒不耐热,在阳光下暴晒6小时可被灭活。紫外线能使病毒迅速失效,但在寒冷和阴暗的环境中,经1周后仍能保持其感染力。常用的消毒药在一般浓度下都能杀灭该病毒。

本病的流行有3种形式:①流行性。见于新疫区,很快感染所有年龄的猪,症状典型,10日龄以内的仔猪死亡率很高。②地方流行性。本病常发猪场,表现出地方流行性,大部分猪都有一定的抵抗力,但由于不断有新生仔猪和引进易感猪,故病情有轻有重。③周期性。本病在一个地区或一个猪场流行数年后,可能是由于猪群都获得了较强的免疫力,仔猪也能得到较高的母源抗体,病情常平息数年;当猪群的抗体逐年下降,遇到引进传染源后又会引起本病的暴发。

本病的流行有明显的季节性,常于深秋、冬季和早春(11月份至翌年3月份)广泛流行,这可能是由于冬季气候寒冷有利于本病毒的存活和扩散。我国大部分地区都是本病的老疫区,因此一般都呈地方流行性和周期性,仅对哺乳后期和断奶仔猪危害较重。

【诊断要点】　本病发生突然,在一段时期内全场大、小猪都发生呕吐和水样腹泻,只不过程度不同,一般日龄越小病情越重,常见断奶前后的仔猪有明显的脱水、消瘦等现象。成年猪症状轻微。一个猪场的流行期很少超过 2 个月。

主要病变在胃和小肠，仔猪胃内充满凝乳块，胃底黏膜轻度充血，小肠充血，肠壁变薄，呈半透明状，回肠和空肠的绒毛萎缩变短。

许多病原学和血清学的检查方法都可用于本病，常用的有免疫荧光抗体试验、乳猪接种试验和血清抗体检测等方法。由于本病在临床上易于诊断，同时往往与几种肠道病并发感染，因此实验室诊断不常用。

【预　防】

①综合性防疫措施　包括执行各项消毒隔离规程，在寒冷季节注意仔猪舍的保温防湿，避免各种应激因素。在本病的流行地区，对预产期 20 天内的妊娠母猪及哺乳仔猪应转移到安全地区饲养，或进行紧急免疫接种。

②免疫接种　平时按免疫程序有计划地进行免疫接种，目前预防本病的疫苗有活苗和油剂灭活苗 2 种。活苗可在本病流行季节前对全场猪普遍接种；油剂灭活苗主要接种妊娠母猪，使其产生母源抗体，让仔猪从乳汁中获得被动免疫。

【治疗】　本病的致死率不高，一般病猪都能耐过并自然康复。但对哺乳仔猪和保育猪有一定的致死率。由于大、小猪都能感染本病，发病率高，传播快、危害大，给规模化猪场带来严重的经济损失，是应该立即消灭的疾病。

但若猪场规模小，或者发现已晚，大部分猪已经感染，则可采取下列措施：首先要提高仔猪舍内的温度，要求舍温保持在 20℃以上，圈内清洁、干燥，提供含有电解质的饮水，尽量减少或避免各种应激因素。治疗包括以下两方面，视具体情况选择一种或两种配合使用。

①特异性治疗　确诊本病之后，立即使用抗传染性胃肠炎高

免血清，肌内或皮下注射，剂量按1毫升/千克体重。对同窝未发病的仔猪，可做紧急预防，用量减半。据报道，有人用康复猪的抗凝全血给病猪口服也有效，新生仔猪每头每天口服10～20毫升，连续3天，有良好的防治作用。也可将病猪让有免疫力的母猪代为哺乳。

②对症治疗　包括补液、收敛、止泻等。最重要的是补液和防止酸中毒，可静脉注射5%糖盐水或5%碳酸氢钠注射液。亦可采用口服补液盐溶液灌服。同时，还可酌情使用黏膜保护药如淀粉（玉米粉等）、吸附药如木炭末、收敛药如鞣酸蛋白以及维生素C等药物进行对症治疗。

12. 流行性腹泻（Porcine epidemic diarrhea，PED）　猪流行性腹泻是由冠状病毒引起的猪的一种高度接触性传染病，以病猪呕吐、腹泻、食欲下降和哺乳仔猪大批死亡为特征，是危害当前养猪业较严重的传染病。

流行性腹泻并非是一种新发现的猪病，据记载，早在19世纪90年代韩国曾暴发过本病，并迅速传到亚洲及世界上许多国家。本病在我国流行也有几十年的历史了，我国的兽医工作者对本病也不陌生，可是近年来许多猪场先后都暴发流行一种以呕吐、腹泻为主的传染病，大、小猪均可感染，对哺乳仔猪有较高的致死率，其传播之快、流行之广，前所未见，常规的防治措施不见效，给养猪业带来了巨大的经济损失，引起了人们的关注。实验室检测的结果表明，病原为流行性腹泻病毒。由于本病原的基因发生了变异，导致病原毒力、流行特点、临床症状等与以往病例有所不同，老病出现了新变化，如何认识和防治已经变异了的流行性腹泻，猪场兽医感到困惑和纠结。因此，本书原有内容已不能满足当前需要了，为了与时俱进，借再版的机会，笔者对本病进行了较大的修正与补充。

【病史回顾】　如今养猪人都认为流行性腹泻是一个让人望

而生畏的传染病，然而本病在 2010 年以前，虽在我国的猪群中曾断断续续地流行，但对养猪业威胁不大，没有引起养猪人的重视，当前却成了养猪业的大敌。要说清这个问题，还需要了解一下本病原来的面目，温故而知新，先对过去的病情进行一个简要的历史回顾。

①流行性腹泻的流行有明显的季节性和周期性　本病主要发生在寒冷季节，在我国南方地区常见于 12 月份至翌年 3 月份，其他季节很少发生。

对一个猪场或一个区域而言，一旦流行过本病，至少在 2～3 年内，即使不接种本疫苗，也能保持平安，故有人认为本病有大年和小年之分。

②本病可防　许多猪场普通使用的疫苗是猪传染性胃肠炎和流行性腹泻二联苗，包括活苗和油乳剂灭活苗两种类型，任意选用，通常都实行季节性免疫，一般在 10 月中下旬进行普防，间隔 2 周后，再加强免疫 1 次，用户反映效果不错。

③成年猪对本病有一定的抵抗力　发病率不高，即使感染，病情也不严重，大都能自愈。由于哺乳仔猪可从母乳中获得母源抗体，也不易感染。主要危害在保育猪，据分析该阶段的保育猪，既得不到母源抗体的保护，也没有产生主动免疫力，所以易感性较大，发病率较高，病死率约 20%，但只要做好护理工作，配合适当的治疗，病死率还可降低。

④剖检病变　肉眼观察，病变主要局限于小肠，肠腔内充满黄色液体，肠壁变薄，肠系膜充血，肠系膜淋巴结水肿，胃内空虚，有的充满胆汁黄染的液体。组织病理学变化主要在小肠和空肠，肠腔上皮细胞脱落，构成肠绒毛显著萎缩，绒毛与肠腺（隐窝）的比率由正常的 7∶1 下降至 3∶1。

【当前特点】　自从 2010 年以来，流行性腹泻相继在我国许多猪场中突然暴发流行，不分季节、无论猪场大小，也无论管理条

件的好坏，即使猪群接种过本病的疫苗，也难幸免，几天之后可使全场的猪都受感染，几个月之后全国许多猪场都有本病的流行，据报道，在同期世界上许多养猪国家和地区，都有本病的流行。

本病虽然大、小猪都能感染，但成年母猪的症状较轻微，呈现零星的散发病例，病猪表现厌食、呕吐、排水样稀便等症状，大多在2～3天后能自愈，但有部分病母猪泌乳量下降，带来间接的危害。

肥育猪和后备猪的感染率虽然很高，但除表现腹泻症状外，其他症状并不很严重，一般都能在3～5天内自愈。

保育仔猪发病时，症状较重，呕吐、腹泻、厌食、很快消瘦，若护理不当或同时存在并发感染，则病死率较高，可达20%～30%。

哺乳仔猪感染后症状严重，最早在出生后12小时内发病，表现精神沉郁、嗜睡、停止吮乳，排出黄白色或黄绿色的水样稀便，恶臭，病猪皮肤苍白，迅速消瘦，衰竭而死，日龄越小，死亡越快，多数在发病后2～3天内死亡。10日龄以内的仔猪发病率和病死率几乎可达100%。一个地区或猪场，首次流行本病时，来势汹汹，势不可挡，可是随着时间的推移，疫病经过几次的反复感染，可能病原的毒力有所下降，机体的抵抗力也有所提高，因此疫情一年比一年减轻。据2014年的材料统计，本病仅见于个别猪场流行，损失并不大。

本病病料经聚合酶链式反应技术检测，确诊为新型的流行性腹泻病毒。本病目前尚没有商品疫苗供应，也没有特效的防治药物，传染性胃肠炎的防治措施也适用于本病的防治。

【病原特点】　猪流行性腹泻的病原属于冠状病毒，它不同于传染性胃肠炎病毒，流行性腹泻病毒具有冠状病毒科病毒所有的形态特征，与严重的急性呼吸道综合征(SARS)病毒相类似，在粪便中的病毒颗粒呈多形态，倾向于一种球形。应用直接荧光抗体技术和其他血清学检查方法，可证明本病毒和已知的其他冠状病毒之间没有任何抗原性关系。因此，将其列为第Ⅲ组。

本病毒在体外组织培养较为困难，我国学者成功地用胎猪肠组织上皮细胞单层和猪小肠组织块绒毛上皮细胞培养成功，为今后进一步研究本病创造了条件。

近年来对流行性腹泻病毒的分子生物学研究已取得了一定的进展，目前分离的流行性腹泻病毒基因序列变异较大，特别是S基因(免疫源性基因)。据报道，2011年所检测的流行性腹泻病毒，在其S基因部分片段与疫苗株(CV_{777})之间的同源性为93.3%～94.7%。基因系统进化分析表明，新的病毒株与以往的毒株及疫苗株基因序列均有所不同，从而导致该疫苗的免疫效果大打折扣。调查表明，许多猪场接种猪传染性胃肠炎和流行性腹泻二联苗后，仔猪流行性腹泻的发病率和病死率依然很高，所以目前我国发生的流行性腹泻还是以新型的流行性腹泻病毒为主。

【诊断要点】 突然发病，迅速在全场蔓延，大、小猪均可发生，主要症状是食欲下降、呕吐、水样腹泻，成年猪一般都能自愈，对仔猪危害较大，日龄越小，病死率越高。

【防治】 定期进行免疫接种，猪场要重视冬季的防寒保暖工作，特别是产房和保育猪舍更加重要。一旦发病要及时隔离，对未发病的猪群立即进行紧急免疫接种。对妊娠母猪或后备母猪，自制自家疫苗进行免疫(返饲)。同时，要重视提高病猪舍内的温度，对病猪进行对症治疗。所以，猪场兽医认为流行性腹泻的流行有特点、症状有特征，易于诊断，在临床上可防、可控、可治，并不可怕。

二、保育猪(30～70日龄)

(一)保育猪的生理特点

保育猪是指断奶后在保育舍内饲养的仔猪，即从离开产房开

始，到迁出保育舍为止，一般在30～70日龄，在保育舍经历30天左右。

保育猪是刚摆脱仔猪培育最困难的哺乳阶段，进入另一个疾病的多发时期。为此，要求提供一个良好的饲养和环境条件。保育猪的生理特点如下。

1. 抗寒能力差　保育猪一旦离开了温暖的产房和母猪的怀抱，要有一个适应过程，尤其对温度较为敏感。如果长期生活在18℃以下的环境中，不仅影响其生长发育，还能诱发多种疾病。

2. 生长发育快　保育猪的食欲特别旺盛，常表现出抢食和贪食现象，称为猪的旺食时期。若是饲养管理得法，仔猪生长迅速，在40～60日龄，体重可增加1倍，不然易发生水肿病、副伤寒等多种疾病。

3. 对疾病的易感性高　由于断奶失去了母源抗体的保护，而自身的主动免疫能力又未建立或不坚强，对传染性胃肠炎、传染性萎缩性鼻炎等疾病都十分易感。某些垂直感染的传染病，如猪瘟、猪伪狂犬病、蓝耳病和猪圆环病毒病等，在这期间也容易暴发流行。

（二）保育猪的管理要点

1. 实行高床网上饲养　这种饲养方式所使用的网床由钢筋编制的漏缝地网、围栏、自动饮水器、饲槽和保温箱所组成，一般呈方形，每栏容纳10～20头仔猪。在网床的一侧设一取暖小间，这种保育栏可以提高保育生产率，降低仔猪的发病率。

2. 实行全进全出　舍内的猪群按计划饲养到期后，全部转出，一头不留，然后对猪舍内外进行大消毒，消毒后的猪舍至少闲置净化2天才能进猪。

3. 猪舍维护　在猪舍消毒闲置期间，对破损的圈舍、门窗要抓紧修复，猪舍内外的明沟、暗渠要进行疏通，对缺少的工具、物品需要补充。总结上一批仔猪饲养的经验教训，迎接下一批仔猪进舍。

4. 仔猪进舍 从产房进入本舍的仔猪，需经兽医技术人员的检疫，确认发育正常、健康无病的仔猪才能进舍。仔猪在本舍的饲养期为35天左右，寒冬季节可适当延长，炎热季节酌情缩短。

仔猪进出本猪舍都要称重，以便了解其生长速度和料重之比。仔猪进舍后按个体大小分圈饲养，同时也要尽可能做到同窝仔猪不分开。饲养密度应遵循冬密夏稀的原则。

5. 猪舍通风 根据季节、气候的变化，随时调节舍内的小气候，如适时开、关门窗，定时启动通风装置。在舍温低于20℃的寒冷季节，要设法增温、保温；当舍内空气污浊，有害气体超标时，除了加强通风换气外，应喷洒空气洁净消毒剂。

6. 仔猪健康检查 每日早、中、晚3次观察和检查每头猪的健康状况（包括精神、食欲、粪便、呼吸等变化），若发现病弱仔猪，应及时隔离分群饲养，以便特别护理，同时报告兽医做进一步处理。

7. 病猪处理 当发现个别较为严重的病猪或死亡病例时，除及时报告兽医外应立即清除传染源，并对可疑受污染的场所、物品和同圈的猪进行临时性消毒。

8. 仔猪饲喂 进入本舍1周内的仔猪，要限量饲喂，做到“少量多次”，待1周后逐渐放开限量，自由采食。同时，根据不同的生长阶段，给予不同的优质配合饲料。

9. 仔猪疫苗接种 在保育期间，仔猪要进行猪瘟等疫苗的接种和驱虫等工作，对于一般性的疾病，在兽医指导下进行治疗。

（三）保育猪常见病的诊治

1. 沙门氏菌病（Swine salmonellosis） 沙门氏菌病通常称为仔猪副伤寒，是由致病性沙门氏菌引起的断奶仔猪的一种肠道传染病。本病主要的临床表现为慢性腹泻，有时也出现急性败血症

的病例和卡他性或干酪性肺炎的病变。本病在世界各地均有发生，是猪的一种常见病和多发病。

【病因与传播】　本病的病原是沙门氏菌。沙门氏菌在外界环境中十分普遍，是一大属革兰氏阴性杆菌，不产生芽孢，亦无荚膜，有鞭毛，能运动。本菌具有比较稳定的菌体抗原(O)和易变的鞭毛抗原(H)。菌体抗原为脂糖蛋白质复合物，具有毒性，相当于内毒素，耐热(100℃)，不易被酒精所破坏。鞭毛抗原为蛋白质，不耐热，经 60℃或酒精作用后即被破坏。

根据不同的抗原结构，可将本菌分成许多不同的血清型，目前发现的不同血清型的沙门氏菌已超过 1 600 种，但引起仔猪副伤寒的病原主要是猪霍乱沙门氏菌和猪伤寒沙门氏菌、肠炎沙门氏菌等 6 种血清型。沙门氏菌与大肠杆菌在形态上极为相似，只有用生化反应才能区别。简易的区分办法是将本菌接种在麦康凯培养基上，经 24 小时培养后长出细小、透明、圆整光滑、不变色的菌落，而大肠杆菌则长成红色的大菌落。

本病菌对干燥、腐败、日光等因素具有一定的抵抗力，一般常用消毒药都能在短时间内将其杀灭。

健康猪带本菌在临床上相当普遍，病菌可潜伏于消化道、淋巴组织和胆囊内。当断奶后的仔猪饲养管理不当，气温突变，猪舍拥挤、潮湿、卫生不良、空气不流通，经过长途运输或有并发感染时，都可促使本病的发生和流行。对病猪隔离不严，尸体处理不当，其粪便和排泄物污染了水源、饲料，则可经消化道传染。鼠类在本病的传播中也有重要的作用。本病的流行特点是呈散发性和地方流行性。

【诊断要点】　本病主要发生于 4 月龄以内的幼龄猪，尤其是断奶后不久的仔猪最易感染。实验动物以幼小白鼠及豚鼠、家兔易感。

①临床症状　有急性型和慢性型 2 种。急性型(或称败血

型）见于断奶不久的仔猪或本病流行的初期，病猪突然发病，精神、食欲不振，体温升高至41℃以上，腹部收缩，拱背，接着出现腹泻，粪便恶臭，这时体温有所下降，肛门、尾巴、后腿等处沾污含血液的黏稠粪便，在下腹部、耳根和四肢蹄部皮肤出现紫红色斑块。常伴有咳嗽和呼吸困难。若治疗不当，于发病后3～5天死亡。

慢性型是常见的类型，与猪瘟的症状极为相似。病猪体温稍高，达40℃左右，精神沉郁，食欲下降，寒战，喜扎堆或钻草窝，有眼眵，严重腹泻，粪便呈淡黄色、黄褐色、淡绿色不等，恶臭，腹泻日久则排便失禁。有的病例在胸腹部出现湿疹状丘疹，被毛蓬乱，失去光泽，末端皮肤呈暗紫色。叫声嘶哑，后腿无力，强迫行走则东倒西歪，病程2～3周。在这期间病情时好时坏，只有在良好的护理和正确的治疗条件下才有痊愈的希望，否则多以死亡或淘汰告终。

②病理变化　脾肿大，边缘钝。肠系膜淋巴结呈索状肿大，并有似大理石样色泽。肝、肾也有不同程度的肿大，全身出现败血症的病变。具有诊断价值的病变（慢性病例）是坏死性肠炎，常见于盲肠、结肠，有时波及回肠后段，肠壁增厚，黏膜上覆盖一层弥漫性坏死物质，剥开底部呈红色，边缘有不规则的溃疡面。

③实验室诊断　对于败血症死亡的病例，可取其心血或肝脏、脾脏作为分离病原的病料。沙门氏菌在普通培养基上生长良好，在SS培养基上形成圆形、光滑、湿润、半透明、灰白色、大小不等的菌落。在麦康凯琼脂平板上，长出无色小菌落。在鲜血琼脂平板上，长出白色菌落，不溶血。有条件的，还应进一步用小白鼠做毒性试验和血清型的鉴定。

【预防】　第一，平时要严防将传染源带进猪场，从外地引进猪必须隔离观察；对仔猪的饮水、饲料等均应严格执行兽医卫生监督；给断奶仔猪创造良好的生活条件，消除各种发病诱因。

第二，本病常发的猪场，可定期进行免疫接种。常用的为仔

猪副伤寒活疫苗，按疫苗瓶签注明的头份，稀释成每头份1毫升，对1月龄左右的仔猪于耳后浅层肌内接种。

也可使用口服疫苗和油乳剂多价灭活苗。

【治疗】 本病虽能治愈，但费时费工，药费的代价较高，在规模化猪场是不值得治疗的，应予淘汰。

若必须治疗可参考以下方案。

①抗菌药物治疗　这是针对病原的疗法，早期使用效果良好。这类药物的种类很多，但经常使用易出现耐药菌株。因此，要求经常更换品种，或交替使用，用药量要足。根据病猪的体质状况，应采用静脉、肌内和口服多种途径用药，有条件时，最好能做药敏试验。

②对症治疗　对于病程稍长、病猪体质较弱的慢性病例，在使用抗菌药物的同时，进行对症治疗十分重要。如补液（可使用口服补液盐）、解毒（静脉注射5%碳酸氢钠注射液）、强心（使用安钠咖、氯化钙注射液）、收敛（使用木炭末、鞣酸蛋白等）、壮补（注射葡萄糖注射液、维生素C注射液）等。

2. 猪痢疾（Swine dysentery，SD）　猪痢疾是由密螺旋体引起的猪的一种肠道传染病，临床表现为黏液性或黏液出血性下痢，主要病变为大肠黏膜发生卡他性出血性炎症，进而发展为纤维素性坏死性肠炎。

本病自1921年美国首先报道以来，目前已遍及世界各主要养猪国家。近年来，我国一些地区种猪场已证实有本病的流行。本病一旦侵入猪场，则不易根除，幼龄猪的发病率和病死率较高，生长率下降，饲料利用率降低，加上药物治疗的耗费，给养猪业带来一定的经济损失。

【病因与传播】 病原为猪痢疾密螺旋体，革兰氏染色阴性。新鲜病料在暗视野显微镜下可见到活泼的蛇样活动。对苯胺染料或姬姆萨染液着色良好，为严格厌氧菌。对培养基要求严格，在鲜血琼脂上可见明显的β型溶血。在β型溶血区内，不见菌落，有时可见云雾状、表面生长成针尖状的透明菌落。生化反应不活泼，仅能分解少数糖类。

本菌可产生溶血素，对培养细胞具有毒性。在本菌的热酚水提取物中，有蛋白质抗原（酚层中），为一种特异性抗原；脂多糖抗原（在水层中）与细菌内毒素相似，可能与病变的产生有关，为特异性抗原。用琼脂扩散试验可将本菌分为1～7个血清型。

在健康猪大肠中还存在其他类型的螺旋体，其中一种叫小螺旋体或称猪粪螺旋体，有2～4条轴丝，螺旋不规则，一般只有1个弯曲，不溶血或弱β型溶血，无致病性。另外，还发现一种从形态上无法与猪痢疾密螺旋体区别的非致病性密螺旋体，称无害密螺旋体。

本菌对外界环境有较强的抵抗力，在5℃的粪便中可存活61天，在土壤中可存活18天。本菌对高温、氧气、干燥等敏感，常用浓度的消毒药对其都有杀灭作用。

本病在自然流行中除猪以外，其他畜禽未见发病。各种日龄的猪都可感染，但保育期间的小猪发病率和病死率都高于其他日龄的猪。病猪和带菌猪是主要的传染源，康复猪还能带菌2个多月，这些猪通过粪便排出病原体，污染周围环境、饲料、饮水和用具，经消化道传播。此外，鼠类、鸟类和蝇类等经口感染后均可从粪便中排菌，也不能忽视这些传播媒介。

【诊断要点】 本病一年四季均有发生，其传播缓慢，流行期长，可长期危害猪群。各种应激因素，如猪舍阴暗潮湿、气候多变、拥挤、营养不良等均可促进本病的发生和流行。本病一旦传入猪群，很难除根，用药可暂时好转，停药后往往又会复发。

急性型病例较为常见。病初体温升高至40℃以上，精神沉郁，食欲减退，排出黄色或灰色的稀便，持续腹泻，不久粪便中混有黏液、血液及纤维碎片，呈棕色、红色或黑红色。病猪拱背吊

腹，脱水消瘦，共济失调，虚弱而死，或转为慢性型，病程1～2周。

慢性型病例突出的症状是腹泻，但表现时轻时重，甚至粪便呈黑色。生长发育受阻，病程2周以上。保育猪感染后则成为僵猪；哺乳仔猪通常不发病，或仅有卡他性肠炎症状，并无出血；成年猪感染后病情轻微。

本病的主要病变在大肠（结肠和盲肠），回盲瓣为明显分界。病变肠段肿胀，黏膜充血和出血，肠腔充满黏液和血液。病程稍长者，出现坏死性炎症，但坏死仅限于黏膜表面，不像猪瘟、副伤寒那样深层坏死。组织学检查，在肠腔表面和腺窝内可见到数量不一的猪痢疾密螺旋体，但以急性期较多，有时密集呈网状。

本病实验室诊断的方法很多，如病原的分离鉴定、动物感染试验、血清学检查等。对猪场来说，最实用而又简便易行的方法是显微镜检查，取急性病猪的大肠黏膜或粪便抹片，用美蓝染色或暗视野检查，如发现多量猪痢疾密螺旋体（≥3～5个/视野），可作为诊断的依据。但对急性后期、慢性及使用抗菌药物后的病例，检出率较低。

【预防】　第一，对无本病的猪场，禁止从疫区引进种猪，必须引进时至少要隔离检疫30天。平时应搞好饲养管理和清洁卫生工作，实行全进全出的肥育制度。一旦发现1～2例可疑病情，应立即淘汰，并彻底消毒。

第二，有本病的猪场，可采用药物净化办法来控制和消灭本病。可使用的药物种类很多，一般抗菌药物均可使用，通常用痢菌净，每10千克饲料中加入1克，连喂30天。

【治疗】　本病的治疗不太困难，然而一旦传入猪场则一时难以根除，属于危害较大的疾病，对规模化猪场来说不宜治疗，应及时淘汰。

3. 水肿病（Edema disease of pigs）　仔猪水肿病是由致病性、溶血性大肠杆菌引起的保育仔猪的一种肠毒血症。本病往往突然发生，表现为部分或全身麻痹、共济失调等神经症状，以及胃壁和肠系膜水肿等特征。

本病分布很广，世界各养猪国家均有发生，其发病率虽不高，但病死率很高，给仔猪培育带来经济损失。

【病因与传播】 多数人认为本病的病原是一种大肠杆菌，主要是 O_2、O_8、O_{138} 等群内的菌株，在鲜血琼脂培养基上呈 β 型溶血。据报道，以上菌株在肠道内大量繁殖时，可产生肠毒素、水肿素、内毒素(脂多糖)等，经肠道吸收后，由网状内皮系统消除。在此过程中产生一种组织致敏抗体，由于某些诱因和应激因素的作用，使仔猪的肠道蠕动和分泌能力降低；当猪吸收这些毒素后，使致敏猪发生变态反应，表现出神经症状和组织水肿。有试验证实了这种推理，从病猪的肠内容物和肠系膜淋巴结中分离到溶血性大肠杆菌，进行人工复制曾获得成功。同时，将病猪肠内容物经离心后取上清液接种健康仔猪，结果也出现典型的水肿病症状，证实其中含有毒素。

从本病的流行病学调查中发现，仔猪开食太晚，骤然断奶，饲料质量不稳定，特别是日粮中含过高量的蛋白质，缺乏某种微量元素、维生素和粗饲料，仔猪的生活环境和温度变化较大，不合理地服用抗菌药物使肠道正常菌群紊乱等因素，是促使本病发生和流行的诱因。

【诊断要点】 第一，本病只发生于猪，并且有明显的年龄特点，主要见于保育期间的仔猪，尤其是断奶后 2 周内是本病的高发期。

第二，本病呈散发性，仅限于某猪场或某窝仔猪，不会引起广泛传播和流行。在一窝发病的仔猪中，往往是几头生长最快、膘肥体壮的仔猪首先发生，而另几只瘦弱的仔猪反倒可以幸免。对全群猪来讲，本病的发病率不高，但病死率可达 90%以上。

第三，突然发病，病猪精神沉郁，食欲停止。粪便干硬，体温

正常，很快转入兴奋不安，表现出特征性的神经症状，如盲目行走，碰壁而止；有时转圈，感觉过敏，触之惊叫，叫声嘶哑；走路摇晃，一碰即倒，倒地后肌肉震颤、抽搐，四肢不断划地如游泳动作。病程1～2天，以死亡为转归。

第四，尸体外表苍白，眼睑、结膜、齿龈等处苍白、水肿，淋巴结切面多汁、水肿，特别是胃大弯的水肿是具有诊断价值的病变。但近年来的临床剖检实践证明，此特征已由肠系膜的明显水肿所替代。其他脏器也有不同程度的水肿。

【预防】　第一，刚断奶的仔猪不要突然改变饲料和饲喂方法，注意日粮中蛋白质的比例不能过高，缺硒地区应适当补硒及维生素E。也可在饲料中添加微生态细菌制剂。

第二，对断奶仔猪应尽量避免应激刺激，刚断奶的仔猪要适当限制喂料，一般经2周后才能让其自由采食。经验表明，这一举措不仅能有效地防止水肿病的发生，还能减少腹泻性疾病的发病率，而对保育猪的生长发育并无影响。

第三，用大肠杆菌致病株制成疫苗，接种妊娠母猪，对仔猪也有一定的被动免疫效果。

【治疗】　本病呈散发，传染性不强，但治疗十分困难，疗效很差，规模化猪场对本病病猪应做淘汰处理。

若要治疗可使用一般的抗菌药物加口服盐类泻剂（硫酸镁25～50克），以抑制或排除肠道内细菌及其产物。用葡萄糖、氯化钙、甘露醇等注射液静脉注射，可解毒，缓解脱水，对较慢性病例有一定的疗效。

用本病的分离菌株，制成多价灭活疫苗，多次给肥育猪接种，以后取其高免血清给病猪注射，据说有较好的疗效。

4. 猪瘟（Hog cholera, HC）　猪瘟俗称烂肠瘟，美国称猪霍乱，英国称猪热病，是由猪瘟病毒引起的猪的一种高度传染性和致死性疾病。其特征为高热稽留和小血管变性引起的广泛出血、梗死和坏死。

猪瘟在世界上许多养猪国家都有流行，由于其传播快，病死率高，给养猪业带来严重的经济损失，因此受到世界各国的重视。国际兽疫局的国际动物卫生法规将本病列入A类16种法定的传染病中，定为国际动物检疫对象。

近半个世纪以来，有些国家致力于消灭猪瘟工作，研制了可靠的疫苗，推广了特异、快速的诊断检疫方法，制定了适合本国国情的兽医法规，执行了严格的防疫措施，取得了显著的成果，有的国家已经宣告消灭了猪瘟，有的国家已基本得到了控制。

我国研制的猪瘟兔化弱毒疫苗，经匈牙利、意大利等国家应用后，一致认为该疫苗安全有效，无残留毒力。1976年由联合国粮农组织和欧洲经济共同体召开的专家座谈会上，公认我国的猪瘟兔化弱毒疫苗的应用，对控制和消灭欧洲的猪瘟做出了贡献。

我国对防治猪瘟工作十分重视，是各级兽医部门的工作重点，并明确提出了以免疫接种为主的综合性防治措施。经验表明，只要按照合理的免疫程序，做到头头免疫接种，严格执行动物检疫法规，猪瘟在我国是完全可以控制和消灭的。

近年来，有的地区发现了所谓的慢性猪瘟、非典型猪瘟和隐性猪瘟，给养猪业带来了麻烦，造成了经济上的损失。其病因有多种说法，有人认为是免疫程序错误，疫苗的质量欠佳；也有人推测是机体的免疫功能下降或猪瘟病毒毒力的变异；还有人分析是由于现在的诊断水平提高了，但也有人对现代的诊断方法提出了异议。

对于我国当前的猪瘟问题也存在许多不同的看法，甚至是有争议的。

争议一，否认猪瘟是危害当前养猪业的主要传染病，因为猪瘟是个老猪病，许多临床兽医对本病是很熟悉的，他们认为，当前猪病虽然较复杂，但猪瘟并非是主流，理由如下：一是从流行病学

的资料分析，没有猪瘟的流行特点。二是对病猪的临床症状以及病死猪的病理剖检情况来看，几乎与猪瘟没有任何相似之处，不能草率地判断为猪瘟。

争议二，有人认为，经聚合酶链式反应技术等分子生物学的方法检测结果表明，在许多猪场中的大部分病死猪的病料或貌似健康的猪体中，都发现了猪瘟的抗原，证据确凿，可一锤定音，确诊为猪瘟无疑。但也有人反对，因为现在使用的猪瘟兔化疫苗，均为活疫苗，而且几乎所有猪场都实行常年免疫，因此猪瘟苗毒在猪场内也常年存在，而且猪瘟苗毒和猪瘟野毒是不易区分的，有的猪场兽医对检测结论的可信度提出质疑。

争议三，怀疑猪瘟疫苗的质量不过关。许多猪场兽医反映，猪瘟抗体检测的结果普遍存在效价不高，尤其是保育仔猪多数都在保护线以下，由此推断，现在使用的猪瘟疫苗存在质量问题。而持反对意见者认为，个别批次或部分猪瘟疫苗出现质量问题甚至失效是有可能的，但不是全部，非主流现象。据笔者的观察和试验结果表明，注射猪瘟疫苗后效价不高的主要原因，一是猪瘟首免日龄太早，在哺乳期或刚断奶后的 2～3 天即接种猪瘟疫苗，都被母源抗体中和掉了。二是猪瘟免疫时，随意增加猪瘟疫苗的剂量、不断重复猪瘟疫苗的接种次数，导致猪瘟疫苗的免疫麻痹，抑制了猪瘟抗体的产生。

【病因与传播】　猪瘟病毒属黄病毒科、瘟疫病毒属，基因组为单股线状 RNA，与牛黏膜病病毒有共同的抗原。猪瘟病毒不能使其他哺乳动物和禽类感染发病，但接种黄牛、绵羊后，病毒能在其血液内维持 2～3 周，具有传染性；病毒也能在兔体内传代，连续通过兔体后可使其毒力致弱。我国的猪瘟兔化弱毒疫苗的毒种，就是这样培育成功的。

目前认为猪瘟病毒只有 1 个血清型，但致病力有强弱之分，强毒株引起病死率高的急性猪瘟，而温和毒株一般是产生亚急性或慢性感染。猪出生后感染低毒株的，只造成轻度疾病，往往不显临床症状，但胚胎感染或初生猪感染可导致死亡。温和毒株感染的后果，部分取决于年龄、免疫能力和营养状况等宿主因素，而强毒或无毒的猪瘟病毒感染，宿主因素仅起很小的作用。

猪瘟病毒可于体外在猪胎细胞或乳猪的脾脏、肾脏、骨髓、睾丸等细胞上生长繁殖，通常不产生肉眼可见的细胞病变。病毒在猪体内从扁桃体侵入淋巴结，经 24 小时后到达各脏器，其中以脾脏、淋巴结和血液中含病毒量最高。猪瘟病毒的感染力很强，每克含病毒达百万个猪最小感染量。病猪排出的粪便和各种分泌物中，以及各组织脏器和体液中都含有大量病毒。

猪瘟病毒对腐败、干燥的抵抗力不强，尸体、粪便中的病毒 2～3 天即失去活力，但骨髓腐败较慢，其中的病毒可存活 15 天。病毒对寒冷的抵抗力较强，在冻肉中可存活几个月甚至数年，并能抵抗盐渍和烟熏。一般常用消毒药，特别是碱性消毒药，对本病毒有良好的杀灭作用。

【诊断要点】 第一，本病在自然条件下只感染猪，不同品种、年龄、用途的家猪和野猪都易感。20 日龄以内的哺乳仔猪，由于从母猪的初乳中获得母源抗体而具有被动免疫力。本病的发生没有季节性，在新疫区常呈急性暴发，其发病率和病死率都很高。在猪瘟常发的地区，猪群有一定的免疫力，病情较缓和，呈长期慢性流行，若发生继发感染，则可使病情复杂化。

第二，肺丝虫、蚯蚓、家蝇、蚊子等都可成为猪瘟病毒的自然保毒和传播者。本病主要经消化道感染，也可经皮肤伤口和呼吸道传播。病猪尸体处理不当，消毒不彻底，检疫不严，可通过运输、交易、配种等途径造成广泛传播。人、畜随意进入猪舍，注射器消毒不严等，都可成为间接传播媒介。

第三，典型猪瘟常表现为急性型，病猪体温升高至 40℃～41℃，稽留不退，寒战，倦怠，行动缓慢，垂头拱背，口渴，废食，常

伏卧一隅闭目嗜睡。眼结膜发炎，角膜充血，眼睑水肿，分泌物增加，甚至将上下眼睑粘连。在下腹部、耳根、四蹄、嘴唇、外阴等处，可见到紫红色斑点。病猪初期排便困难，粪便呈粒状带有黏液，不久出现腹泻，粪便呈灰黄色，恶臭异常，肛门周围沾污粪便。公猪阴茎鞘积尿，膨胀甚大，用手捋之有浑浊、恶臭、带有白色沉淀物的液体流出。哺乳仔猪也可发生急性猪瘟，主要表现神经症状，如磨牙、痉挛、转圈运动、角弓反张或倒地抽搐，如此反复几次后以死亡告终。据国外报道，小猪发生先天性震颤有12%是由猪瘟病毒所引起。

第四，慢性型猪瘟常见于老疫区或流行后期的病猪。症状与急性型差不多，但病程更长一些，病情缓和一些。疾病的发展大致可划分3个阶段：第一阶段体温升高至40℃～41℃，出现一般的全身症状，白细胞减少，此期为3～4天；第二阶段体温略有下降，但仍保持在40℃左右的微热，精神食欲随之好转，此期为2～3天；第三阶段体温再度升高至41℃左右，病猪出现严重腹泻，粪便恶臭，带有血液和黏液，体表淋巴结肿大，后躯无力，行走缓慢，皮肤常发生大片紫红色斑块或坏死痂，病猪迅速消瘦，这期间往往有细菌继发感染（如沙门氏菌、大肠杆菌等），从而引起白细胞增加，病程2周以上，甚至长达数月。

第五，非典型猪瘟有2种表现形式，一种是由感染隐性猪瘟的母猪垂直传染给仔猪，该仔猪出生时完全健康，哺乳期间生长正常，一旦断奶失去母源抗体的保护，进入保育栏后不久便可能出现非典型猪瘟。主要症状是高热稽留、扎堆昏睡、顽固性腹泻，粪便呈淡黄色，由于肛门失禁而污染后躯。病猪迅速消瘦，步态不稳，四肢末端和耳尖皮肤淤血呈紫色。对这种猪接种猪瘟疫苗无效，不能产生对猪瘟的中和抗体，病程1～2周，均以死亡告终。

近年来又出现另一种非典型猪瘟，见于断奶前后或保育期间的仔猪，表现体温升高在40℃以上，稽留，食欲下降，消瘦，扎堆而卧，结膜红肿，流泪，精神沉郁，被毛粗乱，后期在四肢、耳部皮肤出现紫色斑点，由于并发症的不同，有的病猪呼吸困难，有的顽固腹泻，药物治疗无效，发病率为20%～50%或更高，病死率几乎100%。剖检明显病变是淋巴结肿大出血，有的肾有出血小点或回盲肠有散在溃疡，进一步调查可发现这些猪场都流行过蓝耳病和圆环病毒病，而且在较长的时期内保育猪病亡不断。在猪瘟的防疫上，也可找出许多漏洞，诸如免疫程序不合理，免疫接种技术错误，密度不高，疫苗质量不好等，由于猪瘟的症状不典型，兽医往往发生误诊，贻误了时机，通过实验室检查，证实为本病才恍然大悟，但为时已晚。有的猪场因本病而导致大批仔猪死亡，至今还莫名其妙，不知何病，令人忧虑。

第六，隐性猪瘟见于生产母猪。感染母猪其本身并没有临床症状，但能将猪瘟垂直传播给下一代，其所产的后代不是流产、死胎、弱仔，就是表现非典型猪瘟。这种母猪对猪瘟疫苗的免疫应答能力也很差。可采用猪瘟单克隆抗体纯化酶联免疫吸附试验检测猪瘟抗体，其光密度（OD）值低于0.3则不合格，应判为猪瘟阳性；也可采集扁桃体用聚合酶链式反应技术检查猪瘟抗原。这种隐性感染的母猪危害甚大，是非典型猪瘟的传染源，也是导致繁殖障碍的因素之一，必须予以淘汰。

第七，不同临床表现的猪瘟病猪其剖检病变也有差别，典型猪瘟的主要病变是全身淋巴结充血、出血和水肿，切面多汁，呈大理石样病变。肾的色泽和体积变化不大，但表面和切面布满针尖大的出血点。整个消化道都有病变，口腔、齿龈有出血和溃疡灶，喉头、咽部黏膜有出血点，胃和小肠黏膜呈出血性炎症，特别是在大肠的回盲瓣段黏膜上形成特征性的纽扣状溃疡。

第八，猪瘟的实验室诊断方法很多，随着科学的发展，新的诊断技术不断出现，各猪场应根据自身的情况和条件选择使用。此处简要介绍几种不同时期曾经广泛应用的实验室诊断方法，供参

考。①酶联免疫吸附试验和聚合酶链式反应技术，分别检测猪瘟的抗体和抗原。②间接血凝试验，检测猪瘟的抗体滴度。研究表明，其滴度为1∶32～64时，攻击猪瘟病毒，可获得100%的保护；1∶16～32时，尚有80%的保护；1∶8时则完全不能保护。③家兔接种试验，其原理是猪瘟野毒不能使家兔发病，但能使之产生免疫性。而猪瘟苗毒则能使家兔发生热反应（体温升高），如将病猪的病料用抗生素处理后接种家兔，7天后再用猪瘟活疫苗做静脉注射，每隔6小时测温1次，连续3天，如发生定型热反应，则不是猪瘟，否则就是猪瘟。试验时，应有一组家兔不接种病猪材料，仅接种兔化猪瘟苗毒，以作对照。此法虽然已使用了几十年，但简单易行，能准确区分猪瘟苗毒与野毒，当前虽已进入分子生物学诊断的时代，但我们依然推荐使用这种老方法诊断猪瘟。

【预　防】

①重视疫苗的免疫接种　我国研制的猪瘟兔化弱毒疫苗，是消灭和控制猪瘟的有力武器。它具有性能稳定，安全性好，免疫原性强，对强毒有干扰作用，免疫接种4天后即有保护力等优点。为充分发挥疫苗的应有作用，介绍3种猪瘟的免疫程序，可根据本场的具体情况选择使用。

乳前免疫（或称超前免疫、零时免疫）法：即仔猪出生后尚未吮初乳前，接种猪瘟活疫苗，间隔2小时后再喂初乳，其保护期可达6个月以上。适用于本病的流行地区或猪场。

去势免疫法（或称断奶时一次免疫法）：我国地方品种的仔猪、通常在60日龄前后才断奶，并与去势同时进行，这期间仔猪的母源抗体已消失，接种猪瘟疫苗可获得最佳的免疫效果。此法适用于猪瘟的安全地区和饲养地方品种母猪较多的农村。

二次免疫法：这是我们推荐的免疫程序，首免在30～40日龄，二免在60～70日龄。

过去普遍采用的首免日龄在20～25日龄，调查表明，这期间的仔猪尚未断奶或刚断奶，仔猪体内的母源抗体还没有完全消失，母源抗体与苗毒能起中和作用，严重影响疫苗的免疫效果。因此，首免日龄在原有基础上至少推迟10天，是十分重要和必要的。

种猪免疫：在以上免疫接种的基础上，种猪每年加强免疫接种1次。注意不能在妊娠期接种，尤其不能在妊娠后期接种猪瘟活疫苗。

②加强抗体检测　平时应做好猪瘟抗体水平的检测，定时抽查各种类型猪的抗体水平，可了解免疫接种的效果，制订猪瘟的合理免疫程序。特别是对种母猪的抗体检测尤为重要，根据检测结果及时淘汰猪瘟免疫球蛋白G(IgG)抗体水平低于临界线的母猪，这对于消灭非典型猪瘟有重要的作用。

③应急措施　一旦发生猪瘟时，应立即对猪场进行封锁，扑杀病猪，病尸焚烧深埋。可疑猪就地隔离观察。凡被病猪污染的猪舍、环境、用具等都要彻底消毒。对假定健康猪和疫区及受威胁区的猪，都要进行猪瘟活疫苗的紧急免疫接种。

【治疗】　目前尚无有效的治疗药物，发病初期注射抗猪瘟高免血清有一定的疗效。

5. 气喘病（Mycoplasmal pneumonia of swine）　气喘病是由猪肺炎支原体引起的猪的一种接触性、慢性呼吸道传染病，又称猪地方流行性肺炎或支原体性肺炎。主要症状为咳嗽、气喘和呼吸困难。病变特征是肺的尖叶、心叶、中间叶和膈叶前缘呈肉样或虾肉样实变。本病遍布于全球，以我国地方品种猪最易感，虽然其发病率较高，病死率很低，但对病猪的生长发育影响很大。

【病因与传播】　猪肺炎支原体曾经被称为霉形体，是一群介于细菌和病毒之间的多形微生物。它与细菌的区别在于其没有细胞壁，呈多形性，可通过滤器；它不同于病毒之处是能在无生命的人工培养基上生长繁殖，形成细小的集落，菌体革兰氏染色呈

阴性。它能在各种支原体培养基中生长。分离用的液体培养基为无细胞培养平衡盐类溶液，必须加入乳清蛋白水解物、酵母浸液和猪血清。支原体也能在鸡胚卵黄囊中生长，但胚体不死，也无特殊病变。本病原存在于病猪的呼吸道及肺内，随咳嗽和打喷嚏排出体外。本病原对外界环境的抵抗力不强，在体外的生存时间不超过 36 小时，在温热、日光、腐败和常用消毒剂作用下都能很快死亡。猪肺炎支原体对青霉素及磺胺类药物不敏感，但对四环素族、卡那霉素、林可霉素敏感。

猪气喘病在我国流行历史悠久，分布也很广，早在 20 世纪 50 年代已经发现在农村散养猪群中流行了。本病对我国的地方猪种易感性更大，对养猪业有很大的危害，近年来我国的养猪业普遍推广"洋三元"猪种，洋种猪对气喘病有一定的抵抗力，所以本病的临床症状有所减轻，于是人们渐渐对气喘病产生了麻痹思想，但本病仍然存在。最新资料表明，本病在"洋三元"的猪群中，发病率竟然已有 30%～50%，感染率达 85%，病猪的生长速度减缓 5%～20%，饲料报酬降低 5%～20%，出栏时间推迟 15～20 天，还不包括使用药物和病猪死亡带来的损失。但由于支原体肺炎是一种慢性消耗性疾病，若单纯感染本病，又加上良好的饲养管理条件，病死率是不高的，但给猪场带来的经济损失仍然是很大的。

【诊断要点】 第一，病猪和隐性病猪是本病的主要传染源，康复猪在症状消失半年至 1 年后仍可排出病原体。若从疫区引进康复猪或隐性病猪，可使引入的猪场发生气喘病的暴发流行。本病原存在于病猪的呼吸道，通过病猪咳嗽、打喷嚏和呼吸道的分泌物形成飞沫，浮游于空气中，被易感猪吸入后经呼吸道感染。因此，猪群拥挤、猪舍通风不良、营养不足等应激因素，有利于本病的发生。

第二，本病只感染猪，不同日龄、性别和品种的猪都能感染。

在新疫区或流行初期,往往以妊娠后期的母猪发病较多,症状明显。在老疫区或流行后期,则以仔猪发病较多,病死率较高。肥育猪和成年猪常呈慢性或隐性感染。地方品种猪的易感性高于外来的纯种猪和杂交猪。本病一旦传入猪场,很难根除,成为猪场的老大难问题。

第三,急性型症状为突然出现明显的呼吸困难,张嘴喘气,头下垂,呆立一隅或趴伏在地,有时呈犬坐式。体温一般正常。此类型见于新疫区和流行初期,尤以妊娠后期的母猪和仔猪多见。

第四,慢性型症状为表现长期咳嗽和气喘,初期为短而少的干咳,尤以清晨、晚间、运动后、采食时最为常见。病猪咳嗽时站立不动,背拱起,颈伸直,头下垂,直到痰液咳出并咽下为止。呼吸困难,呈现明显的腹式呼吸,在静卧时最易看出。病程较长的仔猪消瘦衰弱,被毛粗乱无光泽,生长发育不良。由于本病破坏猪呼吸道第二道防线(纤毛),易引起多种呼吸道疾病的并发感染。

第五,主要病变在肺、肺门淋巴结和纵隔淋巴结。急性死亡猪的肺有不同程度的水肿和气肿,在心叶、尖叶、中间叶及部分病例的膈叶下端,出现融合性支气管肺炎,呈肉样或肝样病变,其中以心叶最为显著,这种特征性的病变,具有诊断价值。

第六,实验室诊断可用X线检查,可做病原的分离和鉴定,血清学检查常用的方法有微粒凝集试验、酶联免疫吸附试验等。但由于本病具有特征性的临床症状和病变,因此一般不必做实验室诊断,除非引进种猪,需检查隐性或慢性病猪时才进行。

【预　防】

①未发现本病的猪场应采取的主要措施　坚持自繁自养,若必须从外地引进种猪时,应了解产地的疫情,证实无本病后方可引进。做好饲养管理和防疫卫生工作,注意观察猪群的健康状况,如发现可疑病猪,及时隔离或淘汰。

②已发现本病的猪场应采取的主要措施　利用康复母猪建

立健康猪群，逐步清除病猪，做到“母猪不见面，小猪不串圈”，避免扩大传染。对有饲养价值的母猪（无论病状明显与否），均进行1～2个疗程的治疗，证实无症状后方可进行配种。以后进入单栏的隔离舍中产仔，观察直到小猪断奶，确认健康后进行分群饲养或留作种用。对有明显症状的母猪，不宜留作种用，严格隔离治疗后肥育出售。

③应用疫苗防治时应注意的事项　气喘病疫苗有活苗和灭活苗2种，前者为国产，后者多为进口。活苗接种途径必须是胸部肋间隙胸腔肺内注射或气管注射，其他途径注射无效。首免日龄为7～15日龄，在本疫苗接种前后1周内，禁止饲喂含有抗菌药物的饲料。

【治　疗】

①四环素族抗生素　此类药物对本病原菌较敏感，有较好的疗效。强力霉素粉剂，混饲浓度为100～200毫克/千克饲料。盐酸强力霉素粉针，静脉注射，1～3毫克/千克体重·次，每日1次（用5%葡萄糖注射液配制成0.1%以下浓度）。

②卡那霉素　每20千克体重肌内注射50万单位，每日1次，连用5天。

③泰乐菌素　每千克体重肌内注射10毫克，每日1次，连用3～5天。或每升水中加本品0.2克，连饮3～5天，有良好的防治作用。

④林可霉素（洁霉素）　每千克体重肌内注射50毫克，每日1次，连用5天，同时配合使用盐酸大观霉素效果更好。

⑤支原净　每千克体重每日拌料50毫克，连服2周。也可选用氟苯尼考、替米考星等药物。

对于重病猪因呼吸困难而停食时，在使用上述药物的同时，还可配合对症治疗。如适当补液（可以皮下或腹腔注射），肌内注射氨茶碱0.2～0.5克，以缓解呼吸困难。配合良好的护理，以利于病猪的康复。

6. 链球菌病(Streptococcosis suum, ss) 链球菌病是由几个血清群链球菌感染所引起的多种疾病的总称。急性者表现为出血性败血症和脑炎,慢性者以关节炎、心内膜炎、化脓性淋巴结炎为特点。

本病广泛发生于各养猪发达的国家,是猪的一种常见病。我国各地都有猪链球菌病的报道,给养猪业带来较大的经济损失。

人也能感染链球菌病,由于这类链球菌对抗生素已产生耐药性,因此往往引起误诊。以下列举两起经媒体报道的病例:病例一,20 世纪 90 年代江苏省海安地区农村流行本病,结果感染 30 多人,死亡 14 人。病例二,2005 年,四川省资阳市农村的散养猪发生本病,感染当地村民,死亡 38 人,检测结果其病原均为 C 群 2 型链球菌。本病原多由猪传染给人,一般经直接接触通过皮肤伤口感染,在临床上多见于饲养员、屠宰工人或炊事人员感染。预防本病最重要的是注意个人卫生,特别是不要吃病、死猪肉。猪场兽医人员在诊治或剖检病猪时要注意个人防护。

【病因与传播】 链球菌在自然界中分布很广,种类也很多,共有 35 个血清型,大部分是不致病的。猪链球菌病是由 C 群、D 群、E 群及 L 群链球菌引起的,C 群是败血性链球菌病的病原,E 群导致下颌淋巴结肿胀。链球菌是一种圆形的球菌,呈链状排列,革兰氏染色阳性,对培养条件要求较严格,在普通培养基中生长不良,在血清肉汤和血琼脂平面上能生长并呈链状。

本菌对多种抗生素及其他抗菌药虽然敏感,但极易产生耐药性。常用消毒药均可将其杀灭。

【诊断要点】 第一,病猪和带菌猪是主要传染源。伤口是重要的传染途径,新生仔猪常经脐带感染,也可能通过呼吸道、消化道传播。

第二,本病在新疫区呈暴发性流行,各种日龄的猪都可感染,

表现为急性败血型，在短期内波及全群，发病率和病死率都很高。常发地区为地方流行性和散发性。本病以气温较高的5～11月份多发。

第三，最急性型多见于新生仔猪和哺乳仔猪，往往不见明显的症状而突然死亡。有的病程延长至2～3天，体温升高，呼吸急迫，精神沉郁并出现神经症状，不久即死亡。

第四，断奶后的保育仔猪感染后，常呈急性或亚急性表现，突然停食，体温升至41℃以上。病初流出浆液性鼻液，眼结膜充血、流泪，似流感的症状。不久出现腹泻或粪便带血，具有诊断价值的是脑膜脑炎症状，如盲目行走或转圈，步态踉跄，倒地后衰竭或麻痹而死亡，病程2～5天，自然致死率达80%以上。

第五，肥育猪、后备猪及成年猪感染后，往往表现为慢性型，见有关节炎、心内膜炎、化脓性淋巴结炎、局部脓肿、子宫炎、乳房炎、咽喉炎及皮炎等。四肢关节发炎肿痛，跛行或卧地不走，触诊局部有波动感，皮肤增厚。下颌淋巴结常见化脓性淋巴结炎，肿胀、隆起，触诊硬固有热痛，这些现象往往都不被人们所察觉，直到脓肿扩大影响到采食、咀嚼、吞咽以至呼吸时，才可能被发现，有的甚至屠宰时才被发觉。这也说明其危害并不很严重。

第六，本病的病理变化与感染的部位有关，急性败血型病变是血液凝固不良，全身淋巴结肿大、出血，浆膜及皮下均有出血斑。其他各脏器均有不同程度的败血症病变。

第七，确诊本病可采取病猪的血液、肝脏、脾脏等组织，抹片染色镜检，可发现链球菌。进一步可做病原的分离培养和敏感动物接种试验(选用小白鼠，用病料或分离培养物行皮下或腹腔接种，于18～72小时呈败血症死亡，在其实质器官及血液中，有大量菌体存在)。分离本菌可采用鲜血琼脂。鉴定本菌可进行生化试验，也可结合血清学试验，做血清群及型的鉴定。此外，也可进行乳胶凝集、玻片凝集试验，还可用聚合酶链式反应技术检测抗原。国内流行的多为C群兽疫链球菌。

本菌的变异株,毒力能迅速增强,致病力增大,可引起地方性流行,其发病率和病死率都高于一般败血型链球菌病。对常用的抗菌药物都可产生耐药性,细菌还能通过伤口感染给人,故本病在公共卫生上具有重要意义。

【预防】 第一,在本病常发的地区或猪场,可用C群兽疫链球菌疫苗进行免疫接种。

第二,发现病猪及可疑病猪,立即隔离治疗。病猪康复后2周方准宰杀。急宰猪或宰后发现可疑病变者,胴体应做高温无害化处理。

【治疗】 急性败血性链球菌病由于其传染性强,发病快,疗效差,故发现本病不必治疗,应及时淘汰。若需治疗,发病初期用阿莫西林150～200毫克、链霉素1克(体重50千克的病猪用量),混合肌内注射,连用3～5天。也可用泰乐菌素、红霉素、头孢噻呋或庆大霉素1～2毫克/千克体重,每日2次,肌内注射。也可喂服恩诺沙星5毫克/千克体重,每日2次。

对淋巴结脓肿,若脓肿已成熟,可将肿胀部位切开,排除脓液,用3%过氧化氢溶液或0.1%高锰酸钾溶液冲洗后,涂以碘酊,不缝合,几天后可愈。

7. 李氏杆菌病(Listeriosis) 本病是由李氏杆菌引起的一种散发性传染病,也是人和多种家畜、啮齿动物的共患病。猪感染后,主要表现为脑膜脑炎、败血症、妊娠母猪流产。通常发病率很低,但病死率很高。

本病广泛分布于全世界,我国江苏、山东、广东等省有本病发生的报道,对养猪业造成一定的危害。

【病因与传播】 本病的病原是单核细胞增多症李氏杆菌,为革兰氏染色阳性的球杆菌,无荚膜,无芽孢,有周鞭毛,在抹片中多为单个菌或2个菌排成"V"形。本菌为微嗜氧菌,在含5%～

10%二氧化碳的低氧环境内生长良好，普通培养基上均可生长。本菌在土壤、粪便中能生存数月至10多个月，对碱和盐耐性较大，但一般消毒药都能将其灭活。对链霉素、卡那霉素和磺胺类药物都敏感。实验动物中，家兔、小鼠、豚鼠均有易感性。

【诊断要点】 第一，本病菌的宿主谱很宽，在42种哺乳动物、22种禽类及鱼类、甲壳类动物中都分离出本病菌。人类也有易感性。

第二，患病动物和带菌动物的粪便、尿液、乳汁、流产胎儿、子宫分泌物中都含有本菌，受污染的饲料、土壤、饮水经消化道、呼吸道或损伤的皮肤均可传播本病。

第三，本病的流行有较明显的季节性，主要见于冬季和早春。通常呈散发性，感染体外寄生虫、猪群拥挤、卫生条件差等应激因素可成为本病的诱因，以哺乳仔猪和保育仔猪发病较多。

第四，败血型多见于哺乳仔猪，无特殊症状而突然死亡。若病程拖延至2～3天，则可见到脑膜脑炎的症状，出现共济失调，肌肉震颤，转圈或不自主地后退，触之惊叫。此外，体温升高(41℃～42℃)，粪干尿少，吮乳停止，大多以死亡告终。

第五，脑膜脑炎型多见于断奶仔猪，主要出现神经症状，运动失常，转圈或不自主后退，头颈后仰，前肢或后肢张开，呈观星姿势。病程若能延至1周以上，并给予合理的治疗，则有痊愈的希望。

第六，妊娠母猪感染后，主要表现为流产。

第七，因本病死亡的猪，不见明显的肉眼病变。生前若出现神经症状，则脑和脑膜可能有充血、炎症和水肿变化，脑脊液增加，肝有灰白色的坏死小灶。血液检查可见单核细胞增多。

【预防和治疗】

①预防　加强饲养管理，避免各种应激因素，驱除体外寄生虫，重视防鼠和灭鼠。本病目前尚未研制出有效的疫苗。

②治疗　本病的危害较大，治疗也较困难，确诊为本病后应

立即淘汰。若需治疗，可用大剂量的抗生素或磺胺类药物，如链霉素或氨苄西林加庆大霉素。也可用磺胺-6-甲氧嘧啶，每千克体重 0.07 克，肌内或静脉注射，有良好的效果。

8. 传染性脑脊髓炎（Swine infectious encephalomyelitis） 又称捷申病、猪脑脊髓灰质炎，是由病毒引起，主要侵害中枢神经系统，引起一系列神经症状的传染病。病猪以发热、共济失调、肌肉抽搐和肢体麻痹为特征。

【病因与传播】 本病在世界许多养猪国家都有发生，中欧一些国家呈地方流行性，意大利、法国等国呈散发性，澳大利亚等国也时有发生。我国也曾有本病的报道。

传染性脑脊髓炎病毒属小核糖核酸病毒科、肠道病毒属。病毒呈圆形，无囊膜，其衣壳表现一种六边形轮廓。病毒在猪肾细胞培养中生长很好，能产生细胞致病作用，回归猪体保持致病性。目前已知猪的肠道病毒有 11 个血清型，而引起本病的是 1、2、3、5 血清型，其中以 1 型毒力最强，是本病的主要病原。病毒对多种消毒药都有较强的抵抗力，因此必须提高消毒药的浓度和消毒时间对其才有效。

【诊断要点】 第一，本病仅见于猪，各品种和年龄的猪均有易感性，但临床上以保育猪发病最多，成年猪多为隐性感染，哺乳仔猪可获得母源抗体的保护。

第二，本病在新疫区呈暴发式流行，开始个别发生，以后蔓延全群，也有的呈波浪式发生，一批猪发病后，相隔数周或数月，另一批猪又发生。在老疫区，常呈散发性。

第三，本病毒主要存在于猪的脑和脊髓中，但可通过粪便排毒，污染饲料和饮水，经消化道传播，也可能通过人员的往来及家鼠、运输车辆间接传播。

第四，本病的潜伏期，人工感染试验平均为 6 天。病初体温达 40℃～41℃，精神委靡，食欲减退，后肢无力，运动失调。有的

病猪前肢前移，后肢后伸，重者眼球震颤，肌肉抽搐，角弓反张和昏迷，伴有鸣叫、惊厥和磨牙，随后发生麻痹，反射消失而死亡。病死率高达60%以上，不死者往往留有肌肉麻痹和萎缩的后遗症。

第五，本病的剖检病变主要是脑膜水肿，脑膜和脑血管充血。心肌和骨骼肌有些萎缩，其他脏器无肉眼可见病变。组织学检查，病变也局限于中枢神经系统，呈现非化脓性脑脊髓灰质炎，尤以脊髓最为严重。

第六，血清学检查常用免疫荧光试验、中和试验等方法。病猪感染后1周左右，血清中已有中和抗体存在，康复后中和抗体至少保持280天。中和滴度1∶64可判为阳性，1∶16判为可疑。也可用酶联免疫吸附试验，在血清学、流行病学调查和大群检疫时，这种方法较中和试验和免疫荧光法简便。

第七，在新疫区或首次确诊本病的猪场，必须进行病毒的分离和鉴定。以无菌操作从可疑病死猪采取小脑和脊髓的灰质部，制成1∶10乳剂，接种原代猪肾细胞培养，出现细胞病变后，连传3代，再用免疫血清做中和试验，或用仔猪做生物学试验，也可将病料直接接种于仔猪脑内。若被接种的仔猪经10天左右发病，出现与自然病例相同的症状和病理组织学的变化，在排除类症的情况下，可确诊为本病。

【预防和治疗】 第一，重视从国外引进猪的检疫，一旦发现可疑病例，应采取隔离、消毒等常规措施，并尽快请有关单位做出诊断。若确诊为本病，应立即就地扑杀。

第二，有些国家已使用细胞培养灭活苗对小猪进行免疫，保护率可达80%，免疫期6～8个月。

第三，目前没有可用于治疗的药物，也不宜治疗。

9. 弓形虫病（Toxoplasmosis） 曾称为弓形体病，是能感染多种动物和人的一种人兽共患原虫病。在自然流行中，对猪的危害较大，其症状与猪瘟十分相似，表现高热稽留和全身症状，对断奶仔猪有较高的致死率。

本病呈散发流行，但分布很广，世界各国都有报道。我国各地均有发生，给人类健康和畜牧业发展带来严重威胁。

【虫体特征与生活史】 本病的病原为龚地弓形虫，是一种原生动物，它的整个发育过程需要2个宿主：即猫为其终末宿主，其他动物如猪、牛、羊或人均可成为其中间宿主。猫本身亦可作为中间宿主。

弓形虫在猫小肠上皮细胞内进行类似于球虫发育的裂殖体增殖和配子生殖，最后形成卵囊，随猫粪排出体外，卵囊在外界环境中，经过孢子增殖发育为含有2个孢子囊的感染性卵囊。

猪吃了猫粪中的感染性卵囊或含有弓形虫速殖子或包囊的中间宿主的肉、内脏、渗出物、排泄物和乳汁而被感染。速殖子还可通过皮肤、黏膜途径感染，也可通过胎盘感染胎儿。在猪等中间宿主体内的为滋养体和包囊。滋养体很小，呈新月形，很像一只香蕉，细胞核为一团染色颗粒，用姬姆萨染液染色后，细胞质呈浅蓝色，细胞核呈深蓝色，这种虫体常见于急性病猪的内脏器官淋巴结中。

猫感染弓形虫后，从粪便中排卵囊1～2周，1克猫粪中可多达1 000万个卵囊，而2个卵囊即可致死1只小白鼠，100个卵囊便可致猪发病。

【诊断要点】 第一，本病的感染方式包括先天性感染和后天获得性感染，前者通过妊娠期虫血症经胎盘感染，后者通过肉、奶、蛋和被污染的饲料、饮水等经消化道感染。先天性感染的仔猪，其病状要比生后感染的仔猪严重得多，而母猪则呈隐性感染。

第二，本病呈地方流行性或散发性，在新疫区则可表现暴发性，有较高的发病率和致死率。本病一年四季都可发生，但以6～9月间的炎热季节较为多见。保育猪最易感，症状亦较典型。本

病血清学阳性的检出率是随猪的日龄增长而增加的。

第三，病猪的症状是体温升高、稽留，全身症状明显，后肢无力，行走摇晃，喜卧，呼吸困难，耳尖、四肢及胸腹部出现紫色淤血斑，病初便秘，后期腹泻。成年猪常呈亚临床感染，妊娠母猪可发生流产或死产。

第四，病死猪的主要剖检病变是肺水肿和充血，胸腔内积有含血的液体，淋巴结肿大，肝、肺、心、脾和肾均可见到坏死小点。

第五，实验室检查可采取病死猪的肺、淋巴结做触片，经姬姆萨染液染色后镜检，可找到虫体、滋养体。此外，采取可疑病料接种小白鼠或豚鼠，然后从其体内查出虫体，亦可确诊。还可使用间接血凝试验等血清学方法检查血清中的抗体。

【预防和治疗】

①预防　猫是本病唯一的终末宿主，猪舍及其周围应禁止猫出入，猪场的饲养管理人员也应避免与猫接触。目前尚未研制出有效的疫苗，其他一般性的防疫措施都适用于本病。

②治疗　磺胺类药物对本病有较好的疗效，常用的如磺胺嘧啶加甲氧苄啶或二甲氧苄氨嘧啶等，用量为0.1克/千克体重，口服，每日2次，连用3～5天。

磺胺-5-甲氧嘧啶注射液，用量为0.07克/千克体重，每日1次，连用3～5天。

10. 猪痘(Swine Pox)　猪痘是由病毒引起的一种急性、热性传染病。其特征是在患部皮肤和黏膜上发生特殊的病变，即出现红斑、丘疹、水疱、脓疱和结痂。

痘是一种古老的疾病，我国早在公元前1000多年已有人患天花(即痘)的记载，并最早用接种痘苗的方法预防人的天花，成为人工免疫的开端。如今人类的天花已从地球上消灭了，但畜、禽的痘病仍有流行。一般认为，引起动物痘病的病毒最初很可能是来源于一种，后来由于在各种动物中传染继代逐渐适应，结果形成了各种动物的痘病毒。

猪痘的分布很广，世界各地养猪国家都有发生，我国各地间有流行。本病有时发病率虽较高，但病死率不高，一般情况下危害不甚严重，故不引起人们的重视。过去本病是常见病，近几十年来逐渐自然减少，至今已成为罕见病。

【病因与传播】 痘病毒为DNA型病毒，系砖形或卵圆形的粒子，其对皮肤和黏膜上皮细胞有特殊的亲和力，能在易感动物的皮肤、上皮和睾丸细胞上培养传代，也能在鸡胚上生长。病毒在细胞质内繁殖，形成包涵体，在包涵体内还有更小的颗粒，即原生小体。

各种哺乳动物（除犬和猫外）痘病的共同特点是在皮肤上形成脓疱，可能有或无全身反应。

猪痘属复合性的痘病，由2种抗原不同的痘病毒引起，一种是猪痘病毒，只能感染猪；另一种是痘苗病毒，能使多种动物感染，但这2种病毒在天然情况下，对猪引起的痘病是不易区分的。痘病毒对寒冷及干燥的抵抗力较强，在痂皮中能存活3个月以上。常用的消毒药都能杀灭本病毒。

【诊断要点】 第一，病猪及病愈带毒猪是本病的传染源。一般认为本病不能由病猪直接传给健猪，而是经由猪虱、蚊、蝇等吸血昆虫传播，也可经消化道和呼吸道感染。

第二，保育猪对本病最易感。由痘苗病毒引起的猪痘，不同月龄的猪都可发生，呈地方流行性，多发生于春季。猪群拥挤，环境卫生不良，营养不足，体外寄生虫寄生等因素，都能促使本病发生和发展。

第三，本病的潜伏期为4～7天。病初体温升高，精神与食欲不振，眼、鼻有分泌物。痘疹主要发生在躯干的下腹部、鼻镜、眼皮等被毛稀少的部位，首先出现红斑，这时体温恢复正常，但红斑发展成硬结节，并且突出于皮肤，中间呈黄色，水疱期很短即转

为脓疱。发病后1～2周脓疱逐渐结痂，脱落后遗留白色斑块而痊愈。

第四，肉眼病变见于外表皮肤，诊断一般并不困难，不必做实验室诊断。若要区别猪痘的病原是痘病毒还是痘苗病毒，可用家兔做接种试验。若是痘苗病毒，可在接种部位发生痘疹，而猪痘病毒则不感染家兔。

【预防和治疗】　目前尚没有可供商品使用的猪痘疫苗。本病的危害在于因皮肤的破损可能诱发细菌感染，因此要注意猪圈和猪体的清洁卫生及消毒工作。

由于本病一般不需治疗大都能自愈，也没有特效的治疗药物，为防止局部细菌继发感染，可在病变部位涂抹抗生素软膏。若使用康复猪血清治疗，效果也很好。

11. 传染性萎缩性鼻炎（Swine infectious atrophic rhinitis，AR）　传染性萎缩性鼻炎是由支气管败血波氏杆菌引起的猪呼吸道慢性传染病。其特征为鼻梁变形，鼻甲骨萎缩。病猪生长迟滞，饲料利用率降低，可给集约化养猪业造成巨大的经济损失。

本病几乎在世界各养猪发达地区都有发生。近年来，我国各地也有本病的报道。

【病因与传播】　关于本病的病原，探讨了很长时间，目前认为是支气管败血波氏杆菌Ⅰ相菌和产毒多杀性巴氏杆菌混合感染。支气管败血波氏杆菌为一种球杆菌，呈两极染色，革兰氏染色阴性，不产生芽孢，有的有荚膜，有周鞭毛，需氧，培养基中加入血液可助其生长。在葡萄糖中性红琼脂平板上，菌落中等大小，呈透明烟灰色；肉汤培养物有腐霉味；鲜血琼脂上产生β型溶血。本菌无论在动物的鼻腔内或人工培养基上均极易发生变异，有3个菌相，其中Ⅰ相菌具有荚膜，病原性强，具有K抗原和强坏死毒素；Ⅱ相和Ⅲ相菌则毒力弱。多杀性巴氏杆菌毒素源性菌株是原发性感染因子，其荚膜血清型有D型株和A型株，能产生耐热毒素，可使皮肤坏死。

【诊断要点】 第一，病猪和带菌猪为主要的传染源。带菌母猪排出病原经空气、飞沫由呼吸道感染给后代。非猪源性的本病原菌同样可引发本病。本病在猪群中传播缓慢，呈散发性，即使新发病的猪群，要达到一定的发病率或大部分感染，至少需 2～3 年时间。

第二，饲养管理的好坏直接影响本病的发生和流行，如猪舍通风不良，猪群拥挤，饲料中缺乏蛋白质或维生素、微量元素，可导致发病率上升。不同品种的猪易感性有差异，国外引进的长白猪等品种特别易感，国内地方品种猪较少发病。常常发现多杀性巴氏杆菌、绿脓杆菌、放线菌、猪鼻支原体等病菌参与致病，使病势加重，病情复杂化。

第三，各种日龄的猪都可发生，但不同日龄猪的发病率和病变的差异很大。

1 周龄以内的乳猪感染后，可引起原发性肺炎，表现为剧烈咳嗽、嗤鼻、呼吸困难，病猪极度消瘦，可使全窝仔猪发病死亡，而哺乳母猪则安然无恙。

保育期间的仔猪发病率较高，萎缩性鼻炎的症状也较典型。早期表现打喷嚏和吸气困难，从鼻孔中流出少量清鼻液或黏性、脓性分泌物，鼻出血。病猪常因鼻炎刺激鼻黏膜而不断摇头拱地，搔抓或摩擦鼻部，成年猪感染后呈结膜炎，有明显的泪斑。

鼻炎之后 3～4 周出现鼻甲骨萎缩，造成颜面部变形。若两侧鼻甲骨病损相等时，外观鼻距缩短并向上翘起，脸似哈巴狗。若一侧鼻甲骨严重萎缩时，则使鼻弯向另一侧，两眼间宽度变小，头部轮廓变形。体温正常，病猪生长发育不良，成为僵猪。

第四，乳猪主要呈现肺炎病变，在肺的尖叶、心叶和膈叶背侧有炎症斑，气肿和水肿，小叶间水肿更为明显。

病程稍长的保育猪，主要病变局限于鼻腔，鼻软骨和鼻甲骨

软化、萎缩，特别是下鼻甲骨的下卷曲最为常见。病情严重的，甚至鼻甲骨消失，只留下小块黏膜皱褶附在鼻腔的外侧壁上。

观察鼻甲骨的病变，可沿两侧第一、第二对前臼齿连线上将鼻腔横断锯开，观察鼻甲骨形态和变化。正常时鼻甲骨明显地分为上、下两个卷曲，像钝鱼钩状，鼻中隔正直。当鼻甲骨萎缩时，卷曲变小而钝直，甚至消失。

【预防和治疗】　第一，引进种猪时要注意检疫，一旦发现本病不能留作种用，被污染的场地应及时消毒。

第二，药物预防。在本病流行的猪场，为控制母、仔猪间的传染，可在母猪妊娠最后 1 个月内给予预防性药物，混于饲料中喂服，如强力霉素粉 200 毫克/千克、泰乐菌素 100 克/吨，连用 1 周，停药 1 周后重复使用。乳猪出生后的 3 周内，也要用抗菌药物进行预防。给药方法可用滴服、滴鼻和注射等。

第三，免疫接种。现有 2 种疫苗，一种是支气管败血波氏杆菌（Ⅰ相）灭活油剂苗，另一种是支气管败血波氏杆菌和巴氏杆菌二联灭活苗。妊娠母猪于分娩前 2 个月及 1 个月各接种 1 次，以提高母源抗体的滴度，让仔猪通过吮吸乳汁获得被动免疫。也可直接对 1～3 周龄仔猪接种。以上两种疫苗以二联苗效果较好。

第四，药物治疗。多种抗菌药物对本病都有疗效，但长期使用某一种抗菌药物易产生耐药性，故应采用几种抗菌药物交替使用，或先做药敏试验，然后选择敏感药物治疗，效果较好。治疗方法参考猪气喘病。

12. 皮肤真菌病（Dermatomycosis）　皮肤真菌病是由真菌所致的人和多种家畜共患的皮肤传染病。对猪主要引起皮肤表面角质化组织的损害，形成癣斑，俗称钱癣、匍行疹等。其危害表现为病变部皮肤脱毛、脱屑，有炎性渗出及痒感。本病的分布很广。

【病因与传播】　病原为半知菌亚门发癣菌属和小孢霉菌属内的真菌。发癣菌是主要的病原，侵害皮肤、毛发和角质。小孢霉菌侵害皮肤和毛发，不侵害角质。两属皮肤真菌的孢子抵抗力很强，对一般消毒药有耐受性。被污染的猪舍和环境可用2%～5%氢氧化钠溶液或1%醋酸溶液消毒。

本菌对常用的抗生素均不敏感。制霉菌素、两性霉素B和灰黄霉素对本菌有抑制作用。常用沙堡氏培养基进行分离和培养。本菌为需氧或兼性厌氧，喜温暖潮湿，适宜生长温度为20℃～30℃，需4～21天才能生长。

【诊断要点】 第一，在自然条件下各品种、年龄的猪都可感染，尤以哺乳仔猪和保育猪最易感。传播途径为直接接触或通过被污染的媒介物而间接接触传染。本病一年四季均可发生，但以秋、冬季节多见。猪舍温暖、阴暗、潮湿、污秽，猪只拥挤有利于本病的传播。

第二，皮肤真菌根据自然居住地不同，可分为3类，即亲土壤性皮肤真菌、亲人类皮肤真菌和亲动物性皮肤真菌。猪的皮肤真菌病主要由亲动物性皮肤真菌引起，不仅在猪之间能互相传播，亦可在人、猪之间传染。

第三，本病发生的主要部位在眼眶、颜面部、背腹部，出现硬币大小圆形的癣斑（钱癣），或像地图样不规则的匍行疹。本菌只寄生于皮肤表面，一般不侵入真皮层，主要在表面角质层、毛囊、毛根鞘及其他细胞中繁殖，其代谢产物外毒素可引起真皮充血和水肿，使皮肤出现丘疹、水疱，一般不脱毛，但有黏性分泌物。本病给猪带来瘙痒，有不断摩擦患部、减食、消瘦、贫血等现象。

第四，本病发生在体表，有特征性的病变，可以一目了然，诊断本病并不困难。若要查看病原，可取病变部位的皮屑、癣痂或渗出物少许，置于载玻片上，滴加10%氢氧化钾溶液1滴，盖上盖玻片，用高倍显微镜观察，可见到分枝的菌丝体及各种孢子。

第五，另有一种与本病较为相似的“伪钱癣”，又叫玫瑰糠疹。此病原因不明，以长白猪多见，保育猪易感，在一大群保育猪中偶

尔能见到1～2头或3～4头，但不至于大流行。病变从小丘疹及棕色痂皮开始，起初仅限于腹部、腹股沟及大腿内侧，随后病变扩展成环状的痂皮斑，继而中央部位转为正常，周围变红凸起。2个或更多的病变连接为斑驳不齐的大理石状并延至腹侧、肛门及尾部，形似地图，十分难看。

许多病例显示，病猪的被毛没有脱落，也不会发痒。大部分病猪约经4周后都能逐渐痊愈，恢复正常皮肤。

【预防和治疗】

①预防　平时注意搞好猪圈的清洁卫生，发现病猪应对同舍、同圈的猪群进行全面检查，病猪及时隔离治疗，对被污染的环境进行清扫消毒。工作人员应注意防护，以免被感染。

②治疗　本病一般不需治疗，若要治疗可使用下列药物：水杨酸软膏，即用水杨酸6克、苯甲酸12克、敌百虫5克、凡士林100克，混合外用。或用石炭酸15克、碘酊25毫升、水合氯醛10毫升，混合外用。也可用氧化锌软膏、克霉唑癣药水等。

13. 疝(Hernias)　又称赫尔尼亚，是腹部的内脏从自然孔道或病理性破裂孔脱至皮下或其他腔、孔的一种现象。

【病因】　病因有先天性与后天性之分，先天性疝多见于仔猪，是因解剖孔先天性过大引起的，并与遗传因素(特别是公猪)有关；后天性疝常因外伤和腹压过大而发生。当猪的体位改变或人们用手推送疝内容物时，能通过疝孔还纳于腹腔的称为可复性疝；如因疝孔过小，疝内容物与疝囊粘连，或疝内容物嵌顿在疝孔内，使脏器遭受压迫，造成局部血液循环障碍，甚至发生坏死，称为嵌闭性疝。按照疝的发生部位，有脐疝、腹股沟阴囊疝和外伤性腹壁疝等，最常见的为脐疝。

脐疝是指腹腔脏器经脐孔脱出于皮下。疝由疝孔、疝囊、疝内容物等组成。疝孔是疝内容物及腹膜脱出时经由的孔道，疝囊是由腹膜、腹壁筋膜和皮肤构成，疝内容物多为小肠和网膜，有时是盲肠、子宫和膀胱。疝的构造模式见图 2-1。

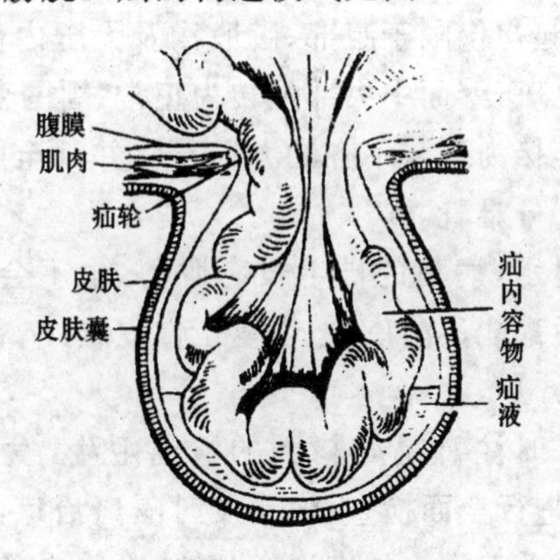

图 2-1　疝的构造模式

【诊断要点】 临床表现在脐部出现局限性、半球形、柔软无痛的肿胀，大小似鸡蛋、拳头以至足球大。将仔猪仰卧或以手按压疝囊时，肿胀缩小或消失，并可摸到疝轮（脐孔）。仔猪在饱食或挣扎时，脐部肿胀增大。听诊可听到肠管蠕动音。病猪的精神、食欲不受影响。但经久的病例可发生粘连，当腹内压增大时，脱出的肠管增多，也可发生嵌闭性疝。此时，病猪出现全身症状，极度不安，厌食、呕吐，排便减少，肠胀气或疝囊损伤、破溃化脓。若不及时进行手术治疗，常可引起死亡。

【预防】 先天性疝与遗传因素有关，受一对隐性基因控制，通过显性公猪对母猪的侧交，可发现携带隐性疝基因的公猪或母猪，应予淘汰，这是唯一的预防措施。

脐疝的另一个发生原因，可能与仔猪出生时断脐方法错误有关。如强行拉断脐带，可导致腹膜和该部位肌肉破损，为以后脐疝的形成带来隐患，应引起注意。

【治疗】 手术治疗是一种可靠、常用的方法，但要求早期进行，在没有发生粘连的情况下才能获得良好的效果。手术步骤如下。

①术前准备　病猪术前停食1～2餐，以降低腹压，便于手术。

②保定　做好保定工作十分重要，保定的方法有很多，可自制简易的保定床对手术猪做仰卧保定，也可利用梯子将手术猪的后肢倒挂在梯子上保定。

③麻醉　用0.25%盐酸普鲁卡因注射液做局部浸润麻醉。

④切开疝囊　患部剃毛消毒，小心地纵向切开皮肤，钝性分离，将肠管送回腹腔，多余的囊壁及皮肤做对称切除。

⑤闭锁疝轮　疝环做烟包缝合，以封闭疝轮。肌层用结节缝合，撒上青霉素、链霉素或其他抗菌药物，然后再缝合皮肤，外涂碘酊消毒后即可。

⑥术后护理　病猪应饲养在干燥清洁的猪圈内，喂给易消化的稀食，术后1～2天内不要喂得太饱。限制剧烈运动，防止腹压过高。

14. 真菌毒素中毒(Mycotoxicocis)　在自然环境中，真菌的种类很多，有些真菌在生长繁殖过程中能产生有毒物质。目前已知的真菌毒素有100种以上，最常见的有黄曲霉毒素、镰刀菌毒素和赤霉菌毒素等。在猪的饲料中，如玉米、大麦、糠麸、棉籽及豆类制品中，如果温度(28℃左右)和湿度(相对湿度80%以上)适宜，这些真菌就会大量繁殖，猪吃了这些含有毒素的饲料后，就会引起中毒。临床上以神经症状为特征，各种猪都可能发生，以仔猪和妊娠母猪较敏感。

对于发霉饲料中毒的病例，临床上常难以确定为何种真菌毒素中毒，往往是几种真菌毒素协同作用的结果。

【诊断要点】　第一，本病常发生于春末、夏季和初秋，常在猪吃了某批饲料后出现大量病例，通常出现神经症状，如转圈运动、头弯向一侧、头顶墙壁，数日内死亡。病程稍长的出现腹痛、下痢，迅速消瘦，妊娠母猪引起流产及死胎等一般症状。由于毒素的种类不同，临床表现还随受毒害猪的年龄、营养状况、个体耐受性、接受毒物的数量和时间不同而有区别。

第二，黄曲霉毒素属于肝脏毒，猪中毒后以肝脏病变为主要特征，同时也破坏血管的通透性和毒害中枢神经系统。病猪主要表现为出血性素质、水肿和神经症状。

第三，赤霉菌毒素中毒，主要引起猪的性功能紊乱，由于毒素从尿液中排出，还可刺激病猪的阴道、阴门，引起炎性水肿。此外，对中枢神经系统也有兴奋作用，出现神经症状、呕吐及广泛性出血。

第四，确诊为何种毒素中毒，主要靠临床调查研究和病变分析。若必须确诊，则需要将可疑饲料样品送至有关单位检验。

【预防和治疗】 第一，配合饲料一次不能进货过多，玉米、饼粕类切勿放置于阴暗潮湿处，发现霉变的饲料应废弃为宜。一旦发现可疑病例，应立即改换新鲜日粮，对病猪加强护理。

第二，本病无特效解毒药物，通用解毒方法是静脉注射5%糖盐水200～500毫升、5%碳酸氢钠注射液100毫升、40%乌洛托品注射液20毫升，或口服盐类泻剂硫酸钠50克等。镇静剂可用氯丙嗪（2毫克/千克体重）、安溴合剂（10%溴化钠注射液10～20毫升，10%安钠咖注射液2～5毫升）静脉注射。

第三，防止饲料霉变，可在饲料中添加防霉剂，若饲料已经霉变可添加真菌毒素吸附剂，其种类很多，不一一介绍。

15. 小袋纤毛虫病（Balantidiosis） 猪小袋纤毛虫病的病原是结肠小袋纤毛虫，寄生于猪大肠内，可引起猪的腹泻。人也可感染。本病流行于世界各地，尤其热带和亚热带地区的猪感染较普遍。

【诊断要点】 第一，结肠小袋纤毛虫的滋养体在宿主肠道内以纵分裂法增殖，并形成包囊，随粪便排出，猪因吞食了被包囊污染的饲料和饮水而感染。本病原除感染人、猪外，还能感染多种动物，但对猪的危害最严重，特别是仔猪。多发生于冬、春季节，

在饲养管理条件较差的猪场，可呈地方流行性。

第二，主要发生于保育期的仔猪，病猪表现为腹泻，粪便呈泥状，混有黏液及血液，有恶臭，严重的可引起仔猪死亡。成年猪一般无明显症状而带虫。

第三，粪便检查可取新鲜粪便加生理盐水稀释，制成涂片镜检，可见活动的虫体。冬天可用温热的生理盐水稀释。死后剖检时，可做肠黏膜涂片检查，虫体大小为 50～200 微米×30～100 微米，虫体内有 1 个大的肾形核和 1 个小的圆形核。包囊近圆形，直径 40～60 微米。

【预防和治疗】

①预防　改善饲养管理条件，保持饲料和饮水的清洁卫生，及时隔离和治疗病猪。

饲养人员要有自我保护意识，注意个人的清洁消毒和饮食卫生。

②治疗　可用伊维菌素 10～15 毫克/千克饲料，连服 3～4 天，有防治作用。或用土霉素 500～1 000 毫克/千克饲料，连服 3～4 天。

16. 肺炎(Pneumonia)　肺炎是一种常见的疾病。按其病因可分为传染病(猪肺疫、气喘病、传染性胸膜肺炎等)、寄生虫病(蛔虫病、肺丝虫病等)和普通病(受寒感冒、理化因素刺激、异物性肺炎等)引起的 3 种情况，这里主要介绍因普通病引起的肺炎。

【诊断要点】

①急性肺炎　个别病猪突然表现体温升高，达 41℃以上，精神委顿，食欲减退或废绝，以呼吸道的症状最明显，病猪频发短痛的咳嗽，呼吸急促或困难，有时张口流涎，流鼻液(初为白色浆液状，后变黏稠，呈黄白色)。这是一种大叶性肺炎病变的特征。其发生原因往往与饲养管理不当有关，如受寒感冒、长途运输、气候骤变等应激因素的影响。

②慢性肺炎　病程较长，主要表现为咳嗽、气喘或呼吸困难，

体质瘦弱，体温一般正常，属于小叶性肺炎（个别肺小叶或几个肺小叶的炎症）。通常是各种物理、化学因素刺激引起的。肥育猪还可能发生异物性肺炎，主要是因长期吃粉末饲料，将异物吸入气管和支气管造成的。

以上病症若通过病理剖检，可以一目了然。但要判断是原发病灶还是因细菌感染而继发，还需通过病原菌分离后才能确诊。

【预防和治疗】

①平时预防　平时应注意气候的变化，在寒冷季节要防止贼风的侵袭，改善饲养管理等。

②抗菌药物治疗　以 50 千克体重的病猪为例，可用阿莫西林 0.5 克、链霉素 1 克，肌内注射，每日 1 次，连用 3 天。或卡那霉素 0.5 克，每日 2 次，肌内注射，连用 2～3 天。亦可用泰妙菌素、氟苯尼考、头孢噻呋等药物，均有疗效。

③对症治疗　制止渗出和促进炎性渗出物的吸收和排除，可用 10%氯化钙注射液或 10%葡萄糖酸钙注射液 10～20 毫升，静脉注射，每日 1 次。当病猪频发咳嗽而鼻液黏稠时，可口服祛痰剂，如氯化铵 1～2 克，碳酸氢钠 1～2 克，两药混合，一次灌服，每日 3 次，连用 2～3 天。病猪体质衰弱时，用 25%葡萄糖注射液 200～300 毫升，静脉注射。病猪心力衰竭时，可用 10%安钠咖注射液 2～10 毫升，皮下注射。

17. 圆环病毒病（Porcine circovirus，PCVD）　猪圆环病毒病最早于 1991 年在加拿大首次报道，接着美国、法国、西班牙、意大利等欧美国家相继发现。1998 年以来，日本、韩国、印度尼西亚等亚洲国家陆续有本病的报道。当前已在全世界范围内发生与流行，已被各国的兽医与养猪业界公认为是继蓝耳病之后又一种新发现的重要猪传染病，其发病机制可能类似艾滋病，是可以引起多种临床症状的疾病。

本病病原为猪圆环病毒。在分类学上属于新的 DNA 圆环病

毒科、圆环病毒属，即小环状病毒属，这是由国际病毒分类委员会第六次学术报告会上命名的，根据该病毒的致病性、抗原性和核苷酸序列不同，可分为 2 个血清型，圆环病毒 1 型对猪无致病性，圆环病毒 2 型对猪有致病性，圆环病毒 2 型病毒粒子呈环状，无囊膜，直径 12～23 纳米，为单链 DNA，共含有 1 767～1 768 个核苷酸，是圆环病毒科、圆环病毒属成员。病毒的复制机制包括产生双链 DNA 的中间体，又被称为复制形式(RF)。RF 编码病毒(Rep 基因或 ORF1)和互补链(Cap 基因或 ORF2 和 ORF3)的基因。单纯感染本病原病状并不严重，但能使病猪的免疫组织细胞受损，导致机体免疫抑制，易并发或继发其他疾病，使病情变得更加严重和复杂。经流行趋势分析，预测圆环病毒 2 型相关疾病在我国极有可能成为今后相当长一段时间内危害养猪业的主要疾病之一，要做好“与圆共舞”的思想准备。在生猪的养殖过程中必须小心、周到，任何一个环节的疏忽，都有可能促成圆环病毒 2 型相关疾病的暴发。有关本病的许多问题，至今还未完全搞清楚，目前也没有适合的疫苗和药物。因此，呼吁有关部门对本病的研究应该引起高度的重视。

血清学检查结果表明，猪群中本病的阳性率很高，一些外表健康的猪也可能带毒、排毒，在用猪源的肾传代细胞中，常可发现本病毒，但不产生细胞病变。由于圆环病毒 2 型没有囊膜，对外界环境和某些消毒药有较强的抵抗力。

有关资料表明，其实圆环病毒 2 型是一种早已存在的病毒，已有证据显示圆环病毒 2 型在 20 世纪 60 年代就已经在欧洲流行，过去认为对猪不致病，故未能引起足够的重视，而当今其相关疾病的暴发与流行却变得越来越严重和普遍了，原因何在，众说纷纭，同时对于本病毒的感染和致病的分子机制、病毒的免疫特性及免疫保护的分子机制、病毒遗传变异特征等诸多问题，都有待于进行深入和系统的研究。

本病可引起断奶仔猪多系统衰竭综合征(PMWS)及一些相关疾病,如猪皮炎与肾病综合征(PDNS)、猪呼吸道疾病综合征(PRDC)、繁殖障碍、仔猪先天性震颤和猪高热综合征等。

(1)猪圆环病毒病　诊断要点如下。

第一,本病只感染猪,并有明显的年龄特征,对于5～16周龄的猪,尤以6～9周龄的猪(保育中、后期)最易感染,其他日龄的猪,一般是呈隐性感染,但可带毒、排毒,成为传染源。

第二,本病一年四季都可发生,但以寒冷季节的发病率较高,在易感猪群中的发病率为5%～30%,病死率(包括淘汰)为5%～50%。本病发生与否,似乎与猪场的条件无关,因为本病无孔不入,在流行地区几乎无一猪场能够幸免,但发病率和病死率的高低却与猪场的管理和兽医卫生水平有关,若是发病率高于30%,病死率高于50%,则肯定有其他严重疾病的并发,如猪瘟等。

第三,本病的发生和流行与多种应激因素有关,常见的有免疫刺激(佐剂、疫苗)、环境影响(舍内小气候过冷、过热或温差过大,潮湿、拥挤、氨气浓度高等)、管理不善(并群、运输、饲料霉变、卫生不良、滥用药物、饲养员业务不熟悉等)以及并发或继发感染蓝耳病、猪瘟、伪狂犬病、副猪嗜血杆菌病、气喘病、链球菌病、附红细胞体病等。

第四,主要症状是食欲减少、消瘦、呼吸困难、皮肤苍白、被毛脏乱、扎堆而卧、不愿活动、咳嗽,根据并发症的不同,有的四肢关节肿大,有的体温升高,有的皮肤出现斑点、痂块,以及出现腹泻、神经症状等多种表现。

第五,特征性的病变在肺,水肿、充血、淤血实变、支气管和细支气管纤维化和肉芽肿,色泽斑驳、呈橡皮状,根据并发症不同有的还出现气喘病、胸膜肺炎和副猪嗜血杆菌病的病变。淋巴结水肿,特别是腹股沟淋巴结肿大数倍。有的脾肿大、肝硬化、肾水肿,盲肠、结肠黏膜充血或淤血。

第六，确诊有赖于实验室检查，当前常用的、准确而又快速的方法是聚合酶链式反应技术或核酸探针、免疫荧光试验等，可采取肺、脾、淋巴结等病料送至有关单位检测。

防治措施如下。

第一，培育好哺乳仔猪和保育前期的仔猪，做到适时断奶，防止黄、白痢病的发生，给予高质量全价的乳猪饲料，使仔猪尽早建立主动免疫力，增强非特异性免疫功能，只有强壮的仔猪才能抵抗本病。

第二，重视并加强对常见并发感染疾病的免疫接种。业已证实，蓝耳病、细小病毒病、伪狂犬病、链球菌病、气喘病等常与本病并发或继发感染。因此，对生产母猪和新生仔猪接种相应的疫苗，尽可能减少或避免并发感染，可降低本病的危害，有利于本病的康复。

第三，做好本病的免疫接种。近年来，我国的科技工作者已研制出适合我国国情的猪圆环病毒 2 型灭活疫苗，现已供应市场，用户反映良好，值得推广使用。

第四，人工被动免疫。即用本场健康的肥育猪或淘汰的健康老母猪（经自家苗或感染物质主动免疫的猪更好）的血清，对断奶仔猪进行人工被动免疫接种，有一定的防治效果，但必须用本场的猪供血。实施上述第三、第四项措施的猪场，应注意需具备一定的技术和试验条件。

第五，综合防治措施包括以下几点：①保育猪舍要实行严格的全进全出制度。②不要将不同来源的猪混群饲养，也不能将不同月龄的猪合并在同一猪圈内。③适当降低保育猪（特别在保育后期）的饲养密度。④重视猪场的生物安全措施，减少或避免环境应激因素（温度、湿度、贼风和有害气体等）。⑤做好猪场平时的防疫卫生工作，如免疫接种、驱虫、药物防治等，确保猪群呈现健康稳定的免疫状态。⑥合理进行临时消毒和空气消毒，将病猪淘汰后，对其所在的猪圈，要进行带猪消毒，对猪舍要进行空气消毒。

第六，药物防治。任何药物对本病毒都没有作用，但可试用黄芪多糖注射液，它能诱导猪机体产生干扰素，促进抗体形成，有一定的防治作用。为了防治细菌性疾病的继发感染可在饲料、饮水中添加抗菌药物，对于病情严重的病猪应肌内或静脉注射抗菌药物，同时配合对症治疗。

如对断奶仔猪的饲料中添加林可霉素 100 毫克/千克、金霉素 300 毫克/千克、阿莫西林 250 毫克/千克，连用 10 天为 1 个疗程。此外，强力霉素、氟苯尼考、替米考星及若干磺胺类、喹诺酮类的药物都可以试用，但效果都不尽如人意，难怪有人戏谑地称本病为“猪消耗金钱综合征”。

(2)皮炎与肾病综合征(PDNS)　本病是近年来出现在猪场中的一种新病，其真正的病原还不清楚，把它列入断奶仔猪多系统衰竭综合征中的原因大概是因为其常出现在患断奶仔猪多系统衰竭综合征的猪群中。同时，在病猪体内检出了圆环病毒 2 型抗原或核酸，还用微量血清学方法检出了圆环病毒 2 型抗体。

皮炎与肾病综合征多发生于体重在 20～60 千克的猪，尤以 10～15 周龄的猪多见。本病最明显的特征是在皮肤上大面积出现形状和大小不等的紫红色斑块，最明显的部位为后腿、臀部、会阴部和耳部，有时可延伸到腹部、胸部和前腿，以至覆盖全身，几天后损伤变成褐色硬壳脱落。急性型病猪除在皮肤上有大小和形状不同的红色和紫红色斑块外，在肢体和眼睑周围可见有水肿和渗出物，浅表淋巴结肿胀，其腿部水肿导致跛行。感染严重者引起食欲下降和消瘦，并发其他疾病或形成僵猪，甚至死亡。

有人认为，本病是一种免疫复合物介导的疾病，类似于人的红斑狼疮病，其皮肤的异常反应就是免疫系统异常刺激反应的结果，在显微镜下看到的血管壁大面积损伤，提示可能存在抗原抗

体反应，损伤可能是血管壁对血流中某种物质产生的变态反应。也可能是由于圆环病毒感染异常性产生的抗原-抗体复合物沉积在皮肤、肾脏上所致（堵塞皮肤毛细血管和肾小管所致的Ⅲ型超敏反应）。另外，猪繁殖与呼吸综合征病毒等也可引发猪皮炎与肾病综合征。

饲料中存在真菌毒素是本病一个主要的诱发因素。猪只长期摄入真菌毒素时，机体的免疫功能和抵抗力降低，较容易发生本病。春、夏季节是真菌活动较活跃的时期，猪皮炎与肾病综合征发病率较高，与真菌毒素是否有一定的关系，值得进一步研究和探讨。

猪场饲料条件差，猪群转栏和混群频繁，猪群饲养密度大，猪舍湿度和温度过高、通风不良，均能使本病发病率升高；当猪场存在本病时，接种灭活疫苗后的保育猪本病的发病率也会上升。

本病一般不需要治疗，大部分病猪都能痊愈，但要求猪圈保持清洁、干燥。

（3）繁殖障碍　在断奶仔猪多系统衰竭综合征流行的猪场中，有时见到妊娠各个阶段的母猪流产，虽然导致流产的原因很多，但在本病污染的猪场中从流产胎儿的心脏内分离到圆环病毒2型，而且应用聚合酶链式反应技术从种公猪的精液中也发现了圆环病毒2型的存在，进一步研究还发现胚胎的心脏是圆环病毒2型增殖的主要场所，同时在流产胎儿的心脏见到各种形式的心肌炎，由此人们怀疑圆环病毒2型对猪的繁殖障碍起到作用，还有人提出蓝耳病病毒仅在妊娠后期才可通过胎盘，所以流产只发生于妊娠后期，而感染圆环病毒2型则可引起妊娠各个时期发生流产。

本病的特点是常见于初产母猪和新引进的母猪发生流产、死产、木乃伊胎，同时哺乳仔猪的死亡率上升，流产胎儿可见到心肌炎。

主要防治措施是淘汰带毒的种用公、母猪。

18. 腺病毒感染（Porcine adenovirus infection） 腺病毒于1964年在美国首次分离获得，并经血清学、流行病学调查结果表明：猪腺病毒感染在欧、美各国的猪群中广泛存在，我国也有本病的报道。

【病因与传播】 腺病毒感染可引起仔猪的肺炎、脑炎、肾炎和腺炎等复杂的病变，但也有人从猪瘟病猪的组织中以及外表健康猪的体内分离到猪腺病毒。因此，该病毒作为一种原发性病原还是继发性、隐性感染的疾病，尚未完全明确。

猪腺病毒的基本特征与腺病毒科的其他病毒相似，病毒粒子近似球形，无囊膜，基因组为双股DNA，猪腺病毒易在猪肾细胞以及其他哺乳动物细胞上生长，其细胞病变具有典型腺病毒的特征，可见到嗜酸性核内包涵体，用交叉中和试验可将猪腺病毒区分为4个血清型。

【诊断要点】 第一，本病只感染猪，对断奶前后的仔猪危害较大，若单纯感染本病，也许症状不甚明显，如果被感染的猪患有气喘病、胸膜肺炎及蓝耳病等慢性或隐性感染的疾病，可能激发本病，加重病情。

第二，自然感染主要经消化道或呼吸道传播，病原通过粪便、分泌物等途径，污染环境、饲料和水源。

第三，主要症状为呼吸困难、共济失调、肌肉震颤、厌食和肠炎等，从病变组织中可分离到腺病毒。

第四，本病没有特征性的病理变化，通常可见到肺膨胀不全，有间质性肺炎，肾脏表面有出血性淤斑，肠有出血性炎症，确诊有赖于聚合酶链式反应等先进的诊断技术。

【防治措施】 猪腺病毒感染尚缺乏深入的研究，在我国对本病的报道不多，目前还没有特异的防治疫苗和药物，常规的综合性防疫措施都适用于本病。

19. 副猪嗜血杆菌病(Hacm Phius Parasuis,HPS)　副猪嗜血杆菌(HPS)并非是一种新发现的菌株,而副猪嗜血杆菌病却是一个新病,可能是由于近年来猪蓝耳病、圆环病毒病等免疫抑制性疾病感染后,诱发了本病,引起了仔猪多发性浆膜炎(Giasser 氏病)和支气管肺炎,本病原在仔猪呼吸道疾病综合征中扮演着重要的角色。

副猪嗜血杆菌在巧克力琼脂培养基上培养 48～72 小时后生长贫瘠,形成光滑、半透明、直径约 0.5 毫米的菌落,在巧克力琼脂培养基上于葡萄球菌周围,生长明显增大,直径达 1～2 毫米。本菌的形态为单个球杆菌到细长的丝状菌体,呈多形态,不溶血、不运动、有荚膜,目前已知有 15 个血清型,我国以 4 型、5 型为主,该菌为巴斯德菌属成员,因此许多特性与巴氏杆菌相似。

【诊断要点】　第一,本病主要危害猪,2 周龄至 4 月龄的猪都可感染,尤以 5～10 周龄的保育猪易感,各种应激因素是诱发本病的重要条件,如气候的冷、热,环境的潮湿、拥挤、混群,饲料霉变等。本病还常与蓝耳病、圆环病毒病、胸膜肺炎等疾病混合感染。

第二,病初病猪食欲逐日减少,身体渐渐消瘦,体温有所升高,皮肤苍白,被毛粗乱,有的膝关节肿大,有的耳、尾、下腹部皮肤发紫,特征性的症状是扎堆而卧、喘气困难、腹式呼吸,抗菌药物治疗效果不佳,病死率达 50%以上,耐过者大部分成为僵猪。

第三,主要病变在肺部,呈现不同程度的充血、出血、淤血、水肿、气肿和突变,表面有大量纤维素性渗出物,并波及心、肝和肠管表面,有的发展成脓性、干酪样病变;同时,出现胸腔、心包和腹腔积液、淋巴结肿大,尤以腹股沟淋巴结肿大最为明显,这些具有诊断价值的病变使人一目了然。

第四,本病常用的实验室诊断方法是细菌的分离、培养和鉴定,或做聚合酶链式反应技术检测。确定本病原并不困难,但要确诊本病是原发还是继发,则较麻烦,需综合分析。

【预防】 ①首先要控制原发或继发疾病，如蓝耳病、圆环病毒病、气喘病、伪狂犬病、传染性萎缩性鼻炎、传染性胸膜肺炎等，同时还要避免各种应激因素。②要重视猪舍的卫生消毒工作，特别是产房和保育猪舍，要做到全进全出，才能彻底进行消毒。③药物预防。多种抗菌药物对本菌都有杀灭或抑制作用，如阿莫西林、替米考星、氟苯尼考、头孢噻呋、泰妙菌素、磺胺类药物配合甲氧苄啶、泰乐菌素等药物单种或数种或复合制剂均可使用。例如，给断奶仔猪每吨饲料中添加泰妙菌素 500 克，同时配合在每吨饮水中添加阿莫西林 150 克，连用 1 周。④免疫接种。本病严重的猪场，可接种副猪嗜血杆菌灭活苗。

【治疗】 ①首先，要将病猪隔离到环境条件优越的隔离病猪舍，同时要给予适口性好的饲料。②病猪要早发现、早治疗，疗效才好。③选用敏感的抗菌药物或平时未用过或很少使用的抗菌药物，避免产生耐药性；同时，要配合使用抗病毒药物，如转移因子、干扰素、黄芪多糖、胸腺素等。根据病情还要适当进行对症治疗，如平喘止咳、强心补液等，可用头孢噻呋注射液，每千克体重肌内注射 5 毫克，每日 1 次，连用 5 天。或氟苯尼考注射液，每 10 千克体重肌内注射 1 毫升，每日 1 次，连用 3 天，配合地塞米松注射液等。

20. 呼吸道疾病综合征（PRDC） 是危害当前养猪业的主要疾病之一，在以往有关猪病的书籍中介绍较少，但也不能将本病归纳为一种新的疾病，因为它是由多种病因侵害呼吸系统导致的一种综合征。

【病因】 我们曾对全国数十个猪场中数百份呼吸道疾病综合征的病料进行抗原检测，主要使用聚合酶链式反应技术对部分细菌做分离、培养和鉴定，结果在 1 份病料中少则检出 2～3 种病原，多的检出 5～6 种病原，综合各地分离的病原主要有蓝耳病病毒、圆环病毒 2 型、流感病毒、伪狂犬病毒、猪瘟病毒、腺病毒、肺

炎支原体、副猪嗜血杆菌、巴氏杆菌、链球菌、支气管败血波氏杆菌、弓形虫、附红细胞体等，其中以蓝耳病病毒和圆环病毒2型的检出率最高。研究结果也证实这两种病原是猪呼吸道疾病综合征的罪魁祸首，可引起猪的免疫功能下降，抵抗力减弱，导致各种病原菌乘虚而入。

【诊断要点】　第一，本病往往发生于蓝耳病暴发流行之后疫情相对稳定的猪场，以2～4月龄的保育后期猪或肥育初期的青年猪最易感，没有季节之分，但不同猪场的发病率高低有所不同，即使同一猪场不同批次的猪或不同猪舍的猪，其发病率的高低也有差别，一般为5%～20%，病死率和病淘率达70%左右，也有少量病猪能自愈，病程2周左右，常规治疗疗效很差。

第二，特征性的症状是呼吸困难，腹式呼吸，流鼻液、咳嗽、眼结膜炎、分泌物增多，病猪精神沉郁、采食量下降或无食欲，生长缓慢或停滞，消瘦，被毛粗乱、扎堆而卧，慢性病例在保育舍内已经形成。急性病例体温升高(40℃～42℃)，不同个体高低不一，同一病猪早、晚也有差别，使用退热药或某些抗菌药物之后，体温即会下降，但不久又会反弹。有的病猪皮肤发红或苍白，有的耳尖、后臀部皮肤呈紫色，有的腹泻，有的膝关节肿大，呈跛行。

第三，剖检的主要病变在肺部，支气管和细支气管纤维化和肉芽肿，表现增生性和坏死性肺炎，呈花斑肺，淋巴结肿大，尤其是腹股沟淋巴结肿大数倍。其他病变因不同猪场或不同个体而有差异，如有的表现典型的副猪嗜血杆菌病的病变，有的有气喘病的病变，有的则呈胸膜肺炎病变，还有少数猪表现肝硬化或肝有坏死灶，有的肾表面有小点出血或斑点，有的肠道有出血性炎症等。

【诊断和预防】　本病的诊断并不困难，主要发生于青年猪，以呼吸道的症状和病变为主，究竟有几种并发症，也不必去追究，但要注意是否有猪瘟的感染，这对制订防治措施十分重要，必要时可采取病料送实验室检查。本病的预防参考蓝耳病和圆环病毒病。

【治疗】 我们在对猪呼吸道疾病综合征的临床诊治过程中体会到，本病并非不治之症，只要排除猪瘟的并发或继发感染，有些病猪是能治愈的，从本病隔离的病猪群中，据初步统计大约有30%的病猪不予治疗也能自愈，另有20%的病猪经一般的治疗（口服或肌内注射抗菌药物）也可痊愈，还有20%的病猪因形成僵猪而被淘汰，约30%的病猪死亡。

我们认为若能改善护理条件，精心喂养病猪，提高医疗水平，合理使用药物，可使病猪的治愈率提高一个台阶。

病猪的治疗方法可分为群体治疗和个体治疗，对于群体治疗，在许多病的防治中都有介绍，即在猪的饲料或饮水中添加各种抗菌药物，如阿莫西林、强力霉素、泰乐菌素、氟苯尼考等，不一一详述。

①死因分析

脱水：由于病猪呈现高热，水分蒸发较多，饮水量减少（体质衰弱无力饮水），因此病程较长的病猪表现消瘦、无力、眼窝下陷、皮肤缺乏弹性、排尿减少、血液黏稠。

败血症：由于病原微生物的感染和机体的防御功能减弱，导致病原体侵入血液并在血流与组织器官中生长、繁殖，产生毒素引起全身中毒症状，病猪表现体温升高，皮肤和脏器呈现充血、出血、淋巴结肿大等病变，有的病猪虽经抗菌药物治疗，但因治疗方法错误或产生耐药性，导致治疗失败而死亡。

衰竭：本病病程较长，达2周左右，病猪食欲下降或废绝，日益消瘦，步态不稳，导致营养衰竭。有的心、肺病变严重，呼吸极度困难，从而引起心、肺功能衰竭。有的发生肝硬化，有的发生肾脏发炎，从而导致肝、肾功能衰竭。此时，若对病猪的病情不做具体分析，不进行对症治疗，而是大量使用抗菌药物，只能加速病猪

的死亡。

酸中毒：正常猪血浆的 pH 值为 7.35～7.45，若是病猪的心肺发生严重病变，不仅表现呼吸困难，还能使肺泡换气不足，体内的二氧化碳不能充分排除，或二氧化碳吸入过多，引起血液中碳酸浓度增高，引起呼吸性酸中毒；亦可能由于病猪长期发热、腹泻、肝肾功能不全等原因而导致代偿性的酸中毒，并表现昏迷、无力、扎堆而卧，若忽略酸中毒，而盲目使用抗菌药物，病猪必死无疑，若能对症注射碳酸氢钠，则药到病除。

②个体治疗

治疗原则：发现病猪应立即送至隔离猪舍(圈)进行治疗，隔离舍要求做到冬暖夏凉，清洁干燥，环境安静、舒适，饲料既要适口性好，又要营养丰富。俗话说："七分护理，三分治疗"，说明护理工作对病猪康复的重要性。对于病猪要逐一检查分析，那些病程较长、体质瘦弱、症状严重、病入膏肓、治疗无望的病猪要趁早淘汰，决定治疗的病猪则要因猪施治，订出方案，认真治疗。

治疗方法：病猪的治疗方法很多，包括药物的确定，剂量的计算，给药途径的选择以及疗程等，在此简要介绍笔者的体会，供参考。

补液：对于高热不退、病程较长、食欲不佳、体质较弱的病猪，静脉滴注 5%糖盐水 500～1 000 毫升，每日 1 次，连用数天，可增强机体的解毒能力和心肌的功能，同时也可作为许多药物的稀释液和载体直接输入到体内。

抗菌消炎：当病猪出现败血症的症状，疑为细菌感染或并发症时，可选择适合的抗菌药物，随补液一同静脉滴注。

纠正酸中毒：当病猪高热不退，扎堆昏睡，呼吸困难等症状出现数天后，往往会出现酸中毒，需要 5%碳酸氢钠注射液 100～200 毫升，随补液一同静脉滴注。

缓解呼吸困难：病猪气喘难受，腹式呼吸明显时，可使用平喘药如氨茶碱，一次用量为0.25～0.5克，随补液一同静脉滴注，此时也可酌情选用异丙肾上腺素或盐酸麻黄碱注射液等。

增强心肌收缩功能，促进代谢：若病猪耳尖等处皮肤发紫，心跳加快，应该选用强心药，如安钠咖、樟脑磺酸钠、盐酸肾上腺素注射液等。

加速消除炎症，促进代谢：当病猪的体温恢复正常后，可使用可的松或地塞米松等注射液，以增强机体的抗毒、抗休克、抗过敏功能。

纠正代谢障碍，增强肝功能：可随补液滴注三磷酸腺苷(ATP)、辅酶A、肌苷等注射液，能增加病猪食欲，改善消化功能。

当疾病进入康复时期可适量补充维生素C、维生素B_1等维生素制剂以及钙制剂、复合氨基酸等制剂，有利于病变组织器官的恢复，增强机体的抵抗力。

根据病猪的体质状况和病情的发展，有时还要适当配合使用镇静药、止泻药、健胃药、泻药等。

三、后备猪和肥育猪(70～250日龄)

(一)后备猪的生理特点与管理要点

从保育舍进入后备种猪舍的猪，需经畜牧兽医技术人员选育和检疫合格后方能入舍。随着日龄的增长，后备母猪将会出现发情的征象，小公猪也开始爬跨，进入初情期后要注意公、母猪分开饲养，避免早配、早孕。

后备种猪适合平地圈养，每个猪圈不宜超过10头，当猪群进入本舍时，就要进行调教，使吃、喝、拉、睡四点定位。为了保持猪圈的干燥、清洁，平时禁用水冲圈，每日打扫猪圈2次，及时清除粪便。

为了预防繁殖障碍的传染病，在这期间种猪要接种多种疫苗，如流行性乙型脑炎、细小病毒病、伪狂犬病、猪瘟、蓝耳病等疫苗，还要驱除体内外寄生虫，兽医人员应做好以上工作。

后备母猪正处于生长发育的阶段，需要提供全价饲料。为了避免后备母猪养得过肥，日粮中的能量应比肥育猪日粮能量低10%，蛋白质和其他营养成分大体与肥育猪差不多，俗话说："空怀母猪八成膘，容易怀胎产仔多"。

种用母猪通常于8月龄左右配种，母猪妊娠后，可采用单体限位饲养，即单个母猪栏饲养。其优点是能提高猪舍的利用率，便于观察母猪饮食和健康状况，以利于合理喂料，也可避免机械性伤害引起的流产。

(二)肥育猪的生理特点与管理要点

仔猪离开保育舍后，大部分都要作为商品肉猪进行肥育，目前我国许多规模化猪场普遍推行杜(杜洛克)×长(长白)×大(大约克夏)的所谓"洋三元"杂交猪。其断奶仔猪要比纯种或一般的杂种仔猪增重快、饲料省、出栏早、瘦肉多、肉价高、效益好。因此，在繁育或选购肥育猪时，应注意这一点。

肥育猪实行平地圈养，每圈饲养的头数视具体条件而定。一般每圈可养10～30头，进圈时要按体重大小、体质强弱、来源和性别分别编群，分圈后一直养到出栏，没有特殊情况不得重新合群，以免相互斗殴咬架。

肥育猪较耐寒，即使在冬季也可利用猪体散发的热量，不必另行增温，只要注意适时关闭门窗，防止贼风吹入。但在夏季怕热，当气温超过30℃以上时，要采取加大通风、搭凉棚、减少猪圈容猪头数等防暑降温措施。

肥育猪舍要求清洁、干燥，当猪群进入本舍时就要进行调教，使吃、喝、拉、睡四点定位。为了保持猪圈干燥，平时不必用水冲圈，只要打扫干净就行了。

“洋三元”杂交猪生长快，发育迟，小公猪应于断奶前后去势，小母猪不必阉割。肉猪在断奶之后的体重累积生长呈“S”形曲线，而日增重则呈“弓”形曲线。在断奶后，体重生长较平衡，至120日龄开始加快，在150～180日龄时达到生长高峰，以后生长逐渐缓慢。肥育猪一般养至80～100千克出售较为合算。

肥育猪可让其自由采食，提供足够的饮水，饱饲可使个体的遗传潜力得到充分的发挥。但在后期为了节省饲料，可适当限饲。俗话说“难养三十，易养一百”，就是指在15千克以内的仔猪较难养，而50千克以上的肥育猪容易饲养。每日早晚和喂料时应注意观察猪群的健康状况。

（三）后备猪和肥育猪常见病的诊治

1. 猪肺疫（Pasteurellosis suum） 是由猪型多杀性巴氏杆菌引起的人和多种动物共患的传染病，又称猪巴氏杆菌病。猪感染后呈现急性败血症和炎性出血过程，故又名猪出血性败血病（简称出败）。本病分布很广，世界各地均有发生，并常常与一些呼吸道疾病（如接触传染性胸膜肺炎等）并发或继发感染。

【病因与传播】 多杀性巴氏杆菌为革兰氏阴性小杆菌，无芽孢，有荚膜，将病料（如肝脏、脾脏或心血）触片或涂片经美蓝等染色后镜检，可见到菌体两端着色较深，但经人工培养后，这种特性消失。本菌对培养基的营养要求较高，需在马丁肉汤或血液（血清）琼脂培养基上才能良好地生长。

本菌按菌株间抗原成分的差异（即菌体抗原和荚膜抗原），可分为若干血清型，猪以5∶A和6∶B为主。

本菌存在于病猪全身各组织、体液、分泌物及排泄物中，只有少数慢性病例存在于肺脏的小病灶里。健康猪有时也能携带本菌，据报道，有30.6%的健康猪从鼻腔、喉头、扁桃体内分离到巴

氏杆菌。在各种应激因素的作用下，猪的抵抗力减弱，便可引起内源性感染。

多杀性巴氏杆菌对外界环境和物理、化学因素的抵抗力不强，在寒冷的冬季，在病死猪尸体内的病菌能生存2～4个月；在直射阳光下，暴露的细菌很快死亡；在常温下，猪粪中的细菌4天内死亡。常用的消毒药均能在短时间内杀死该菌。

【诊断要点】 第一，本病呈散发流行，以青年后备猪易感染。一般认为在发病前已经带菌，当猪在长途运输、气候剧变、拥挤、闷热、阴雨潮湿、患寄生虫病、饲料突变和营养缺乏等诱因的作用下，猪的抵抗力下降，而病菌的致病力增强时，便可引起内源性感染。一旦存在传染源后，从病猪体内排出毒力较强的病原，就可能经消化道、呼吸道或吸血昆虫刺蜇传播本病。

第二，最急性型见于流行初期或新疫区，看不到临床症状就突然死亡。这种病例往往发生误诊。细心的饲养员也可发现病猪有体温升高、呼吸急促等一系列全身症状，但不超过1天即死亡。

第三，急性型是典型的猪肺疫症状，病猪体温升至41℃以上，全身症状明显，特别是呼吸急促，表现出极度困难，有的呈现犬坐姿势，痛苦地咳嗽，鼻流黏液，有时混有血液，严重时可视黏膜呈蓝紫色，皮肤有红斑或小点出血。病初便秘，后腹泻，病程3～5天，可因窒息而死亡或转为慢性。

第四，慢性型主要表现为慢性肺炎和慢性胃肠炎症状。有时持续咳嗽，呼吸困难，出现进行性营养不良和消瘦，若有并发感染或治疗不当，则致死率很高。

第五，特征性的病理变化是全身浆膜及皮下组织出血，颈部皮下有大量胶冻样纤维素性浆液，淋巴结肿大，肺水肿、气肿和出血，呈大叶性肺炎症状，切面有似大理石样花纹。

第六，确诊本病可进行细菌学检查。取病死猪的心血做涂片，或取肝脏、脾脏做组织触片，经美蓝等染色后镜检，可见到特征性的两极浓染的巴氏杆菌。必要时可进行细菌的分离、鉴定。

【预　防】

①加强管理　本病的发生与应激因素有关，猪舍过冷、过热、拥挤、潮湿以及长途运输等都能降低猪的抵抗力，应积极改善饲养管理。对新引进的猪必须隔离1个月以上，确认无病再合群。发现病猪立即隔离治疗，对污染的环境应进行彻底消毒。

②疫苗接种　目前有商品猪肺疫活疫苗（单苗）和三联苗（猪瘟、猪丹毒、猪肺疫），用户可根据本场的情况选择使用。

【治疗】　本病属急性败血性传染病，危害较大。规模化猪场一旦发现本病不宜治疗，应立即淘汰；对可疑污染的场所开展临时消毒。若必须治疗，可采用下列方案。

第一，多种抗菌药物均有效，如阿莫西林、头孢噻呋、庆大霉素、强力霉素、氟苯尼考等。

第二，由于病猪呼吸困难，故不宜给病猪灌服药物或强制保定。治疗时动作要快，一般以皮下或肌内注射为宜。

第三，为避免巴氏杆菌产生耐药性，在使用抗菌药物时，应选几种抗菌药物交替使用，并要连续用药。若同时配合应用猪肺疫高免血清，其效果更好。

2. 猪丹毒（Erysipelas suis）　是由猪丹毒杆菌引起的猪的一种急性、热性传染病，俗称“打火印”。主要表现为急性败血症，典型症状是在皮肤上出现疹块。慢性型呈多发性关节炎或心内膜炎。

本病广泛分布于世界各地，在我国曾被列为猪的三大传染病之一。近年来，由于采取了免疫接种、药物防治等综合防治措施，发病率明显降低，在大部分规模化猪场已基本得到控制。但猪的带菌率很高，同时又是一种人和多种动物都能感染的共患病。因此，本病依然是一种潜在危害性较大的传染病。

【病因与传播】　猪丹毒杆菌又称丹毒丝菌，为细长的革兰氏阳性小杆菌。由于细菌表面有蜡样物质，对外界不良环境因素有

较强的抵抗力。如在腐败的尸体中可存活 228 天，用 12.5%食盐水处理并冷藏于 4℃环境中的猪肉，经 148 天还可分离到本菌。

猪丹毒杆菌能感染多种动物和人，甚至在鱼类、家蝇和蚊子体内有时也能分离到本菌。在急性病猪的肝脏、脾脏、肾脏和淋巴结内含菌较多，血液中含菌较少。

青霉素和多种抗生素对本菌有很强的抑菌作用，氯霉素和链霉素虽有抑菌作用，但临床疗效不佳，磺胺类药物对猪丹毒杆菌没有抑菌作用。本菌对消毒药的抵抗力不强，常用的消毒药对本菌均有效。

【诊断要点】　第一，病猪和带菌猪是主要的传染源。病原一旦污染土壤，可在其中长期生存，特别在含腐殖质、沙质和石灰质的土壤中，更适合本菌的生长。据报道，作为动物性蛋白质补充饲料的血粉、鱼粉、骨粉和碎肉中，曾多次检出过本菌。

第二，本病一年四季均可发生，但在夏季多发，5～9 月份是流行高峰，多呈地方流行性散发。不同年龄的猪均可发生，但多见于架子猪(3～5 月龄)。主要经消化道传播，其次是经皮肤创伤感染。带菌猪在抵抗力下降时可发生内源性感染。

第三，急性(败血型)病例的症状是突然发病，体温升高达 42℃以上，寒战，病猪行走时僵直、跛行，似乎感到疼痛。站立数分钟后又卧倒，站立时四肢相互紧靠，头下垂，背部隆起。食欲停止，有时呕吐或干呕。病初便秘，随后下痢，有的粪便中混有血液。病程 2～3 天，随即死亡。据临床经验介绍，患本病的猪体温在 42℃以上时，外表仍然正常，反应敏捷，当人接近或测温时，易引起激怒。哺乳仔猪或刚断奶的小猪发病时，病情发展迅速，表现出神经症状，抽搐，倒地而死。病程不超过 2 天。

第四，亚急性(疹块型)病猪出现典型的猪丹毒症状。急性型症状出现后，在胸、背、四肢和颈部皮肤出现大小不一、形状不同的疹块，突出于皮肤，呈红色或紫红色，中间苍白，用手指压后褪色。当疹块出现后，体温恢复正常，病情好转，病程 1 周左右，若能及时治疗，预后良好。少数严重病例，皮肤疹块发炎肿胀，表皮和皮下坏死，或形成干痂，呈盔甲状覆盖于体表。

第五，慢性型常发生在老疫区或由前 2 种类型转化而来。主要表现为关节炎，关节肿大，行动拘谨，呈现跛行。出现慢性心内膜炎，消瘦，贫血，喜卧，步态不稳，心跳快，常因心肌麻痹而突然死亡。有人发现，关节炎的出现不一定先有猪丹毒的症状。特别在股、膝、腕关节，甚至出现后躯瘫痪。

第六，猪丹毒的主要病变在胃、十二指肠、回肠，整个肠道都有不同程度的卡他性或出血性炎症。脾肿大，呈典型的败血脾。肾淤血、肿大，有“大红肾”之称。关节肿胀，有浆液性、纤维素性渗出物蓄积。慢性病例在心可见到疣状心内膜炎的病变，二尖瓣和主动脉瓣出现菜花样增生物。

【预防和治疗】

①疫苗接种　目前市售产品有猪丹毒活疫苗和猪瘟、猪丹毒、猪肺疫三联苗 2 种，各场可根据具体情况选用。

②隔离消毒　发现本病应立即隔离治疗，注意环境和粪便的消毒。对于病猪的尸体应做烧毁或其他无害化处理，杜绝病原的散播。同时，要加强检疫，早期发现病猪，便于治疗。

③药物治疗　本病首选的药物是青霉素，首次使用剂量要大，以 50 千克体重的病猪为例，第一天肌内注射青霉素 2 次，每次 400 万单位，第二天剂量减半，连续用至痊愈为止。也可使用阿莫西林、红霉素、林可霉素、头孢噻呋等。

用抗猪丹毒高免血清皮下或静脉注射，有紧急预防和治疗的效果。

3. 中暑(Heat stroke)　是由于外界环境中的光、热、湿度等物理因素对猪体的侵害，引起机体产热增多，散热减少，导致体温调节功能障碍的一种以体温过高为特征的急性病。其中包括日

射病、热射病和热痉挛等几种不同的病因，又称热应激。

【病因】 中暑一般都发生在炎热季节，猪只过肥，猪舍狭小，猪群拥挤，环境闷热，或者在阳光下长途驱赶，密集在车、船内长途运输，均易发生中暑。此外，猪群体质虚弱，出汗过多，饮水不足，缺喂食盐，以及从寒冷地区引进到炎热地区的猪只耐热性低等因素，都可成为本病发生的诱因。

在各种家畜中，猪对高温的耐受能力最差。试验表明，当气温为30℃～32℃时，成年猪的直肠温度就开始升高，在空气相对湿度超过65%的35℃环境中，猪就不能长时间耐受。当猪的直肠温度升高至41℃时，便是致死的临界点，此时易发生循环系统虚脱。

【诊断要点】

①日射病　主要是因猪的头部受到强烈日光辐射的直接作用，引起头部血管扩张，脑及脑膜充血，体温升高，出现神经症状。这是由于阳光中紫外线的光化作用，使脑神经细胞发生炎性反应和组织蛋白分解，脑脊液增多，颅内压增高，引起中枢神经系统调节功能障碍。

日射病的主要症状是突然发病，精神沉郁，步态不稳，共济失调，呼吸加快，张口喘气，流涎呕吐，口吐白沫，瞪眼凝视，眼球突出，全身大汗，体温升高至42℃以上，突然倒地，四肢做游泳状运动，常在几小时或1～2天死亡。

②热射病　病猪并未受到阳光的辐射，而是由于外界环境闷热，影响体温调节，体内积热，体温升高（42℃以上），新陈代谢旺盛，氧化不全的中间产物大量蓄积，引起腹水和酸中毒。另一方面，由于热的刺激，引起大量出汗，呼吸加快，导致肺循环血量增加和肺充血、肺水肿，最后陷入呼吸麻痹和心力衰竭而死亡。

热射病的临床症状与日射病并不能严格区分开来，两者的区分主要从病因方面分析。

③热痉挛　是因大量出汗，氯化钠等盐类损失过多，引起严重的肌肉痉挛性收缩，剧烈疼痛，但病猪体温正常，意识清醒。

【预防】　在炎热的夏季，要做好防暑降温工作。猪舍要通风，有条件的猪场要有排风扇和冷水淋浴装置。给猪提供充足的饮水，注意补充食盐、电解质和以多种维生素为主要成分的抗应激添加剂。猪只运输时不要过分拥挤，要有遮阳设备，途中应供给瓜菜或清凉饮水，以解暑降温。

【治疗】　第一，立即将病猪移至阴凉通风的地方，并用冷水泼洒病猪的头部和全身，或用冷水灌肠。于耳尖、尾部或四蹄、头放血，同时注射氯丙嗪3毫克/千克体重。

第二，强心利尿。可用安钠咖注射液5～10毫升，肌内注射。或用复方氯化钠注射液100～300毫升，静脉注射。

第三，对症治疗。为防止肺水肿，可用地塞米松1～2毫克/千克体重。为防止脱水，可用5%糖盐水200～500毫升，静脉注射。为防止酸中毒，可用5%碳酸氢钠注射液50～200毫升，静脉注射。

4. 应激综合征（Porcine stress syndrome，PSS）　是指机体受到体内外各种非特异性有害因素刺激后所发生的功能障碍和防御性反应。通过这一过程，可调节机体内环境的相对稳定，提高对外界环境的适应能力。所以，应激反应对机体具有一定的保护作用。从本质上来说，应激是一种生理反应。

应激综合征是指在现代养猪生产条件下，猪受到许多不良因素（应激原）的刺激，由于反应过强而引起机体代谢障碍，甚至发展为不可逆的过程。

【病因】　应激原的含义很广泛，在养猪实践中诸如惊吓、驱赶、拥挤、混群、斗殴、捕捉、保定、运输、噪声、闷热、寒冷以及地震感应、空气污染、环境突变、外科手术、创伤感染、疫苗接种等，都可引起应激反应。

应激反应能否给机体带来不良后果，与它的性质和作用的强度及时间有关，同时也与接受刺激的个体感受性和敏感程度相联系，即同一应激原作用于不同用途、品种、性别、年龄的猪，其反应是有差异的，尤其是品种间的差异最明显。例如，肌肉丰满、瘦肉型的皮特兰猪、长白猪等，都属于应激敏感猪。因此，本病的发生与遗传因素密切相关。

不同个体的猪，对应激原的作用所发生的反应形式是不同的。但是，应激反应的病理生理基础是相同的，主要有两方面。

其一，交感-肾上腺反应，即交感神经兴奋和肾上腺素分泌增多，引起猪心跳加速，呼吸加深、加快，血糖和血压升高，氧化供能增加，通过这些变化可以动员机体潜在力量，应付环境的急剧变化，以保持内环境的相对恒定。

其二，垂体-肾上腺皮质反应，即腺垂体的促肾上腺皮质激素和肾上腺皮质激素分泌增多，以及神经垂体一些激素分泌功能的改变，其中表现最明显和具有主要意义的是糖皮质激素的大量分泌及其产生的种种后果。

适当的自然应激，可以使机体逐步适应环境，提高生产性能。如果缺乏正常的应激，也会给猪带来不利的影响。根据最近的研究结果表明，应激的本质在于限制各种防御活动的过强而对机体造成危害，是一种适应性调节。

猪在应激时各个系统、组织和器官在形态和功能方面都会发生异常，血液、尿液、酶、电解质、代谢产物、激素等都会发生变化，并且可用临床检验分析、病理组织学检查等方法测定猪的应激状况。

【诊断要点】

①急性死亡　个别应激敏感猪在受到驱赶、惊吓或注射时突然死亡；有的公猪在配种时，由于过度兴奋而急性死亡；有些猪在车、船运输途中突然死亡，这是应激表现最严重的一种形式。

②慢性应激　使猪的生产性能下降，抗病力降低。应激致死的猪只心脏肥大，以右心室最明显，还有肾上腺肥大、胃肠溃疡等表现。其原因可能是由于应激原作用的强度不大，时断时续，作用方式和症状较隐蔽，易被人们忽视，如噪声、冷或热应激、饥饿、恐惧等都可能产生不良的累积效应。

③应激综合征　由于应激原和其作用的时间不同及个体的差异，对于某些病理反应过程较长、应激敏感的猪还可能诱发一些其他疾病，主要有以下几种。

应激性肌病：发生于肥育猪，因本病死亡或急宰的猪中，有60%～70%的病猪在死亡半小时内肌肉呈现苍白、柔软、渗出水分增多，眼观色淡，通称为白猪肉或水猪肉。另一种则相反，称为暗猪肉，即猪肉色泽深暗，质地粗硬，切面干燥，主要是因应激强度小，作用时间长，肌糖原大量消耗所致。

大肠杆菌病：猪的消化道内存在着大量的非致病性菌群，应激后，由于机体抵抗力下降，非致病性菌群则可成为致病性微生物，外界病原亦易侵入。研究者认为，仔猪黄痢、白痢和水肿病，都与应激有关。

胃溃疡：本病在集约化猪场定位栏中的猪较为多见，呈慢性经过，由于溃疡灶大出血而致死。国外将本病归于应激综合征。

咬尾症：有咬尾癖的猪，往往对外界的刺激因素敏感，表现凶恶，食欲不振，当饲养密度高、天气骤变或环境改变时，易发生咬尾、嚼耳现象。有时甚至一个咬一个连成一大串，猪被咬得皮破血流，无处躲藏，闹得猪群不得安宁。

母猪乳房炎-子宫内膜炎-无乳综合征：主要表现为产后无乳或少乳，食欲下降，发热，强直，乳房肿胀和阴门排出污物，由此可引起20%～80%的仔猪因饥饿、低血糖、腹泻而死或被母猪压死，这些现象都与母猪的应激因素有密切关系。

【预　防】

①从遗传育种上剔除应激敏感猪　这是防治本病的根本办法。测试敏感猪的方法是用氟烷试验或测定血清肌酸磷酸激酶活性。氟烷法是利用18～27千克体重的猪(7～11周龄)，以6%氟烷吸入麻醉3分钟(吸入时每分钟加氧气1升作为载体)。若试验猪出现肌肉僵硬、皮肤发绀、气喘和体温升高等症状，可认为是应激敏感猪。

据悉，有的国家用鉴定血清型的方法来识别应激敏感猪。

②尽量避免或减少各种应激原　肥育猪运到屠宰场后，应让其充分休息，待散发体温后再宰杀。屠宰过程要快，胴体冷却也要快，以防产生白猪肉。对于应激敏感猪，应补充硒和维生素E，有助于降低本病的死亡损失。

【治疗】　第一，猪群中若发现本病的早期征候，应立即将猪移出应激环境，使其充分安静地休息，用凉水浇洒皮肤，轻者即可自愈。

第二，对于重症病猪，如皮肤发绀，肌肉僵硬，则必须注射镇静剂、皮质激素、抗应激药物。常用氯丙嗪，用量为1～2毫克/千克体重。为缓解酸中毒，可选用5%碳酸氢钠注射液，静脉注射50～100毫升。

此外，还可应用水杨酸钠、巴比妥钠、盐酸苯海拉明以及维生素C和抗生素等。

第三，当发现猪群互相咬尾、嚼耳时，可立即对同群猪喷洒防咬喷剂，或向猪圈中投以砖头、木块、链条等硬物让其啃咬。被咬猪的伤口可涂抹碘酊、甲紫、氯化亚铁溶液等，以防止感染。有人为了防止仔猪间的嚼耳、咬尾，将仔猪的尾巴、牙齿(犬牙)剪断，这是因噎废食的做法，是不科学的，弊大于利，应避免使用这种方法。

5. 肌肉及关节风湿症　是猪的一种常见外科病，根据病变发生的部位可分为肌肉风湿和关节风湿，按照病程的长短又可分为急性风湿或慢性风湿。风湿症的特点是肌肉、筋腱、腱鞘或关节异常疼痛，引起运动障碍。

【病因】 本病的病因与猪体受风、湿、寒等因素的侵袭有关，如猪圈长期阴暗、潮湿、闷热、寒冷或气温突变、缺乏运动等因素，都是致病的诱因。

也有报道称，本病的发生与溶血性链球菌感染有关，是由于这种细菌所产生的毒素和酶引起的一种变态反应。

【诊断要点】

①肌肉风湿 急性者突然发生，症状典型，病程短促（3～5天），若能及时正确治疗，预后良好。慢性者症状逐步发展，病程较长（可达数月），但疗效较差。根据风湿侵害的部位不同，有以下几种表现。

四肢肌肉风湿：往往突然发生，先从后肢开始，逐渐扩大到腰部以至全身，病猪喜卧，不愿站立和行走，强迫赶之，发出痛苦的叫声，步行拘谨，步幅短而小，跛行明显。触诊关节及腱鞘时，局部增温，疼痛不安，随着运动时间延长，疼痛逐渐减缓。

头颈部肌肉风湿：病猪头部活动不自如，两耳发硬和活动范围小，咀嚼困难。

背、腰、臀部肌肉风湿：病猪卧地不起，行走时全身拘谨，腰部僵硬和弓腰，拐弯时，脊柱亦不敢弯曲，故沿直线行走。触诊患部肌肉，呈现硬固、增温和敏感。

②关节风湿 常发生在肩、肘、髋、膝等活动性较大的关节，常呈对称性并有转移性。

急性关节风湿症表现为急性滑膜炎的症状，关节肿胀、增温、疼痛，关节腔积液，穿刺液为纤维素性絮状浑浊液，运动时呈现明显的跛行。

慢性关节风湿症主要表现为慢性关节炎的症状，滑膜及周围组织增生、肥厚，关节变粗，活动受到限制而发生跛行。

【预防和治疗】

①预防　冬季注意防寒、防贼风袭击，夏季注意通风防湿，及时发现病猪，找出发病诱因，改善生活环境，争取早期治疗。

②治　疗

水杨酸钠：为抗风湿的首选药物，能缓和结缔组织对致病因素的反应，降低血管的通透性，减少渗出，故可使肿胀、疼痛消失或减轻。常用5%～10%水杨酸钠注射液20～100毫升静脉注射，同时肌内注射安乃近、安替比林或安痛定等镇痛药物。

皮质激素：可用2.5%醋酸可的松（皮质素）混悬液5～10毫升（125～250毫克），或0.5%氢化可的松（皮质醇）注射液20～30毫克，或地塞米松注射液10～20毫克，肌内注射。

针灸：根据发病的部位，选择适当的穴位，一般后肢以百会穴为主，配大胯、小胯、寸子、尾本等穴。前肢以抢风穴为主，配膊尖、冲天、寸子等穴。背腰针肾盂、肾栅、肾角等穴。

③护理　首先要消除发病的诱因，尽可能让病猪到户外晒太阳，自由活动。局部涂搽10%樟脑酒精、氨搽剂等药物。

6. 蛔虫病（Ascariasis）　猪蛔虫病是蛔虫科的猪蛔虫寄生于猪小肠引起的一种常见寄生虫病。本病呈世界性分布，由于蛔虫卵对外界环境有很强的抵抗力，若是猪场饲养管理不当，卫生条件不良，猪群的感染率可能很高。据调查，我国猪群蛔虫的感染率为17%～80%，感染强度为20～30条。仔猪患蛔虫病引起生长发育不良，形成僵猪，推迟出栏期，饲料消耗增加，个别可发生死亡，给养猪业造成较大的经济损失。

【虫体特征与生活史】　猪蛔虫是一种大型线虫，虫体长而圆，表皮光滑，形似蚯蚓。虫卵呈短椭圆形，黄褐色，大小为50～75微米×40～50微米。

蛔虫的生活史较为简单，不需要中间宿主，寄生于小肠内。雌虫每天可产卵10万～20万个，随粪便排出体外，卵在适宜的

外界环境中开始发育，经 15～30 天发育成含有感染性幼虫的卵。

感染性虫卵随饲料和饮水被猪吞食，在小肠中孵出幼虫，幼虫钻入肠壁进入血管，可由小静脉、肝脏、肝静脉、右心室而达肺部；少部分幼虫不经血管可直接由淋巴系统、胸导管经右心室而达肺部。幼虫在移行过程中进一步蜕化成长，然后从毛细血管中逸出，钻入肺泡，顺着小支气管、气管随黏液一起到达咽部，再次被咽下，经食管、胃返回小肠，在小肠内发育为成虫。这段发育过程需 2～2.5 个月。

【诊断要点】 第一，猪蛔虫的分布很广，猪蛔虫病的流行很普遍，无论大、小猪场都有发生。其原因是：蛔虫卵外壳具有 4 层膜，对外界环境和化学药品具有很强的抵抗力；猪蛔虫的生活史简单，其发育过程不需要中间宿主；蛔虫的繁殖力强，每条雌虫一生可产卵 3 000 万个。

第二，猪蛔虫一年四季都有流行，各种日龄的猪都可感染，但对 3～6 月龄的小猪危害最大。若猪舍卫生条件差，猪群拥挤，饲料品质低劣，特别是缺乏维生素或微量元素时，更易感染本病和加重病情。

第三，猪蛔虫感染后没有特殊的症状，若感染少量虫卵，不至于引起明显的病害。对规模化猪场来说，严重感染较为少见。病猪一般表现为逐渐消瘦，贫血，毛粗乱逆立，磨牙，生长发育缓慢，以至形成僵猪。当蛔虫大量寄生时，可能发生肠堵塞，病猪腹痛，甚至因肠破裂而死亡。幼虫在体内移行时，可发生蛔虫性肺炎。少数病猪出现神经症状。

第四，若是死后剖检诊断本病，可以一目了然，但生前诊断较为困难，通常取可疑猪的粪便(2 月龄以上的猪)用饱和盐水漂浮法检查虫卵。一般认为每克粪便中含有 1 000 个虫卵时，即可疑为蛔虫病。

【预　防】

①卫生消毒　保持猪圈、运动场地的清洁卫生，要勤打扫，定期消毒。防止猪的饲料和饮水被粪便污染。

②定期驱虫　在蛔虫病流行的猪场，每年定期进行2次驱虫，通常在3月龄和5月龄时各驱虫1次(屠宰前30天禁用驱虫药)。

【治疗】可选用下列药物。

①精制敌百虫　每千克体重用100毫克，总量不超过10克，溶解后均匀拌入饲料内，让猪群(一般以10头猪为一群)采食。必要时隔2周再用药1次。

②左旋咪唑　每千克体重4～6毫克，肌内注射，或每千克体重8毫克，口服。

③驱蛔灵(枸橼酸哌嗪)　每千克体重0.2～0.25克，口服。

④伊维菌素　每千克体重0.3毫克，皮下注射。针剂为1%溶液，可按每33千克体重注射1毫升计算使用量。本品散剂可以直接口服，也可混于饲料中服用，不仅能驱除蛔虫，同时还能驱除其他体内外寄生虫。

7. 流行性感冒(Swine influenga,SI)　流行性感冒简称流感，是由A型猪流感病毒引起的猪的一种急性、热性、高度接触性传染病。临床上以咳嗽、流鼻液、精神沉郁及迅速康复为特征。

流感病毒于1918年由美国首次报道以来，世界上许多国家和地区都证实存在此病毒。在历史上，猪型流感曾多次引起人类的流感暴发。我国对猪的流感血清型检测结果表明，人流感发病率高的地区，猪血清中流感抗体的阳性率也高，说明流行性感冒可在人与猪之间相互传播。

【病因与传播】　流感病毒属RNA病毒的正黏病毒科，能够凝集鸡、马、人的红细胞，可在9～10日龄鸡胚上生长，但通常不能致死鸡胚，可以通过血凝特性检出病毒。病毒的血清型可分为A、B、C 3型，A型流感病毒的表面抗原易发生变异和基因重组，

因而产生许多新的亚型，可分为人型、猪型、马型和禽型。我国猪群曾有感染类似于同时期人C型流感病毒的报道。

猪流感病毒的囊膜上有突出的糖蛋白（也叫纤突），一种是血凝素（H或HA），另一种是神经氨酸酶（N或NA），是作为确定流感病毒亚型和毒株的主要依据。目前已发现流感病毒具有多种不同的血清亚型，我国在不同地区猪群中的猪流感病毒以H3N2亚型为主。甲型流感病毒的某些亚型，在无基因重组的情况下即可从一种动物传向另一种动物，如H1N1亚型可由猪传染给人，或由人传染给猪；H3N2亚型则可由猪传染给人等。猪只机体是人流感病毒与禽流感病毒基因重组的主要场所，在禽-猪-人的种间传播链中，扮演着中间宿主及多重宿主的作用。有关专家认为，如果禽流感病毒与人流感病毒在以猪为中介的载体中结合并发生基因变异，将会产生一种可以在人群中传播的新型流感病毒，届时危害将非常大，成为公共卫生的潜在巨大威胁。近20年里，欧洲分离到的许多H3N2亚型猪流感病毒，都被证实整合了人类H3N2亚型病毒和禽类H1N1亚型病毒的基因。研究成果表明，流感已经对世界养猪业的发展和人类健康构成严重的威胁。因此，加强对流感的研究具有重要的公共卫生意义。

流感病毒主要存在于感染猪的鼻腔分泌物、气管和支气管渗出物、肺和肺区淋巴结中。病毒对干燥和低温的抵抗力强，在冻干条件下可保存数年，60℃条件下作用20分钟病毒可被灭活，一般消毒药对其均有杀灭作用。

【诊断要点】 第一，病猪是主要的传染源，康复动物和隐性感染动物在一定时间内也可带毒排毒。本病以空气飞沫传播为主，病毒在呼吸道黏膜细胞内增殖，当病猪打喷嚏、咳嗽时随呼吸道分泌物排出病毒，易感猪吸入后即可感染。

第二，本病多发生于天气骤变的晚秋、早春以及寒冷的冬季。阴雨、潮湿、寒冷、贼风、运输等应激因素，可促使本病发生和流

行。本病的发病率高，病死率低。

第三，本病突然发生，从第一头病猪出现后的 24 小时内，同一猪场中大部分猪都被感染。病猪的体温升高至 40℃以上，精神极度委顿，由于肌肉和关节疼痛，病猪卧地不愿站立和行走，呼吸急促，呈腹式呼吸，夹杂阵发性咳嗽，眼和鼻流出浆液性或黏液性的分泌物，粪便干硬。若无并发感染，在 3～5 天内大部分病猪都能自行康复。有的妊娠后期母猪可能发生流产。

第四，本病可引起猪的抵抗力下降，并发支气管肺炎，同时能激发隐性感染的蓝耳病及其他疫病的暴发，带来更大的灾难。主要病变是气管、支气管黏膜充血、出血，含有大量泡沫，肺脏和纵隔淋巴结肿大。

第五，本病一般不难做出诊断，若有必要可做实验室诊断，在病猪发热初期采取新鲜鼻液，或用灭菌棉棒擦拭鼻咽部位的分泌物，立即接种于 9～11 日胚龄的鸡胚尿囊腔，经 72 小时后病毒大量增殖，通常不致死鸡胚，取出尿囊液进行血凝和血凝抑制试验，若为阳性即可确诊。

【预防和治疗】 第一，主要是执行一般的卫生防疫措施。例如，在阴雨潮湿和气候变化急剧的季节，应特别注意猪群的饲养管理，保持猪舍清洁、干燥，防寒、保暖，定期驱虫。尽量不在寒冷多雨、气候骤变的季节长途运输猪只。

第二，有的流感（A 型）可能在人和猪之间互相传播，因此在疾病流行期间，要注意对病猪的隔离和消毒，特别是儿童和年老体弱者，应避免接近猪群。

第三，在本病常发或受威胁地区可试用 A 型猪流感灭活疫苗。

本病尚无特效治疗药物，发现本病立即淘汰病猪。

8. 口蹄疫（Foot and mouth disease，FMD） 是由口蹄疫病毒引起的主要危害偶蹄兽的一种急性、热性、高度接触传染性疾病。由 O 型口蹄疫病毒引起的猪口蹄疫，其临床特征是短暂发热，口腔、嘴唇及蹄部等处的黏膜、皮肤发生水疱和溃疡，影响病猪的食欲，造成病猪蹄部疼痛，行走困难。哺乳仔猪感染后，可因心肌炎而很快死亡。口蹄疫给养猪业带来的损失不仅在于病猪死亡，而是由于本病的发生，使发病猪场的生猪贸易受到限制，病猪被迫扑杀深埋，场地要求不断反复消毒，给猪场造成的经济损失无法估量。

口蹄疫在世界上分布很广，欧洲、亚洲、非洲的许多国家都有流行。由于本病传播快、发病率高、不易控制和消灭，从而引起各国的重视，联合国粮农组织和国际兽疫局把本病列为成员国发生疫情必须报告和互相通报并采取措施共同防范的疾病，归属于A类中第一位的烈性传染病。

【病因与传播】 本病毒在分类上是属于小核糖核酸病毒科、口蹄疫病毒属，为单股RNA病毒。口蹄疫病毒具有多型性，已知有7个主型，即A型、O型、C型、南非1型、南非2型、南非3型和亚洲1型，各型之间的抗原性不同，即使在同一种血清型内又有许多抗原性不完全相同的亚型。口蹄疫病毒的另一特性是极易发生变异，甚至在本病流行期间，病畜体内的病毒在前后期之间也会出现差别，这一特性给本病的免疫防治带来了麻烦。目前流行的O型口蹄疫，对猪是强毒，而对牛、羊则不感染，有的学者推测，这种病毒是由牛用的A型疫苗毒变异而来的。

口蹄疫病毒大量存在于病猪的水疱液、痂皮及淋巴液中，在发热期病猪的血液中含毒量最高。此外，在乳汁、尿液、粪便、口涎中也含有病毒。

口蹄疫病毒可在多种动物的细胞培养物中增殖，如猪胎肾、乳仓鼠肾原代细胞及传代细胞等，并能产生细胞病变。

口蹄疫病毒对环境具有较强的抵抗力，特别是病猪痂皮中的病毒，在外界经数月仍具有感染力。本病毒对日光、高温、酸、碱都很敏感，常用的消毒药均有良好的杀灭作用。

【诊断要点】 第一，O型口蹄疫只感染猪，传播快，发病率高，除哺乳仔猪外，致死率低。其传播范围有相对的局限性，或呈地方流行性。常见于冬、春寒冷季节，似乎有一定的周期性，在一些地区间隔1～2年或3～5年大流行1次。

第二，发病初期病猪体温升至40℃以上，此时病猪精神沉郁，食欲下降，全身症状明显，经1～2天后体温复常，在口腔、嘴唇、蹄冠、蹄踵、趾间隙、副蹄部位出现水疱，不久后破溃，局部发生糜烂和溃疡。病猪卧地不起，强迫赶之可见跛行或跪行，同时发出痛苦的叫声。病程2～3周，只要护理得当，一般都能痊愈，即使蹄壳脱落，亦能恢复正常行走。只有部分哺乳仔猪因发生心肌炎而导致突然死亡。

第三，本病的诊断并不困难，有特征性的流行病学和临床症状，但若要与猪水疱病相区别，或需鉴定口蹄疫的血清型，则要借助于实验室诊断。常用的血清学检查方法有反向间接血凝试验、酶联免疫吸附试验等。

【预防和治疗】 第一，口蹄疫是世界各国都十分重视防范的一种烈性传染病，并按照本国国情制定了有关的政策和法规。我国也制定了《家畜家禽防疫条例》和《动物检疫法》等，对于口蹄疫的防治，应遵照政府公布的有关法规和条例执行。

第二，搞好猪场日常的临床检疫工作，及时发现疫情，以利于早、快、小、严的防疫措施的执行。

第三，免疫接种是防治口蹄疫的一项有效措施。目前我国使用的O型猪口蹄疫油乳剂灭活苗，接种后2周产生保护力，保护期为6个月。建立合理的免疫程序能提高免疫接种的效果，第一次免疫和猪瘟首免同时进行(30日龄)，再经1个月进行二免，即可获得坚强的免疫力，持续10个月以上。种猪每隔半年补防1次。

附：水疱病(Swine Vesicular disease，SVD) 是由病毒引起的猪的一种急性、热性、高度接触传染性疾病，临床特征是在病猪的蹄部、口腔、鼻端及母猪的乳头周围发生水疱，其症状与猪口蹄疫十分相似。

本病在自然条件下除对猪易感外，人亦有感染的报道。各种日龄的猪都可发生，但以哺乳仔猪的病死率较高，在生猪高度集中、调运频繁的单位或集散地，易暴发本病，不同条件的猪场发病率从10%至100%不等。病猪的副产品（头、蹄、内脏）以及与病猪接触过的器具、泔水等都是传播本病的重要媒介。

猪水疱病的危害在于病猪的口腔、蹄部发生水疱性炎症，溃烂甚至蹄壳脱落，严重影响病猪的行走和采食，造成仔猪死亡，肥育猪掉膘，种猪淘汰，在生猪贸易上带来的损失更大。为此，对本病的防治应采取与口蹄疫同样严厉的措施。

本病分布于世界许多国家和地区。1973年国际兽疫局第四十一次大会专题讨论本病，并定名为猪水疱病。我国于20世纪60年代初发现本病，当时仅为散发或限于地方性流行，70年代中后期呈大流行。与此同时，科研人员对本病进行了深入的研究，取得了大量成果，80年代本病的流行锐减，疫情日趋平稳，90年代以来水疱病逐渐被人们遗忘，似乎销声匿迹了。

猪水疱病病毒属于小核糖核酸病毒科、肠道病毒属，其核酸型为单股RNA，呈球形。研究表明，本病毒与人的肠道病毒柯萨奇B_5在血清学和生物学上有密切的亲缘关系，有人认为猪水疱病病毒可能是这种病毒的变异株。

由于本病和猪口蹄疫十分相似，因此确诊本病必须依赖于实验室诊断。可用于鉴别诊断的血清学方法很多，但最常用而又简便易行的是反向间接血凝试验，取病猪的水疱液用猪水疱病病毒抗体致敏的醛化绵羊红细胞做反向间接血凝试验，检测水疱液中的病毒。该试验方法在2小时内即可得出结果，并能与猪口蹄疫相鉴别。

本病的防治措施基本同口蹄疫。

9. 接触传染性胸膜肺炎(Porcine contagious pleuropneumonia, APP)　本病是由胸膜肺炎放线杆菌引起的猪的一种急性、热性传染病,具有典型的肺炎和胸膜炎症状与病变。本病分布很广,已成为世界性危害规模养猪业的重大疾病之一。目前,本病在美国和加拿大已得到控制。在我国的规模化猪场中,不断有本病的暴发和散发,有的猪场已经发觉并引起重视,有的猪场尚不了解,任其自然发生。

本病的重要性是随着养猪业的集约化而增加的,其经济损失在于急性暴发的死亡和大量的医药费用支出。近年来,本病已被国际公认为危害现代养猪业的重要传染病。

【病因】　本病病原为胸膜肺炎放线杆菌,革兰氏染色阴性,具有典型的球杆菌形态,两极染色,无运动性,兼性厌氧,在血琼脂上的溶血能力是其鉴别特征。本菌为严格的黏膜寄生菌,在适当的条件下,致病菌可在不同器官中引起病变。

胸膜肺炎放线杆菌的血清型由荚膜多糖和细胞壁脂多糖(LPS)确定,可分为15种血清型,有些血清型之间细胞壁脂多糖相似或相同。这就是分离株1型、9型和11型血清之间,3型、6型、8型和15型血清之间以及4型和7型血清之间存在交叉免疫反应的原因。除9型、11型和14型之外的所有血清型在北美洲都已经分离到,也有报道发现过无法分型的菌株。

胸膜肺炎放线杆菌分离株的毒力差异很大,这造成临床症状的严重程度差异也很大,包括亚临床感染、急性感染和慢性感染。胸膜肺炎放线杆菌的毒力基础尚未完全清楚,研究已经确定出若干真实或假定的影响力因素,其中最重要的是细胞毒素。

【诊断要点】　第一,引入带菌猪或慢性感染猪是本病的传染源。病菌主要存在于病猪的呼吸道内,通过猪群接触和空气飞沫传播。因此,本病常见于寒冷的冬季,在工厂化、集约化大群饲养的条件下,门窗紧闭,空气不流通,湿度大,氨气浓,是激发本病暴发的诱因。

第二，各种年龄、不同品种和性别的猪都有易感性，但其发病率和病死率的差异很大，其中以外来品种猪、繁殖母猪和仔猪的急性病例较多。本病的另一特点是呈跳跃式的传播，有小规模的暴发和零星散发的流行方式。

第三，最急性型病例无先兆而突然死亡，生前见不到明显的临床症状。

第四，急性型呈败血症症状，病猪体温升高至41℃～42℃，呼吸困难，常站立或呈犬坐姿势而不愿卧下，表情漠然，食欲减退，有短期的下痢和呕吐。发病3～4天后，心脏和循环发生障碍，鼻、耳、腿、体侧皮肤发绀，病猪卧于地上，后期张嘴呼吸，临死前从鼻中流出带血的泡沫液体。

第五，亚急性和慢性感染的病例，仅出现亚临床症状，也有的是从急性病例转归而来，不发热，有不同程度的间歇性咳嗽，食欲不振。若环境良好，无其他并发症，则能耐过，仅对日增重有一定的影响。

第六，急性死亡的病例，呈两侧性肺炎的病变，肺组织呈紫红色，切面呈肝变，肺间质内充满血色胶样液体。病程在10天以上者，肺炎区出现纤维素性附着物附着于肺表面，并有黄色渗出物渗出。

病程较长的慢性病例，可见到部分的肺实变，表面有结缔组织机化的粘连性附着物，坏死病灶常与胸膜粘连，这种病变往往在屠宰后肉检时才能发现。

第七，实验室诊断可采用以下几种方法：①直接涂片镜检。采取病死猪的鼻腔或支气管渗出液和肺炎病变组织，做涂片染色镜检，可见到多形态的两极浓染的革兰氏阴性球杆菌。②细菌分离。初次分离用5%绵羊血琼脂，先用表皮葡萄球菌在平皿上画十字，然后画线接种，培养24小时后在十字线附近形成β型溶血

的微小的卫星菌落（葡萄球菌在生长过程中合成放线杆菌所需要的Ⅴ因子，即辅酶A，并向外扩散到周围培养基中，使放线杆菌在葡萄球菌周围生长），或用巧克力琼脂分离培养放线杆菌。分离物鉴定须靠生化试验。③血清学检查。应用改良补体结合试验有较高的敏感性和特异性，感染后10天即可检出抗体，3～4周达到高水平，可持续数月，检出率可达100%。用此法进行血清学调查，可清除隐性感染。

【预　防】

①药物预防　是目前预防本病的主要方法，在本病流行的猪场使用长效土霉素制剂混入饲料中喂给，用量为600毫克/千克，连用3天，可暂时停止出现新病例。其他如泰乐菌素、阿奇霉素、氟苯尼考、泰妙菌素等药物亦有效。若本菌对这些抗生素产生耐药性时，最好能进行药敏试验，以选用敏感的抗生素。

②疫苗预防　虽已研制出胸膜肺炎疫苗，但各血清学之间交叉保护性不强，同型菌制备的疫苗只能对同型菌株感染有保护作用。有人用从当地分离到的菌株，制备自家疫苗对母猪进行免疫，使仔猪得到母源抗体保护。

【治疗】　本病急性型的病例治疗极困难，而且又是排菌的高峰期，因此不能治疗，应立即淘汰。

10. 附红细胞体病（Swine eperythrozoonosis）　附红细胞体病是人、猪以及多种动物共患的一种热性、溶血性传染病，猪感染后可引起大批死亡。本病于1950年国外首次报道，我国江苏省在1972年发现本病之后，浙江、上海、广东、河南等省、市相继有发生本病的报道。近年来对本病的呼声更大，引起了养猪同仁们的重视。

【病因】　本病的病原过去认为是一种原虫，现在疑为立克次体，不管哪种病原，它们都附着在红细胞上，呈环形、球形、月牙形等多种形状，呈淡蓝色，中间的核为紫红色。少数游离在血浆中，在显微镜下可见到运动，血涂片经瑞氏染色，在640倍显微镜下观察，可看到附在红细胞上的病原像一轮紫色的圆宝石，镶着一颗颗闪闪发亮的珍珠一样。

【诊断要点】 本病多见于温暖季节，夏、秋期间发病率高，推测节肢动物可能是本病的传播媒介，当然污染的针头、器械、配种等途径也可传播。

不良的环境条件，恶劣的气候，各种应激因素，并发感染和使免疫功能下降的诸因素，可激发隐性病猪的暴发或加重症状。

无论大小猪都可发病，以架子猪多见，病猪表现发热、扎堆、步态不稳，发抖，不食，随着病情发展，病猪皮肤发黄、发红，胸、腹下部尤甚，可视黏膜苍白或黄染。

母猪感染的急性症状为流产或产死胎，易发生乳房炎。慢性呈现贫血、黄疸，不发情或屡配不孕。

主要病变为贫血、黄疸，血液稀薄，肝肿大，全身淋巴结肿大，肾有时有出血点。

实验室诊断：①涂片检查。取血液片用姬姆萨染液染色，可见染成粉红色或紫红色的病原附在红细胞的边缘。②血清学检查。用补体结合反应、间接血凝试验以及间接荧光抗体技术等均可诊断本病。③动物接种。取可疑动物的血液，接种小白鼠，经24～48小时后，采血涂片镜检。

【防治措施】 第一，提供良好的饲养管理和环境，减少应激，增强抗病力，是防治本病的重要因素。

第二，本病的急性发病期也是危险的传染期，为了保护大多数猪的健康，对于少数病猪应予淘汰。

第三，若需治疗，可选用下列药物：①贝尼尔（三氮脒），5毫克/千克体重，配成5%注射液肌内注射。②10%氟苯尼考注射液，每10千克体重肌内注射1毫升。③盐酸多西环素等抗生素，混于饲料中口服。④四环素类抗生素或磺胺类等药物均有效。

11. 增生性肠炎（Porcine Proliferative Enteritis，PPE） 增生

性肠炎有多种名称，如回肠炎、局域性肠炎、坏死性肠炎、增生性出血性肠炎等，是猪常见的一种消耗性疾病。生长猪的主要临床症状是体重减轻和腹泻，增生性肠炎还包括一组具有相似发病机制的疾病，如节段性回肠炎、猪肠腺瘤病等。病理变化主要表现为远端小肠和近端大肠黏膜增厚。组织病理学特征是肠隐窝细胞增殖，杯状细胞减少。

【病因与传播】 病原为胞内劳森氏菌，是一种专性胞内寄生菌，生长在肠黏膜细胞中，迄今尚不能在无细胞培养基上生长，也不适应鸡胚，只能在人胚肠细胞 IEC-18、GPC-1652 等细胞上生长。菌体无鞭毛、无柔毛，在回肠上皮细胞的胞质内能自由地进行二分裂复制，薄制切片染色后可见到革兰氏阴性弯曲杆菌。

世界上许多养猪国家都有本病的流行，其死亡率虽不高，但可导致病猪生长缓慢、料耗增加，经济上受到损失。我国也有本病的报道，但近年来，在蓝耳病和其他呼吸道疾病的掩盖下，本病常被忽视。本菌对猪易感，对鼠类、鸟类等多种动物也能感染，并且这些动物在疾病的传播过程中起到重要的作用。

劳森氏菌有较强的抵抗力，在 5℃～15℃离体环境中可存活 1～2 周，对常用消毒药均敏感。

【诊断要点】

①急性型　较少见，主要发生于 6～20 周龄的育成猪或后备种猪，特征性的症状是腹泻、粪便带血呈褐红色或沥青样黑便，后期排出黄色的稀便，同时出现厌食、消瘦和沉郁。主要病变在回肠、盲肠及结肠的前段，肠黏膜有增生性、坏死性、急性出血性的病变。

②慢性型　常发生于断奶后的保育猪，表现温和型的症状，粪便时干时稀，呈间歇性下痢，病程较长，有的粪便呈水样或糊状，内含组织碎片和黏液。病猪皮肤苍白、消瘦，即使恢复，其生长发育也受阻，呈现僵猪，主要病变位于小肠末端以及附近结肠

的肠壁增厚。

③亚临床型　病猪的外表没有症状，仅生长发育减缓，食欲下降，血清学或病原检查呈阳性。

在临床诊断上，本病常与其他疾病如蓝耳病、圆环病毒病等并发感染，使得病情复杂，诊断困难。有人试验，将本病原接种健康的易感猪，其症状并不严重，而接种不健康的猪则症状明显。

实验室诊断常用 2 种方法：一是取病变肠道黏膜涂片，染色后直接镜检，看是否存在弯曲的胞内劳森氏菌；二是取病猪的粪便和血清做聚合酶链式反应检测病原和抗体。

【预防和治疗】

①预防　常规的消毒、检疫、隔离等措施均适用于本病的预防。

②药物防治　泰妙菌素、泰乐菌素、林可霉素、多西环素等药物对本病都有较好的预防和治疗作用。

③免疫接种　欧盟诸国使用本病的疫苗，效果良好，我国目前尚无疫苗供应。

此外，近年来国外还流行一种与本病相似的结肠炎，其病原是由多毛短螺旋体引起的，主要症状也是腹泻，也可能与回肠炎并发感染，在临床上两者很难区分，不过防治措施基本相同。

四、种母猪和种公猪（250 日龄以上）

（一）3 个引入猪种的性能简介

随着人们生活水平的提高和饮食习惯的改变，瘦肉型猪受到欢迎。近年来，一些规模化猪场普遍选用国际著名的猪种，主要是大约克夏猪、长白猪和杜洛克猪 3 个品种进行杂交，获得所谓“洋三元”杂交商品肉猪。其特点是生长速度快、屠宰率高、胴体瘦肉多，有较好的经济效益。

1. 大约克夏猪　原产于英国北部的约克郡及附近地区，可分为大、中、小 3 型，以大型约克夏猪最受欢迎，又称大白猪。

大约克夏猪体型大而匀称，耳立，鼻直，背腰微弓，四肢较高，皮毛全白，少数在额角上有小暗斑。在良好的饲养条件下，成年公猪体重可达 263 千克，体长可达 169 厘米，体高可达 92 厘米；成年母猪体重为 224 千克，体长 168 厘米，体高 87 厘米。

大约克夏猪性成熟期较晚，初情期在 170 日龄左右，但以 10 月龄前后初配为宜。经产母猪平均每窝产活仔数 10 头，20 日龄平均窝重 46.5 千克。

大约克夏猪的增重速度较快，饲料利用率高，从断奶养至 90 千克期间，平均日增重 689 克，料肉比为 3.09∶1。但在南方炎热的季节，增重速度受到一定影响。

大约克夏猪的屠宰率为 72%左右，胴体瘦肉占 60.7%，脂肪占 24.08%，皮占 5.82%，骨占 9.32%。

2. 长白猪　长白猪原名兰德瑞斯猪，原产于丹麦。外貌清秀，性情温驯，头狭长，颜面直，耳大向前倾，颈部与肩部较短，背腰长，体侧长深，肋骨 16～17 对(其他猪种为 14 对)，大腿丰满充实，皮毛白色，骨细皮薄，乳头 6～7 对。

成年公猪平均体重 246 千克，体长 175 厘米。6 月龄、体重 80～85 千克时出现性行为，10 月龄、体重 130 千克左右开始配种。成年母猪平均体重 219 千克，体长 163 厘米。6 月龄开始发情，10 月龄、体重 130～140 千克时开始配种，窝产仔数 8～11 头。

长白猪生长速度快，体重在 30～90 千克期间，平均日增重 731 克，饲养期 85 天，料肉比为 3.38∶1，屠宰率为 72%，胴体瘦肉率 65%～68%。

3. 杜洛克猪　杜洛克猪原产于美国。体躯深广，肌肉丰满，耳中等大小，略向前倾，颜面稍凹，毛色呈红棕色，但深浅不一，这在许多猪种中较为少见。

成年杜洛克公猪体重达254千克，体长158厘米；成年母猪体重达300千克，体长158厘米。以10月龄时体重达160千克以上初配为宜，平均窝产活仔数10头。

杜洛克猪生长速度快，达90千克重的日龄为175天，每千克增重耗料3千克。屠宰率高，胴体瘦肉率达62%。

（二）种公猪的生理特点与管理要点

概括有如下特点和要点。

第一，种公猪的作用是配种，俗话说："母猪好好一窝，公猪好好一坡"，说明公猪的重要性。例如，在本交时，1头种公猪每年可配母猪40～60头，按每头母猪产仔10头计算，共可生产仔猪400～600头。若采用人工授精，其生产仔猪量可增加10多倍。

第二，公猪的射精量大，成年公猪1次射精量平均为250毫升，有的高达900毫升。交配时间长，一般为5～10分钟，长的达20分钟。公猪的精液中含有丰富的营养物质，特别是蛋白质，因此要给种用公猪提供品质良好的全价饲料。无节制地滥用公猪，不但配种效率低，而且还会影响公猪的体质。要求2岁以内的青年公猪每日配种不能超过1次，若连续配种2～3天，应停配1天。2岁以上的成年公猪，每日不应超过2次，而且两次之间至少要间隔4～6小时。

第三，为了增强公猪的体质，提高配种能力，每日要驱赶公猪到圈外运动1～2小时。为保持猪体清洁，促进新陈代谢，应经常用硬毛刷刷拭猪体皮毛。

第四，定期检查公猪精液品质，以便及时发现问题，采取调整营养、增强运动、适度配种等措施。

第五，公猪性情凶猛，遇到不同栏的公猪会互相咬打、斗殴，轻则受伤，重则致死或失去种用价值。为此，要注意公猪栏的高度（1.3米左右），保证猪栏牢固，避免两公猪相遇打架或发生其他

意外。

第六，性行为是动物最基本的本能，小公猪开始出现交配动作的时期称为初情期，我国本地种公猪的初情期较早，在哺乳时期就可见到爬跨动作。但这种小公猪对发情母猪均无性欲表现，故称为“非性感应性爬跨”，至 4～5 月龄时，其精液品质才基本达到成年公猪的水平。

第七，当成年公猪接触到发情母猪时，就会立即追逐母猪，嗅闻母猪的体侧、肋部和外阴部，用鼻吻突拱掘母猪的后躯，不时发出连续的柔和而有节奏的喉音哼声；当公猪的性兴奋进一步增加时，还会出现有节奏的排尿。

(三)种母猪的生理特点与管理要点

1. 初情与发情　小母猪首次出现发情征象的时期称为初情期，主要表现为阴门红肿，分泌黏液，嘶叫，爬跨并接受公猪的爬跨等。我国地方品种猪的初情期较早，100 日龄左右即可出现；而引进种猪较晚，如长白猪在 180 日龄以后才出现。

小母猪第一次发情后，一般经 15 天左右再次发情，以后发情逐渐规律化，间隔 18～21 天发情 1 次，这一过程称为性周期。若不配种或配而未妊娠，该母猪可以反复发情。性周期是母猪的一种生理过程，如果遭到破坏，可引起性功能紊乱，导致母猪不能受胎。

健康强壮的母猪，产后 3～4 周就可出现发情征象，但这时发情一般不排卵，称为“假发情”。产后 6 周左右，或仔猪断奶 1 周后，母猪才出现真正的发情与排卵。

母猪在发情期，食欲忽高忽低，卧立不安，频频排尿，爬跨别的母猪或等待别的猪来爬跨，不时发出音调柔和而有节律的哼哼声。

母猪发情期的生理变化：发情开始 2～6 小时外阴肿胀，黏膜充血，颜色潮红，有黏液流出，阴道酸碱度随之发生变化。发情中期,在性欲高度强烈时期的母猪,当公猪或管理人员接触时,若按其背部,则立即出现静立不动的交配姿势,这种不动反应是母猪发情的一个关键行为,常以此来确定配种适期。

2. 性行为与繁殖生理 交配时,发情的母猪站立不动,背下凹,耳竖立,四肢挺直,让公猪爬跨。在发情期内,大约有48小时可接受公猪的爬跨。

母猪发情开始24小时后排卵,排卵持续期为10～15小时或更长,卵在输卵管内经8～12小时仍有受精能力。

公猪和母猪交配后,精子要经过2～3小时才能游到输卵管上端,与卵子结合。由此可推算出配种的适宜时间,应是母猪排卵前2～3小时,即开始发情后21～22小时。猪在1次发情期内,排卵数为5～40枚不等。

如果母猪在配种后20天左右不再发情,并出现食欲旺盛、性情温驯、贪睡等表现,一般可认定为妊娠。这时的胎儿发育很慢,因其50%以上的重量是在妊娠最后1个月内增加的,所以妊娠前期不必加料。

母猪的妊娠期约114天。推算预产期的方法有多种,妊娠期可以记为3个月加3周加3天。预产期是将配种日期的月份加4,日期减10。例如,4月20日配种,预产期为8月10日。不过,依这个公式计算的妊娠期是112天,遇到2月份和连续2个大月(31天)的情况下,要做适当调整。

3. 分娩与助产 母猪在产前15～20天乳房由后向前逐渐下垂,乳头呈"八"字形分开并挺直,皮肤紧张,白毛色的初产母猪乳房周围的皮肤明显发红发亮。若前面的乳头可挤出乳汁时,约在24小时内产仔,中间乳头挤出乳汁时,12小时内产仔,最后1对乳头挤出乳汁时,4～6小时内产仔,或即将分娩。

母猪分娩时一般侧卧,经几次剧烈阵缩与努责后,胎衣破裂,血水、羊水流出,随后产出仔猪,一般每5～25分钟产出1头仔

猪，整个分娩过程为1～4小时，超过8小时可能是难产，应根据具体情况，采取相应的助产措施。

仔猪全部产出后，胎衣全部排出需3小时，超过3小时就要采取相应的措施，如注射垂体后叶素等催产药物。最后清点胎衣内脐带头的数目是否与仔猪数相等，即可确定胎衣是否已排尽。

接产人员应准备好消毒药液和器械，首先对母猪的乳房、乳头进行擦洗消毒，待仔猪出生后要迅速擦干仔猪口、鼻和全身的黏液，剪断脐带，断端用碘酊消毒。要及早让仔猪吃上初乳。寒冷季节要特别注意保温，最后勿忘给仔猪称重、打耳号和登记，并要如实上报产仔数(包括存活数、弱仔数和死胎数)。

(四)种母猪和种公猪常见病的诊治

1. 流行性乙型脑炎(Epidemic encephalitis B)　本病又称日本乙型脑炎，简称乙脑，是由一种嗜神经性虫媒病毒引起的人兽共患病。多种哺乳动物和鸟类均可感染，主要由蚊子等吸血昆虫传播。妊娠母猪感染后出现流产和死胎，公猪发生睾丸炎，肥育猪引起持续高热，仔猪常呈脑炎症状。

【病因与传播】　本病的分布除日本外，亚洲各国及俄罗斯的西伯利亚沿岸地区都有流行。我国的流行区域也较广，常呈隐性感染和散发性流行。据广东省对本病血清学与流行病学调查资料表明(1989)，随机抽样127头猪，用补体结合试验检查血清中的抗体，结果有77头呈阳性，阳性率达60.63%。

本病的病原为披盖病毒科、黄病毒属、B群虫媒病毒中较小的一种，基因组为单股RNA，病毒粒子呈球形。该病毒在受感染动物血液内存留时间很短，主要存在于中枢神经系统及肿胀的睾丸内。流行地区的吸血昆虫，特别是蚊子体内能分离到本病毒。流行性乙型脑炎病毒能在鸡胚、小白鼠和多种细胞上生长，在一定条件下能凝集鸽、鹅、绵羊和1日龄雏鸡的红细胞。

流行性乙型脑炎病毒抗原性较稳定，不同毒株之间的差异很小，用规定的生产毒株所制成的疫苗，在不同地区预防接种猪，都获得满意的效果。本病毒只有1个血清型。

【诊断要点】 第一，流行性乙型脑炎主要通过蚊子（如库蚊、伊蚊、按蚊等）的叮咬传染，蚊子感染流行性乙型脑炎病毒后可以终生带毒，并且病毒能在蚊子体内增殖和越冬，成为翌年的传染源。因此，流行性乙型脑炎有明显的季节性，多发生于夏、秋蚊子滋生的季节。

第二，本病多数呈隐性感染，但无论是隐性或显性，于感染初期均出现短期（3～5天）的病毒血症，成为危险的传染源。由于规模化猪场猪的数量多、更新快，总是保持着大量新的易感猪，在传播本病上有很大的威胁。

第三，肥育猪和仔猪感染本病后，体温升高至40℃以上，稽留热可持续1周左右。病猪精神沉郁，食欲减退，饮欲增加，嗜眠喜卧，强迫赶之，病猪显得十分疲乏，随即又卧下。眼结膜潮红，粪便干燥，尿液呈深黄色。

仔猪感染可发生神经症状，如磨牙、口流白沫、转圈运动、视力障碍、盲目冲撞等，严重者倒地不起而死亡。

第四，妊娠母猪感染仅发生不同程度的流产，流产前乳房膨大，流出乳汁。流产可产出死胎、木乃伊胎或弱仔，也有发育正常的胎儿。本病的特征之一是同胎的流产胎儿，其大小差别很大，小的如人的拇指，大的与正常胎儿一样。有的超过预产期也不分娩，胎儿长期滞留，特别是初产母猪可见到此现象。但以后仍能正常配种和产仔。

第五，种公猪感染后主要表现为睾丸炎，一侧或两侧睾丸肿胀，肿胀程度为正常的0.5～1倍。以后炎症消散而发生睾丸萎缩、硬变，精子的数量、活力和受精率下降，同时在精液中含有本病病毒，能传给母猪。

第六，剖检主要病变为流产胎儿皮下水肿，脑内积液，浆膜腔积液，肌肉褪色，似煮熟样。组织学检查，脑实质呈现典型的非化脓性脑炎，血管周围有大量的细胞浸润，神经细胞发生变性、坏死。

第七，实验室诊断检查抗原应采取发病初期的血液或脑脊液，经处理后做中和试验或酶联免疫吸附试验。检查抗体常采用血凝抑制试验或酶联免疫吸附试验。由于病猪在发病初期和恢复期的抗体效价不同，要在不同时期采血清进行测定，如果恢复期血清效价高于发病初期 4 倍以上，则可判为阳性。

【预　防】

①免疫接种　这是防治本病的首要措施。由于本病需经蚊子传播，有明显的季节性，故应在蚊子滋生以前 1 个月开展免疫接种。例如，江苏省的猪场都定于 3～4 月份接种流行性乙型脑炎活疫苗。一般仅接种后备母猪和公猪。

②综合性防治措施　蚊子是本病的重要传播媒介，因此开展猪场的驱蚊工作是控制本病的一项重要措施。要经常保持猪场周围的环境卫生，填平坑洼，疏通沟渠，排除积水，消灭蚊子的滋生场所。同时，也可使用驱虫药在猪舍内、外经常进行喷洒灭蚊。

【治疗】本病目前无特效的治疗药物，疑为本病时可采用下列治疗措施。

①抗菌药物　主要是防治继发感染并排除细菌性疾病，如用抗生素、磺胺类药物等。

②脱水疗法　治疗脑水肿、降低颅内压。常用的药物有 20% 甘露醇、25%山梨醇、10%葡萄糖等注射液，静脉注射 100～200 毫升。

③镇静疗法　对兴奋不安的病猪可用氯丙嗪 3 毫克/千克体重(每安瓿 25 毫克/1 毫升)。

④退热镇痛疗法　若体温持续升高，可使用安替比林 10 毫

升或30%安乃近注射液5毫升，肌内注射。

2. 细小病毒感染(Porcine parvoirus infection, PPV) 细小病毒是引起妊娠母猪繁殖障碍的主要病原体之一。其特征是受感染的母猪特别是初产母猪表现流产，产出死胎、木乃伊胎和畸形胎，有时还可导致公、母猪不育不孕。除妊娠母猪外，其他种类的猪感染后均无明显的临床症状。

【病因与传播】 自1967年英国学者从流产和死胎中分离到细小病毒以来，其后世界许多国家和地区都发现本病的流行，并认为是造成猪胚胎和胎儿死亡的主要原因。我国最早于1982年在北京市某猪场分离到该病毒，以后在上海、四川、浙江等地都确诊本病的存在。根据血清学和流行病学调查结果，至少有19个省、自治区、直辖市存在阳性反应猪，说明本病在我国的分布很广。

猪细小病毒的抵抗力顽强，对环境温度、酸、碱及一般的消毒药均较稳定。在养猪业发达的地区，几乎都有感染，病猪也很快获得永久性免疫。因此，野毒感染成为自然接种疫苗。

本病毒能凝集豚鼠、鸡、鹅和人O型红细胞，其中以豚鼠的红细胞凝集最好。该病毒对热、消毒药的抵抗力很强，对酸、碱适应的范围很广。在56℃恒温48小时条件下，病毒的传染性和凝集红细胞能力均无明显改变。在pH值3～9间稳定。甲醛蒸气和紫外线需要相当长时间才能杀灭本病毒。

【诊断要点】 第一，本病常呈地方流行性或散发性，特别是在易感猪群初次感染时，可呈急性暴发，造成相当数量的头胎母猪流产、产死胎等繁殖障碍。易感的健康猪群一旦传入本病毒，在3个月内几乎导致100%感染。猪在感染细小病毒后3～7天开始经粪便排出病毒，1～6天产生病毒血症并不规则地排毒，污染环境，1周以后可测出血凝抑制抗体，21天内抗体滴度可达1∶15 000，且能持续数年。

第二，本病既可水平传播，又可垂直传播。消化道、交配、胎盘感染是常见的传播途径，污染物及啮齿动物（主要是鼠），也是重要的传播媒介。病公猪的危害更大，可通过精液传播本病。本病毒在污染的猪圈内能存活 4～5 个月。

第三，本病的症状主要是妊娠母猪表现流产，但由于感染的时期不同而有所差别。在妊娠 30～50 天感染时，主要是产木乃伊胎，或死亡的胚胎可能被母体吸收，造成母猪不孕和重复发情。妊娠 50～60 天感染时，多出现死产。妊娠 70 天感染时，常发生流产，而妊娠 70 天以后感染时，母猪多能正常产仔，但这些仔猪既存在抗体，也长期带毒和排毒，若作为种用，则可使本病在猪群中长期扎根，难以清除。

此外，本病还可引起产仔瘦小、弱胎、母猪发情不正常、久配不孕等症状。

第四，感染母猪不见明显的肉眼病变，受感染的胎儿则表现不同程度的发育障碍和生长不良，或出现木乃伊胎、畸形胎、骨质溶解腐败的黑化胎等。胎儿的组织器官（肝脏、肾脏、肺脏等）切片观察，可见细胞坏死、炎症和核内包涵体。在大脑灰质、白质和软脑膜有以增生的外膜细胞、组织细胞和浆细胞形成的血管套为特征的脑膜脑炎变化，一般认为这是本病的特征性病变。

第五，由于引起流产、产死胎的因素很多，确诊本病必须做实验室检查。送检病料以小于 70 日龄的流产胎儿的肺和木乃伊尸体为佳。

检查抗体最常用的是血凝抑制试验。病料可采取母猪血清，也可用 70 日龄以上感染胎儿的心血或组织浸出液。被检血清先在 56℃条件下作用 30 分钟灭活，加入 50％豚鼠红细胞（最终浓度）和等量的高岭土，摇匀后置于室温下 15 分钟，2 000 转/分离心 10 分钟，取上清液，以除掉血清中的非特异性凝集素和抑制因素。抗原用 4 个血凝单位的标准血凝素，红细胞用 0.5％豚鼠红细胞悬液。判定标准是血凝抑制价（HI滴度）1∶256以上为阳性，检测抗原常用聚合酶链式反应技术。

此外，应注意与猪伪狂犬病、蓝耳病、流行性乙型脑炎、布鲁氏菌病等可能引起流产、产死胎的疾病进行鉴别诊断。

【预防和治疗】 本病尚无有效的治疗方法，也没有治疗的意义，重在预防。

对本病清净的猪场，应防止将本病毒引入。要求实现自繁自养，若必须引进种猪时，应了解产地的疫情，配合血清学检查，血凝抑制价在1∶256以下，即抗体阴性者才能引入。

在本病新流行的猪场，对处女猪又未进行免疫接种的，应将其配种时间推迟到9月龄以后。若早于9月龄配种，需进行血凝抑制试验，只有达到高度免疫的处女猪才可进行配种。对后备母猪和公猪，可于4～5月龄时放入血清阳性的老母猪群混养，使其感染而获得主动免疫。此方法适用于本病的流行区。在新母猪配种前2个月，应接种猪细小病毒灭活苗。

3. 布鲁氏菌病（Brucellosis suis） 布鲁氏菌病是人和多种家畜都能感染的一种慢性传染病。病猪的主要表现是流产、产死胎、胎衣滞留以及关节炎。公猪可发生睾丸炎和不育症。本病分布于世界各地，给畜牧业生产和人类健康均带来较大的危害。近年来，本病在人群中有扩散和上升的趋势，值得重视。

【病因与传播】 布鲁氏菌是一种球状的小杆菌，革兰氏染色阴性，不形成芽孢，不运动，对营养要求严格，需在特殊的培养基中才能较好地生长，而且生长十分缓慢，一般需7～14天才能长出肉眼可见的菌落，菌落细小、圆形、隆起、无色、透明。

布鲁氏菌广泛存在于病猪的流产胎儿、胎衣、羊水、尿液和乳汁中，一旦污染外界环境，在粪便中可存活8～25天，但在直射阳光下经10～20分钟即可死亡。一般常用的消毒药对其均有杀灭作用。

【诊断要点】　第一，布鲁氏菌通常分为牛、羊、猪3型。布鲁氏菌病主要由猪型或羊型引起，传播途径为消化道、阴道（感染公猪经交配传播）、破损的皮肤、黏膜及呼吸道感染。6～10月龄的性成熟期公、母猪最易感。猪群健康，饲养管理条件良好，可减少本病的发生。

第二，当母猪在交配后受感染时，妊娠早期发生流产，由于早产的胚胎很小，不易被人们察觉，唯一的特征是大群的母猪在配种30～40天后再发情，应怀疑为本病。大部分感染母猪以后仍能正常受胎和分娩，但有的则发生子宫炎、关节炎，尤以后肢关节较为多见。

第三，公猪的主要症状是发生睾丸炎和附睾炎，睾丸显著肿胀，往往两侧睾丸同时发炎。后期睾丸萎缩，失去配种能力。

第四，本病的主要病变是子宫或睾丸有芝麻粒大小的结节，胎盘上布满出血点，表面有黄色渗出物覆盖，附近淋巴结肿胀、多汁。

第五，由于引起流产、产死胎的病因很多，且本病并无特征性的症状和病变，因此确诊本病有赖于实验室诊断。较简便和常用的方法是凝集反应，其中包括试管凝集反应法和平板快速反应法。

【预防和治疗】　患有本病的病猪没有治疗意义，主要是预防。首先要对本地区或猪场进行血清学和流行病学普查，确诊是否存在本病或是否为疫区，然后再制订防治措施。

第一，清净猪场要严防本病侵入，特别要把好引进种猪关。通常用凝集反应法进行检疫，凡凝集价在1∶25以上者不准引入。

第二，本病阳性猪场应按农业部颁发的《防治布鲁氏菌病暂行办法》执行，同时也可用猪型2号弱毒苗进行免疫接种，以控制本病的流行。阳性种公猪必须淘汰。

4. 蓝耳病（Porcine reproductive and respiratory syndrome，PRRS）　蓝耳病是我国养猪人对本病的俗称，其学名叫猪繁殖与呼吸综合

征，外国人曾用新猪病、神秘猪病等病名，本病是猪的一种新的有高度传染性的综合征。本综合征以妊娠母猪发热、厌食和流产、产死胎、产木乃伊胎和产出弱仔等繁殖障碍，以及断奶仔猪呼吸困难和高死亡率为特征。

【病因与传播】 美国于1987年首先报道本病，其后迅速蔓延至北美洲、欧洲，接着澳大利亚、日本等养猪国家也开始流行。我国于1996年首次从疑似感染的病猪群中分离到猪繁殖与呼吸综合征病毒，并检测出相应的抗体，从而证实本病已传入我国，同时也拉开了蓝耳病在我国流行的序幕。在2000～2010年的10年间，蓝耳病在我国的流行十分猖獗。流行初期，来势汹汹，势不可挡，猪场无论大小，条件不管好坏，都曾暴发，常规的防疫措施不见效，凡是有猪的地方，几乎无一幸免。本病一旦进入猪场，很难消灭，年复一年持续感染，时而急性暴发呈现高致病性，时而局部流行表现非典型性，时而又呈隐性感染，猪场平安无事，但是养猪人稍有疏忽，或各种应激因素出现，随时都可能激活本病，又给猪场带来灾难，使养猪者人心惶惶，不得安宁。总之，蓝耳病在我国流行10余年以来，给养猪业带来不可估量的巨大经济损失。

大约自2010年以后，蓝耳病在我国的流行逐渐趋向缓和，一般都呈现隐性感染的状态，分析其原因，可能是猪群与疾病斗争几代之后，体内的抗体增强了，而病毒的毒力又下降了，也有人认为是疫苗广泛使用之后起到了一定的效果。但是大量检测证据表明，本病并未消灭，仍然广泛存在，养猪业依然面临着潜在的威胁。

猪繁殖与呼吸综合征病毒（PRRSV）属于动脉炎病毒科、动脉炎病毒属，为不分节段、聚腺苷酸化、有囊膜的单股正链RNA病毒。病毒在鼻内黏膜、肺巨噬细胞（PAM）和淋巴细胞中完成最初的复制，接着引起病毒血症以及病毒在全身的扩散。本病毒的一个显著生物学特征是对巨噬细胞的亲嗜性，巨噬细胞是其首选的

靶细胞。间质性肺炎是本病导致的最重要的组织损伤。胎盘感染发生于妊娠中后期的母猪，病毒可通过胎盘感染胎儿。

近年来，美国流行一种严重的生殖道疾病，称为急性或非典型蓝耳病，是由毒力更强的新型猪繁殖与呼吸综合征病毒毒株引起，由此说明猪繁殖与呼吸综合征病毒正在不断变异。根据核苷酸序列和酶切分析，也证实了这种判断。猪繁殖与呼吸综合征病毒出现变异，对控制和扑灭蓝耳病提出了严峻的挑战。

猪繁殖与呼吸综合征病毒的基因组全长约15kb，含有8个开放阅读框(ORFs)。每一个阅读框编码特异性病毒蛋白，根据病毒基因组核苷序列的不同将猪繁殖与呼吸综合征病毒分为2个基因型，即美洲型和欧洲型。病毒的GP5蛋白是各毒株间变异最大的蛋白，同时GP5蛋白也是猪繁殖与呼吸综合征病毒的主要保护性抗原，在动物体内可诱导产生特异性中和抗体，GP5蛋白的外结构区域中有一个高度保守的线性中和表位(称为B表位)，和一个高变异性的免疫优势非中和表位(称为A表位)。由于A表位的核心位于B表位的7个氨基酸之前，使得A表位称为诱骗表位，诱骗表位降低了针对中和表位的特异性反应，使得中和抗体产生缓慢。

【流行特点】　第一，本病仅见于猪，不同年龄、品种、性别的猪都可感染，但症状有差异，危害不相同。病猪和健康易感猪直接接触，是主要的传播方式，但经空气和机械性的传播也不可忽视。曾报道在本病流行期间即使是严格封闭式管理的猪群也同样发生感染，这可说明空气传播的威力势不可挡。带毒公猪可通过精液传播本病。

第二，本病在新疫区的传播极其迅速，一个猪场或地区，一旦传入本病，根本无法控制，一般的消毒隔离措施都无济于事。但本病的流行过程则又较缓慢，在一个较大的猪场可持续10～12周，对1头病猪来说，其病程为1～2周。

第三，本病的流行没有明显的季节性，但在猪舍通风不良、空气污浊、环境潮湿、舍温过高或过低等应激因素的长期影响下，可促使隐性感染的猪群暴发本病，且出现临床症状的病猪又易诱发其他疾病，如猪瘟、胸膜肺炎、伪狂犬病、链球菌病等。这种继发感染给诊断和防治本病增加了困难。

第四，本病是一个变化莫测的疾病，由于病毒的基因不断变异，引起本病的流行病学千变万化，感染猪的症状和临床表现也是千差万别，给临床诊断增加了困难，同时疫苗的免疫效果也大打折扣。由于本病的靶器官是肺泡巨噬细胞，损害免疫系统，导致机体免疫力和抵抗力下降，使很多病原乘虚而入，极易并发或继发其他疾病。所以，人们说蓝耳病是个筐，什么疾病都往里面装；也有人将蓝耳病比喻成“猪的艾滋病”。

【临床症状和诊断要点】

①急性型　见于首次感染的猪群，呈暴发性流行，其临床表现可分 3 个时期。

初期：体温升至 41℃左右，稽留热，病猪厌食、嗜睡、眼结膜充血、鼻流黏液，腹部皮肤潮红，粪便干硬，尿液发黄，很像流感的症状。退热药只能暂时降温，抗菌药物治疗无效。肥育猪和后备公、母猪的症状较轻，发病率也不高，病程 3～4 天后即使不予治疗也能自然康复。种公猪、妊娠和哺乳母猪的病程较长，需 1～2 周，发病率达 80％以上，若有严重的并发感染则可能有部分猪死亡。

高峰期：种公猪出现性欲下降，妊娠母猪发生早产，产死胎、木乃伊胎和弱仔，特别是妊娠后期，这种现象更严重，流产率可达 30％～50％。由于患病母猪泌乳量下降和乳汁中带有本病毒（似乎不存在母源抗体），故哺乳仔猪几乎 100％感染，表现体温升高，呼吸困难，腹泻、消瘦，被毛脏污、无光泽，病猪离群独处或扎堆，有的伏卧在母猪背上昏睡，有的病猪后腿肌肉震颤，共济失调，眼

睑水肿，病死率达80%以上，幸存者也成为僵猪。主要病变为局部淋巴结肿大、肺脏有出血斑块、肾脏表面有许多小点出血（易误诊为猪瘟）。保育猪的发病率达60%以上，病猪体温升高、食欲减退、腹泻、消瘦、呼吸困难，仅可见到少数病猪的耳尖和下腹部皮肤出现蓝紫色，有的出现跛行、关节炎和局部脓肿，病死率达80%以上。主要病变在肺部，呈现肉变或实变。本病带来的损失主要出现在高峰期，即流产和仔猪死亡带来严重的经济损失。

末期：母猪的流产、死胎率逐渐下降，仔猪的成活率不断提高，流产后的母猪大都能正常发情、配种和受胎，但是种公猪的精液品质严重受损，出现无精或异常精子，需较长的时期才能恢复。

②慢性型　本病流行结束后的数年内，在各种类型猪的血清中，都可检测出较高的蓝耳病抗体，也不会再次暴发本病，但是母猪的产仔数和成活率仍较正常值低。保育猪生长缓慢，易继发其他疾病。因此，对于这种猪在管理和防疫上要更加小心。

③鉴别诊断　由于本病没有特征性的症状和病变，尤其初次遇到本病时不易确诊，同时还要与猪瘟、伪狂犬病、流感、附红细胞体病等进行类症鉴别诊断。

实验室检查：根据妊娠母猪流产、新生仔猪死亡率高以及临床症状和间质性肺炎等可初步做出诊断。各猪场也可采取病料送至有关实验室进行检查。通常采取病猪的肺、死胎儿的肠和腹水，以及母猪的血液、鼻拭子和粪便等，用于病毒的分离或直接检测。酶联免疫吸附试验用于检测血清中的抗体，聚合酶链式反应技术可检测病料或培养物中的抗原，还可区分美洲型和欧洲型毒株。

【防治措施】　第一，本病危害大，传播快，治疗无效，对于感染猪场的病猪是否都要淘汰，是一个有争议的问题。有人认为，患有本病的猪，该死的都已经死了，幸存者（尤其是种猪）则可产生坚强的免疫力，这种猪不必淘汰；也有人提出，康复猪可能长期带毒、排毒，给猪场带来隐患，不彻底淘汰，不能消灭本病。

第二，开展有计划的免疫接种是防疫的一个重要环节，可采用灭活苗和活疫苗，各场按具体情况选用和制订免疫程序。

第三，各种应激因素可促使本病的暴发，或加重病情和引起多种疾病的继发感染。因此，平时要重视猪场的生物安全体系的建设，减少或避免各种应激因素。

附：高致病性猪蓝耳病 2006 年夏季，首先在我国南方某些猪场发生一种以体温升高为主要特征的疫病，并很快蔓延至全国许多养猪较集中的地区，给养猪业带来灾难性的损失。一场疫病的流行，导致猪肉价格暴涨，引起了国务院的重视，受到了全国人民的关注，这在我国养猪史上是前所未有的，这究竟是什么病呢？最近农业部根据有关专家的研究和初步诊断将其定名为“高致病性猪蓝耳病”，主要依据是在众多的病料中猪繁殖与呼吸综合征病毒的检出率较高。经基因全序列测序分析结果表明：从病猪分离到的猪繁殖与呼吸综合征病毒基因序列变化主要是在 N_5P_2 区缺失了 30AA，其中仅在一段的基因序列中就缺失了 29AA，经回归易感猪的试验表明，该分离株对猪的致病性明显增强，从而证实 2006 年在我国许多地区流行的猪繁殖与呼吸综合征病毒可能是一些毒力增强的变异株。至于该变异株的致病机制和分子生物学特性如何，它们在猪的“高热病”中扮演何种角色等问题还有待进一步研究。诚然也有学者质疑，认为当前大面积流行的所谓“高热病”是由多种病原混合感染引起的，特别是圆环病毒 2 型可能在其中起到更重要的作用，高致病性蓝耳病只不过是其中的一个成员。因此，有人提议本病应称为“猪高热综合征”更为确切一些。

诊断要点如下。

第一，本病呈暴发性流行，其流行范围广，没有南北区域之分，持续时间长，无四季寒暑之别，无论猪的品种、日龄，也无论猪场的规模大小，都能发生。在流行区域可以说防不胜防，无一猪群能够幸免。

第二，本病的症状随病猪的日龄大小而有区别，与流行的初期或后期也有不同，4 月龄以上的中、大猪或种猪，仅在流行初期有症状，以后能够相对平稳一个时期，其共同特征是体温升高(39.5℃～42.5℃)。肥育猪感染后，症状似流感，损失不大；妊娠母猪则可导致 30%左右的流产率；哺乳母猪由于泌乳量下降，引起仔猪大批死亡。

第三，育成猪(30～120 日龄)感染后症状明显，持续时间较长，除体温升高外，病猪减食、沉郁、扎堆而卧、呼吸困难，耳尖和臀部皮肤先发红、后变紫，有的膝关节肿胀，有的结膜发炎，发病率在 5%～30%不等，病死率达 50%以上，不死者大部分成为僵猪。若是防治措施不得力，病猪一批传一批，连续不断，损失惨重。

第四，本病主要的病理变化在肺部，肺的膈叶有充血、出血、突变、气肿、水肿等，呈大叶性肺炎的花斑肺。有的有气喘病病变，有的并发胸膜肺炎，有的继发副猪嗜血杆菌病，心肺表现有纤维性渗出物覆盖，并有大量渗出液，并波及肝和肠管等腹腔器官。

第五，调查结果表明，本病的暴发或在保育猪群中连续不断地持续流行，都与应激因素有关，诸如猪舍内小气候过冷、过热、过闷，过于潮湿，猪群过于拥挤，卫生环境过差，频繁和不合理的免疫接种或滥用药物，饲料霉变等。也可能与流感、非典型性猪瘟、猪圆环病毒病或副猪嗜血杆菌病、巴氏杆菌病、链球菌病等混合或继发感染。

防治措施如下。

第一，首先要分析病情，查明诱因，消除各种可能的应激因素，搞好与本病相关疾病的免疫接种，如猪瘟、伪狂犬病、气喘病、猪圆环病毒感染等。

第二，当前虽然不能消灭本病，但可将本病的危害和损失降至最低限度。为此，猪场要不断提高饲养管理水平和生物安全体系的建设，同时还要关注猪的福利，要求饲养员用心去养猪，使人与猪之间相处得更加和谐。

第三，免疫接种是防治本病的一项重要措施。为此，我国有关部门组织专家攻关，在很短的时间内研制出“高致病性猪蓝耳病灭活疫苗”，同时农业部于 2007 年 4 月份颁布了《高致病性猪蓝耳病防治技术规范》和《猪病免疫推荐方案（试行）》，可遵照执行。

第四，其他防治措施参考猪蓝耳病和圆环病毒病等疾病。

5. 疥螨病（Sarcoptic acariasis） 猪疥螨是猪最重要的体外寄生虫，猪疥螨病是由疥螨科、疥螨属的猪疥螨引起的。疥螨寄生于猪的皮肤内，引起皮肤发生红点、脓疱、结痂、龟裂等病变，并以剧烈的痒感为特征。病猪表现精神不安，食欲减退，生长缓慢，饲料报酬下降，是严重危害养猪业的疾病之一。由于本病不至于造成死亡，养殖者往往低估了其重要性。

猪疥螨病呈世界性分布，我国各地猪群都可见到本病，规模化和集约化养猪场更易流行。据报道，对北京和天津两地规模化猪场中 63 场次的检查发现，阳性场达 100%，屠宰猪阳性率 1991 年为 10.3%，1993 年为 74%。随着我国养猪业的发展，对规模化养猪场疥螨病的防治，更具有重要的经济意义。

【病原和生活史】 猪疥螨成虫呈圆形或龟形，背面隆起，腹面扁平，成虫有 4 对粗短的腿，虫体大小为 0.3～0.5 毫米，肉眼勉强能看到。虫卵呈椭圆形，两端较钝，透明，灰白色。

疥螨是不完全变态的节肢动物，为终生寄生，其发育过程包括卵、幼虫、若虫和成虫 4 个阶段。疥螨钻进宿主表皮，挖凿隧道，并在隧道内发育繁殖。雄虫交配后死亡，雌虫在隧道中产卵。1 只雌虫一生可产卵 40～50 个，每日产卵 1～3 个，约 1 个月后雌虫死亡。虫卵 5 天后孵出幼虫，幼虫进一步蜕化为若虫，并发育为成虫。全部发育过程均在猪表皮隧道内进行。从卵至成虫其全部生活史需 8～22 天。

【诊断要点】 第一，疥螨常寄生于猪的耳郭部，严重者耳郭

病变处每克刮屑中含螨卵多达 18 000 多个。健康猪可通过直接接触患病猪而感染本病，或通过猪舍、用具和工作人员的间接接触感染本病。猪群密集，气候潮湿和寒冷时症状明显，猪的日龄越小，症状越重。感染母猪在哺乳期间可通过直接接触传给仔猪。螨及虫卵离开猪体后，存活时间不超过 3 周。

第二，感染病猪病初常见耳郭部皮屑脱落，进而形成水疱，相互融合结痂。病变还常见于眼窝、颊、颈、肩、躯干两侧和四肢，患部因病猪不断擦痒而痂皮脱落，之后再形成，再脱落，久而久之，皮肤增厚，粗糙变硬，失去弹性或形成皱褶和龟裂。

第三，由于本病是一种体外寄生虫，病变一目了然，诊断并不困难。必要时可做螨虫检查，病料最好从耳郭内部采集，选择患病部位皮肤与健康皮肤交界处的癣痂，用蘸有水、甘油或 10%氢氧化钾溶液的小刀刮取，直接涂片，在低倍显微镜下检查，可见到不同发育阶段的疥螨。

【预防】 疥螨病的预防和控制应从种猪群着手，首先对种猪逐头全面检查和诊断，然后进行彻底治疗。从外地购入的猪，要先隔离观察，确认无本病后，方可合群饲养。

伊维菌素（商品名灭虫丁、害获灭等）是防治寄生虫病的首选药物，是一种新型、广谱、强力、高效的驱虫药，对体内外寄生虫都有效。伊维菌素粉剂、预混剂、口服液按其有效成分含量计算，口服每次 0.3 毫克/千克体重。伊维菌素注射液有效含量为 10 毫克/毫升，颈部皮下注射，每次 0.3 毫克/千克体重。

向猪场推荐的预防用药程序为：①首次对猪场所有猪只注射 1 次伊维菌素。②母猪分娩前 7～14 天再注射 1 次。③初产母猪配种前 7～14 天注射 1 次，分娩前 7～14 天再注射 1 次。④公猪所需用药次数根据各场的具体情况而定，但 1 年内至少用药 2 次。⑤育成猪和育肥猪在转群前注射 1 次。⑥对所有新引进的种猪注射 1 次，数天后再与其他猪合群。

猪疥螨可传染给人，与病猪接触的工作人员应注意个人防护。

【治　疗】

①外用药物　常用的有0.5%～1%敌百虫水溶液，或0.05%辛硫磷等溶液，对患部涂搽或喷洒。但要注意以下2个问题。

一是清洗患部。剪毛去痂后，用温肥皂水彻底洗刷患部，然后再用2%来苏儿溶液洗刷1次，擦干后再涂药。

二是重复用药。因大多数药物只能杀死虫体而不能杀灭虫卵，故必须治疗2～3次，每次间隔5天。同时，还要注意环境的消毒，用0.5%敌百虫溶液或杀螨药喷洒猪舍。

②注射或口服用药　目前普遍使用的是伊维菌素。其针剂做皮下注射，用量为0.2～0.3毫克/千克体重，经2周后重复注射1次。其散剂可口服，用量为10～15毫克/千克体重。本品同时还能驱除其他体内外寄生虫。

6. 胃溃疡(Gastric ulcers)　猪胃溃疡主要是指胃食管区的溃疡，是由急性消化不良与胃出血引起，表现为胃黏膜局部组织糜烂和坏死，或自体消化，形成圆形溃疡面，甚至胃穿孔。本病初期胃呈轻微出血，仅表现消化不良，人们往往不易察觉。当胃穿孔后，伴发急性弥漫性腹膜炎时，可迅速造成死亡。

本病常见于外来猪种，尤其是集约化猪场中定位饲养的猪只，有一定的发病率。由于胃溃疡早期不易诊断，晚期因胃穿孔难以治疗，可带来较大的经济损失。

【病因】　胃溃疡的病因可分为原发性和继发性2种，以原发性较多见。其发病原因很复杂，要根据具体情况分析、判断。如饲料霉变，长期饲喂粉碎过细的玉米粉，饲料中不饱和脂肪酸过多，维生素E和硒缺乏，体质衰弱，胃酸过多等，这些诱因均与本病有密切关系。此外，本病的发生还与猪个体的神经类型及环境的应激因素有关，如在恐惧、疼痛、闷热、妊娠、分娩和活动范围长期受到限制等情况下，能引起神经、体液调节功能紊乱，影响消化

功能，从而增加本病的发生率。继发性胃溃疡见于慢性猪丹毒、蛔虫感染、铜中毒等，但较少见。

胃溃疡的发病机制至今还不十分清楚，有待进一步地深入研究。

【诊断要点】

①急性型 可发生于任何年龄，其中成年母猪较多见。一年四季都有发病，但以炎热的夏、秋季节较多见。病猪的体表和黏膜苍白，体质虚弱，呼吸增数，食欲下降，粪便呈黑褐色，潜血检查呈阳性，有时出现呕吐。站卧不安，腹痛，磨牙。如因胃穿孔引起腹膜炎，一般在症状出现后24小时内死亡。

②亚急性和慢性型 这种病猪胃内的溃疡面较广，损伤了胃壁血管，引起少量出血。皮肤苍白，食欲减退，偶尔腹泻，常排出黑色的粪便，猪体日益消瘦。若能正确诊断，及时治疗，部分病猪可能痊愈。

③潜血检查 本病在生前诊断较困难，唯一的证据是取可疑的粪便做潜血检查。

④剖检病变 剖检可见胃底幽门区有不同程度的充血、出血、糜烂和溃疡面，有时胃内充满血块及未凝固的血液，有纤维素性渗出物。慢性胃溃疡引起出血的病猪，因髓外造血，故脾肿大。有的溃疡自愈猪，可留下瘢痕。若是胃已穿孔，则可见弥漫性或局限性的腹膜炎。

【预防】 针对胃溃疡发生的原因，采取相应的预防措施，如避免饲料粉碎得太细（饲料颗粒直径最好不小于3.5毫米），保证饲料中维生素E及硒的含量，注意改善生活环境，避免各种应激因素的刺激。

【治疗】 第一，本病属于难以治愈的疾病，一旦确诊为胃溃疡，建议早日淘汰为上策。

第二，症状较轻的病猪，应保持安静，可注射镇静药，如2.5%盐酸氯丙嗪注射液4～5毫升，或注射安溴注射液10毫升。

第三，保护溃疡面，防止出血，促进愈合。于喂料前投服次硝酸铋5～10克，每日3次，连喂5～7天。

第四，中和胃酸，防止胃黏膜受侵害。宜用氢氧化铝、硅酸镁或氧化镁等抗酸剂，使胃内容物的酸度降低。口服鞣酸蛋白，保护胃黏膜。

7. 生产瘫痪(Parturient paralysis)　母猪产后3～5天内，突然出现四肢运动能力减弱或丧失，是一种严重的急性神经障碍性疾病。

【病因】　本病的病因目前尚不十分清楚，一般认为是由于日粮中缺乏钙、磷，或钙、磷比例失调，维生素D含量不足，机体吸收能力下降，母猪产后甲状旁腺功能障碍，失去调节血钙浓度的作用，致使血钙过少，特别是产后大量泌乳，血钙、血糖随乳汁流失等因素导致机体血钙、血糖骤然减少，产后血压降低，因而使大脑皮质发生功能障碍等因素所导致。

【诊断要点】　第一，本病常见于分娩后3～5天的母猪，表现精神委靡，食欲减退，粪便干而少，乃至停止排便、排尿。轻者站立困难，行走时后躯摇摆，重者不能站立，长期卧地，呈昏睡状态。乳汁很少或无乳，病程较长，逐渐消瘦。若不能得到正确治疗，预后不良。

第二，本病具有特征性的流行特点和临床症状，诊断并不困难，但要注意与肌肉和关节风湿性疾病加以区别。

【预防和治疗】

①预防　给母猪提供优质全价的配合饲料，注意母猪圈的保暖、干燥，适当增加母猪的运动。

②治疗　静脉注射10%葡萄糖酸钙注射液50～100毫升，或10%氯化钙注射液20～50毫升。或肌内注射维生素D注射液3毫升，隔2日注射1次。或用维生素D_3注射液5毫升，或维丁胶性钙注射液10毫升，肌内注射，每日1次，连用3～4天。或静脉

注射高渗葡萄糖注射液200～300毫升。后躯局部涂搽松节油或其他刺激剂，也可用草把或粗布摩擦病猪的皮肤，以促进血液循环和神经功能的恢复。增垫柔软的褥草，经常翻动病猪，防止发生褥疮。便秘时可用温肥皂水灌肠，口服芒硝30～50克，或液状石蜡50～150毫升。

8. 乳房炎(Mastitis)　乳房炎是哺乳母猪的一种常见病，其危害的不仅是患病母猪本身，还殃及仔猪。

【病因】　引起乳房炎的原因主要有以下几方面：①母猪腹部松垂，乳房与地面摩擦而损伤，或因仔猪吮乳时咬伤乳头，继发细菌感染，引起乳房的炎症。②母猪在分娩前后或断奶前后，因饲料控制不当造成乳汁分泌过度旺盛，乳房内乳汁积滞，引发细菌感染。③母猪患有子宫炎或其他细菌感染性疾病时，也可转移或波及乳房。④其他应激因素(参看关于猪应激综合征的相关内容)。

【诊断要点】

①临床症状　病猪一个乳腺或数个乳腺同时患病，触诊患部可感到乳腺硬、红、肿、热、痛，当仔猪吮乳时，由于疼痛，母猪急速站立或将乳房压在腹下，拒绝哺乳。严重时，还有全身症状，如食欲减退，精神不振，体温升高等表现。根据病情轻重和病程长短，可分为急性或慢性乳房炎。

②乳汁的感官检查　病初乳汁稀薄，逐渐变为乳清样，含有絮状小块。若乳汁呈黏液状，内含淡黄色或黄色的絮状物，则为脓性乳房炎。脓疱破溃后，排出灰红色絮片状物，发出腥臭的气味，称为坏疽性乳房炎。

③乳汁的碱度检查　用0.5%溴煤焦油醇紫或溴麝香草酚蓝指示剂数滴，滴于试管内或玻片上的乳汁中，或在蘸有指示剂的纸或纱布上滴数滴乳汁，当出现紫色或紫绿色时，即表示碱度增高，为乳房炎之特征。

④乳汁的细菌学检查　从病猪的乳汁中常可分离到链球菌、

大肠杆菌、葡萄球菌、绿脓杆菌、酵母菌等。

【预防】 给妊娠和哺乳母猪一个安宁、平静的生活环境，平时要搞好产房的清洁卫生。对于初产、体质良好的母猪，为防止乳汁过早过多地分泌，于产前几天就要适当控制精饲料喂量。断奶要逐渐进行，以便使乳腺活动慢慢降低。

【治疗】 首先找出发病的主要原因和诱因，并立即纠正。同时缩减母猪的精饲料喂量，用人工方法挤出炎症乳房中的乳汁或让仔猪继续吮乳，然后做如下治疗。

①全身疗法 阿莫西林与链霉素或与头孢噻呋、新霉素等抗菌药物联合注射，每日 2 次。出血性乳房炎可用抗生素配合强的松龙治疗。

②局部封闭治疗 急性乳房炎用青霉素 80 万～160 万单位，溶于 0.25%普鲁卡因注射液 200～400 毫升中，对乳房基部行环状封闭，每日 1～2 次。

③手术治疗 乳房浅表脓肿可切开排脓，冲洗，撒布消炎药等，以免引起脓毒血症。

9. 子宫内膜炎（Endometritis） 子宫内膜炎是子宫黏膜的黏液性或化脓性炎症。

【病因】 原因主要是子宫局部受细菌感染，其中以大肠杆菌、棒状杆菌、链球菌、葡萄球菌、绿脓杆菌、变形杆菌等最为常见。引起感染的诱因有：①母猪体质差或过度瘦弱，抵抗力下降，卵泡激素缺乏、黄体激素过多等，可使生殖道内原来的非致病菌致病。②公猪的生殖器官或精液有炎性分泌物，或人工授精消毒不严，配种时生殖道黏膜受到机械性损伤。③母猪难产时手术不洁，胎衣不下，子宫脱出，子宫弛缓时恶露滞留等。

子宫内膜炎是生产母猪的一种常见病，若不能及时或合理治疗，往往引起母猪发情不正常，或不易受胎，或妊娠后易发生流产。所以，本病是导致母猪繁殖障碍的重要原因之一。

【诊断要点】

①急性子宫内膜炎　多于产后或流产后数日发病，病猪体温升高，食欲减退或废绝，卧地不愿起立，鼻镜干燥。本病的特有症状是病猪常有排尿动作，不时努责，阴道流出红色污秽而又腥臭的分泌物，常夹有胎衣碎片，附着在尾根及阴门外。进一步可发展为败血症、脓毒血症或转为慢性。

②慢性子宫内膜炎　往往由急性炎症转变而来，全身症状不明显，食欲、泌乳稍减，卧地时常从阴道中流出灰白色、黄色黏稠的分泌物。站立时不见黏液流出，但在阴门周围可见到分泌物的结痂。病猪还表现消瘦、发情不正常或延迟，或屡配不孕，即使受胎没过多久又发生胚胎死亡或流产。

化脓性子宫内膜炎病猪的子宫内蓄满脓液，当子宫颈口不开张时，则脓液不能排出，蓄积于子宫，出现腹围增大，可引起自身中毒，甚至死亡。

此外，从阴门中流出黏液或脓性分泌物，并不一定就是子宫内膜炎。例如，产后恶露、阴道炎、膀胱炎、肾盂肾炎、配种后的精液、发情期、妊娠等，均可从阴门中流出不同程度的分泌物，要注意与本病相区别。

【预防】注意猪舍的清洁卫生，发生难产时助产应小心谨慎，取完胎儿、胎衣后应用0.02%新洁尔灭溶液等刺激性较弱消毒液洗涤产道，并注入红霉素、链霉素等抗菌药物。母猪产后可口服益母草等中草药，以增强子宫收缩能力，彻底排尽恶露。

【治疗】第一，出现全身症状时，首先应用抗菌药物进行治疗，如青霉素、链霉素、庆大霉素或其他抗菌药物，同时也可配合使用安乃近或安痛定注射液。

第二，为加强子宫收缩，促使子宫内炎性分泌物排出，可皮下注射垂体后叶素20万～40万单位，或者注射雌激素和前列腺素。

第三，清除滞留在子宫内的炎性分泌物，可用3%过氧化氢溶液或0.02%新洁尔灭、0.1%雷佛奴尔等溶液冲洗子宫，然后将残存溶液吸出，再向子宫内注入金霉素或土霉素等抗菌药物。

10. 非传染性不孕 猪是一种繁殖率较高的动物，但由于种种原因，常造成母猪的不孕症，影响猪的繁殖率。据某猪场调查，母猪的不孕率达10%～20%，其中除传染性疾病外，非传染性不孕占有较大比例，包括生殖器官发育不全、生殖器官疾病及饲养管理不当，都可导致母猪暂时或永久不能繁殖后代。

（1）不发情（乏情） 当前我们饲养的外来种猪如大约克夏猪和长白猪，或二元杂交种猪，一般6月龄即开始发情（当然配种日龄还需再晚些），若是到10月龄或以后仍未发情，则为非正常现象。经产母猪断奶后再发情的时间长短与当时的季节、气候、环境条件、仔猪头数、哺乳时间、母猪的体质及子宫恢复状态等因素有关，但一般的规律是在断奶后由于黄体的迅速退化，卵泡开始发育3～5天便可见到母猪的外阴部发红肿大，到第七天便可配种，在梅雨季节或高温时期，其发情时间可能会推迟几天，但如果第十天后还不发情，则说明出现了问题。

母猪到期不发情，分析其原因常有如下几方面：①饲料中缺乏蛋白质或维生素等身体必需的营养，造成母猪体质瘦弱，可使性功能减退，发情不正常。②长期饲喂精饲料过多，缺乏运动，致使猪体过肥，使卵巢脂肪浸润，性功能减弱，引起肥胖性不孕。③仔猪断奶不当，或母猪周围环境应激，引起乏情而致不孕。④患有慢性子宫炎、阴道炎、卵巢硬化、卵巢囊肿、卵巢萎缩等疾病可导致母猪不发情或不孕。⑤新母猪不发情可能是先天性疾病或近亲繁殖、遗传等因素导致；老母猪不发情可能因年龄过大（8胎以后），卵巢萎缩等原因。

应采取如下防治措施。

第一，对于不发情或不孕的母猪应到现场进行调查、分析，找出病因，尽力纠正，若有生殖功能障碍或老龄母猪，则应淘汰。

第二，学习掌握母猪的发情规律，做到适时配种，确保公猪精液的质量，新母猪应在第三个发情期配种。

第三，经产母猪断奶后，可将3～5只母猪关在一圈，每日将母猪赶出圈外运动1～2小时或就近放牧、拱土、吃青，促其发情。

第四，每日将公猪赶到母猪圈内或附近，使母猪能嗅到公猪的气味，每次2～3小时，连续2～3天，采用公猪诱情，促使母猪发情、排卵。

第五，每日早晨按摩母猪乳房表面皮肤或组织10分钟，连续3～5天待母猪有发情的表现后，可表层与深层按摩相结合，促其发情、排卵。

第六，取公猪的精液若干，用输精管输入母猪子宫内，同时用少许精液涂于母猪的鼻孔处，过3～4天后可能发情。

第七，对不发情的母猪，在使用以上措施的同时，还可选择下列1～2种激素催情：①母猪断奶后经3～5天仍不见发情，可肌内注射孕马血清促性腺激素(PMSG)1 000～1 500单位，观察2～3天后，若发情还应肌内注射绒毛膜促性腺激素(HCG)500单位，之后方可配种。②促卵泡素(FSH)50～100单位，一次肌内注射。③脑垂体后叶激素500单位，一次肌内注射。④己烯雌酚3～5毫克，一次肌内注射，或苯甲酸雌二醇2毫升，一次肌内注射。⑤母猪经上述药物处理后15天仍不发情，还要继续观察到30天，如果仍不发情，应做淘汰处理。

(2)连续发情　母猪由于垂体分泌促黄体素(LH)不足，或因促卵泡素过剩，以至促黄体素与促卵泡素之间的平衡紊乱而不能排卵，虽然长时间允许公猪爬跨，但不能控制交配的适宜时间而造成不孕。

母猪允许公猪爬跨交配的时间，通常幼龄母猪为2天，成年母猪为2.5天。当母猪允许公猪爬跨持续4天以上时，可视为连续发情。

对连续发情母猪应在发情到第四天时，让公猪与之交配，为了促进排卵，可同时肌内注射绒毛膜促性腺激素500单位。

（3）卵巢囊肿　本病是猪卵巢疾病中的常见病，可发生在一侧或两侧的卵巢上，囊泡的直径可达5厘米以上，有时可见到10余个，有的重量达500克以上。不过有1～2个囊肿问题不大，有些妊娠母猪也能见到。

卵泡的生长、发育、成熟及排卵取决于垂体的促卵泡素和促黄体素的平衡作用。如果不能平衡，促黄体素量减少，则不排卵，卵泡里逐渐积留许多泡液，使卵泡增大，其直径可达14毫米以上，主要原因是促甲状腺素分泌过多。

卵巢囊肿分卵泡囊肿和黄体囊肿2种，猪以黄体囊肿为多见，其临床症状是不发情。屠宰时可见到囊肿黄体中由几层黄体细胞构成。若用直肠检查法诊断本病时，能在子宫颈稍前方发现有葡萄状的囊状物。

治疗：若因黄体素分泌不足，肌内注射绒毛膜促性腺激素2 000～5 000单位。

（4）持久黄体　因多种病因（如细小病毒感染等）造成胎儿死亡并干尸化，使胎儿长时间残留在子宫内，甚至拖延到分娩预定期以后，此时黄体仍未被溶解，还不断分泌孕酮，导致母猪不发情。此外，子宫蓄脓时也有类似变化。

治疗：注射前列腺素10毫克，当黄体消失后即能将子宫内的异物排出。若患子宫炎或子宫蓄脓，可注射雌二醇15毫克，再注射催产素或麦角新碱，或向子宫内注入温生理盐水500毫升，促进异物排出。

11. 种公猪繁殖障碍

（1）种公猪性欲缺乏　当见到发情母猪时性欲迟钝，厌配或拒配，爬跨时阳痿不举，或偶尔能爬跨但不能持久，且射精量不足。

本病的病因很复杂，在临床上应做具体分析，如公猪使用过度、老龄、运动不足、饲料中长期缺乏维生素 E 或维生素 A 以及睾丸炎、肾炎、膀胱炎等也能引起性功能衰退。酷暑季节或公猪过肥，都能影响性欲。

防治：平时要给种公猪提供专用饲料，建立配种制度，对于缺乏性欲的种公猪可一次皮下或肌内注射甲基睾丸酮 30～50 毫克。

(2)不能交配　种公猪虽然有性欲，但由于外伤、蹄病等原因，不能爬跨和交配。

防治：对于性欲、精液正常的公猪，可采精做人工授精。阴茎损伤或蹄部有病变的，应先做外科治疗。

(3)阴囊炎及睾丸炎　以睾丸肿胀、潮红、剧痛及硬固为特征，并呈现全身性征候，食欲下降，不愿行动。若转为慢性时，疼痛减轻，若转成睾丸实质炎时则睾丸变硬，有可能进一步恶化，发展成为坏疽，甚至引起腹膜炎而死于败血症。

治疗：首先对阴囊的病变部位实行冷敷或涂以鱼石脂软膏，再注射抗生素。早期治疗有痊愈希望，若转为慢性，则需做淘汰处理。

12. 外伤、脓肿与蜂窝织炎

【病因和症状】

①外伤　猪的皮肤、皮下组织因外界机械原因而发生破损，称为外伤或创伤，是规模化猪场中猪的一种常见病和多发病。新鲜外伤表现为出血、肿胀、疼痛及伤口哆开。随后伤口化脓，有的伴发体温升高等全身症状。同时，在创伤的部位引起功能障碍，如四肢的肌腱或运动神经受伤后，可引起跛行等。根据发生的原因，外伤可分为以下几种。

咬伤：见于猪群并圈、运输时，因互相斗殴、撕咬而造成外伤。

刺伤：往往发生在笼舍定位关养的母猪和高床网养的仔猪，由于铁器破损或焊接粗糙而被刺伤。

挫伤:猪群拥挤、追捕或患有严重体外寄生虫时,猪只与墙壁、门栏摩擦或挤压而发生挫伤。

切伤:发生于仔猪因断尾、打耳号、去势及各种外科手术而造成的损伤。

褥疮:病猪长期卧于一侧,由局部创伤发展成坏死性溃疡,因血流不畅,营养不良,使创伤长期不能痊愈。多见于肩胛部和髂部。

②脓肿　是组织或器官内局部化脓性感染,病变组织坏死、溶解并形成完整的腔壁,其中充满脓液。因脓肿所在的部位深浅不同,可分为浅部脓肿和深部脓肿 2 种。

浅部脓肿主要发生于皮下结缔组织、筋膜下及表层肌肉组织内。由于局部的皮肤被尖锐物体刺伤,或肌内、皮下注射时消毒不严而感染化脓,或由别处的脓肿转移而来。脓肿可发生在猪体的任何部位,从中可分离到葡萄球菌、链球菌和化脓棒状杆菌等多种细菌。

深部脓肿发生之初呈急性炎症,患部热、肿、痛明显。数日后,肿胀逐渐局限化,与正常组织界限明显。在局部组织细胞和白细胞崩解破坏最严重的地方开始软化并出现波动,并可自溃排脓。临床上大多数自溃的脓肿,因破口过小,排脓不畅,如不扩创治疗,破溃口常会自行闭合,以后再次形成脓肿,或遗留为化脓性窦道。

对于脓肿的诊断,可在肿胀和压痛最明显处用粗针头进行穿刺,抽出脓液,即可确诊。

③蜂窝织炎　是化脓性感染沿着皮下或深部疏松结缔组织蔓延引起的急性炎症。其特点是患部形成浆液性、化脓性或腐败性渗出物,病变扩散迅速,与正常组织无明显的界限,能向深部组织蔓延,并伴有明显的全身反应。

这种炎症,可以由皮肤擦伤或软组织创伤的感染而引起,也可由局部化脓病灶扩散而来,或从淋巴和血流转移而来。致病菌

与上述脓肿相同。猪常见皮下或黏膜下蜂窝织炎，如耳部蜂窝织炎，就可使猪的一侧或两侧耳朵肿大数倍。

【预防和治疗】

①新鲜创伤　如有血块或粪便等异物污染，应用0.2%高锰酸钾溶液冲洗，擦干，剪去伤口周围的被毛，修整创缘，撒上磺胺结晶粉或青霉素粉，然后缝合，外涂碘酊。对出血不止者，则要止血。如果创伤组织坏死或深层组织有异物时，须进行扩创切除术。手术前局部用0.5%普鲁卡因注射液浸润麻醉，扩创后止血，除去坏死组织或异物，冲洗，撒布青霉素粉，并根据伤口大小、深浅进行缝合或施行开放疗法。伤口大的在伤口下方缝1～2针，放入浸有0.2%雷佛奴尔溶液的纱布条引流。对创伤较大、较深的，应给猪注射破伤风抗毒素。

②脓肿的处理　若脓肿尚未成熟，可涂抹鱼石脂软膏，或做局部热敷处理，待成熟后手术切开，彻底排除脓液，清除污血及坏死组织。选用3%过氧化氢、0.1%新洁尔灭或5%氯化钠溶液洗涤，抽净腔中的脓液，最后灌注160万～400万单位青霉素溶液。若伤口较深，可用浸有0.2%雷佛奴尔溶液的纱布条引流，以利于排脓。

若脓肿较大，数量较多，并出现脓液转移或组织坏死，病猪体温升高，发生全身症状时，则要全身用药。

抗菌消炎：肌内注射红霉素、多黏菌素B等药物。

防治机体酸中毒：静脉注射5%碳酸氢钠注射液50～100毫升，每日1次，连用数天。

增强抗病力：补充新鲜可口的青绿饲料。

③蜂窝织炎　对于较严重的蜂窝织炎（或感染疮），不易治愈，或治愈需要较大代价的，建议早做淘汰处理。

13. 四肢病　四肢任何部位发生疾病，在临床上都可表现为跛行，虽然跛行不是一种致死性的疾病，但严重跛行可丧失公、母

猪的种用价值，影响仔猪的生长发育，延长肉猪的饲养期限。

【病因和症状】

①传染性关节炎　主要病原有链球菌、丹毒杆菌、巴氏杆菌、支原体、嗜血杆菌等。大多呈慢性经过，也有少数从急性病例转变而来。临床检查患病关节肿大，常见于跗关节和膝关节。由于关节内有大量纤维素析出而使关节变坚硬。病初体温升高，有一系列的全身症状，后期正常，仅表现被毛粗乱、消瘦和跛行。剖检患部关节，有脓性分泌物滞留或呈浆液性、纤维素性炎症，从中可分离出病原菌。

②外伤性跛行　多发生在捕捉、追赶、运输或配种之后，由于强暴的外力作用，而使关节钝挫、剧伸或扭转。病猪表现剧烈疼痛，喜卧，不愿起立和行走。强令其运动时，病猪三肢跳跃或拖曳患肢前进。触诊受伤关节，可发现有肿胀、增温和压痛感。

③营养性跛行　主要是由于饲料中的钙、磷不足或比例失调所致，也可能因个体吸收功能降低而引起。本病多发生于保育猪、妊娠后期母猪或生长迅速的肥育猪，表现关节或四肢骨骼弯曲，运动出现不同程度的跛行。

④腐蹄病　是蹄间皮肤和软组织具有腐败、恶臭特征的一种疾病，也有的表现为蹄腐烂、趾间腐烂或蹄壳脱落。病因可能是由于网床结构较差或破损，造成蹄部破伤而感染；有的可能是患口蹄疫的后遗症。病变开始局限于蹄间，但很快波及蹄冠、系部乃至球节部，这时由于剧烈疼痛而出现跛行。病猪喜卧，不愿起立，强令站立时患肢不敢着地。

⑤风湿性跛行　由于猪舍阴暗、潮湿、闷热、寒冷，猪只运动不足及饲料的急骤改变等，致使猪四肢关节及其周围肌肉组织发生炎症、萎缩。

本病往往突然发生，先从后肢开始，逐渐扩大到腰部乃至全身。患部肌肉疼痛，行走时发生跛行，或出现弓腰和步幅拘谨（迈

小步)等症状。病猪多喜卧,驱赶时勉强走动,但跛行可随运动时间的延长而逐渐减轻,局部的疼痛也逐渐缓解。

【预防和治疗】 针对上述5类四肢病的病因,在平时就要加强管理,细心检查,采取相应的预防措施,防患于未然。

治疗:首先应除去病因,然后对症治疗。对于传染性关节炎,一般使用抗菌药物治疗。对于营养性跛行,应改进饲料配方,提供合理的钙、磷等营养物质。对于外伤造成的关节扭伤,患部可涂擦5%碘酊、松节油或四三一合剂等。疼痛剧烈时,肌内注射安乃近、盐酸普鲁卡因注射液,做患肢的环状封闭等。对于风湿性跛行,可静脉注射复方水杨酸钠注射液,肌内注射地塞米松、醋酸可的松等。

14. 猪囊尾蚴病(Cysticercosis cellulosae) 本病又名猪囊虫病,病原主要寄生于猪的横纹肌内,脑、眼及其他脏器也常有寄生。此外,猪囊虫也可寄生于人体内,引起人的囊虫病。

猪囊虫病是一种危害极大的人兽共患寄生虫病,它不但影响养猪业的发展,造成重大的经济损失,而且给人体健康带来严重的威胁,是肉品卫生检验的重点项目之一。本病分布很广,尤以散养和放养猪的地区最为严重。

【虫体特征与生活史】 成虫(有钩绦虫)寄生于人的小肠,为扁平分节长带状,长2～8米。随粪便排出的虫卵或孕卵节片污染食物、饲料和饮水,经口感染进入猪、人体内,六钩蚴破卵壳而出,钻入肠壁,随血液循环到全身各处肌肉及心、脑等处,经2个月发育为具感染力的猪囊尾蚴。人若食用未充分煮熟的病猪肉或误食黏附在冷食品及食具上的猪囊尾蚴而感染,2个月左右在小肠内发育为成熟的猪带绦虫。

【诊断要点】 第一,猪感染本病的原因,是由于过去农户养猪多为散放,农村厕所和人粪便管理不严,造成猪吃了有钩绦虫病人粪便中的孕节或虫卵而感染囊虫病。

第二，人感染有钩绦虫病的原因，是由于猪肉卫生检验不严，人吃了半生不熟的带有活囊虫的猪肉而感染有钩绦虫，或是吃了被绦虫卵污染的食物和饮水，卵膜被消化后放出六钩蚴从而感染囊虫病。

第三，猪感染本病后症状不明显，随病原体侵入的数量及寄生的部位不同，致病作用有所不同。寄生在肌肉时，可引起周围肌肉变性、萎缩；若寄生在眼内，可引起视力障碍；如寄生在大脑，则可引起脑水肿、化脓性脑膜炎，严重者可引起死亡。

第四，本病生前诊断较困难，宰后或剖检时即可一目了然。感染部位的肌肉苍白水肿，并可见到虫体——囊尾蚴。

【预防和治疗】

①预防　把住病从口入的关，实行驱（驱除病人体内的有钩绦虫）、检（检验新鲜猪肉）、管（管好厕所，防止猪吃人的粪便）的综合措施。

②早期治疗　可选用下列药物。

吡喹酮：30～60 毫克/千克体重，口服，每日 1 次，连用 3 天。

丙硫咪唑：30 毫克/千克体重，每日 1 次，连用 3 天，早晨空腹喂药。

15. 骨软症（Swine osteochondrosis）　本病又称软腿病。主要临床特征是骨关节变形和运动障碍，常见于瘦肉型商品猪，尤其是在快速增重阶段（5～6 月龄，体重小于 100 千克）发病更多。据认为，这是由于选育后的瘦肉型猪，肌肉量增加，肌肉与骨骼比值增大的结果。集约化密集型养猪场由于猪的运动量不足，发病率高、病情重。

欧美一些国家，本病的发生较为严重，近年来我国某些种猪场从国外进口的猪中也发现可疑病例，引起人们的广泛关注。

【诊断要点】　第一，发病早期，病猪运步强拘，弓腰，肢蹄无明显变形。

第二，中期病猪喜卧，起立困难。轰赶时嚎叫，易摔倒，站立时弓腰，蹄尖着地，运步时步幅短小，体躯摇摆，跛行，尤以后肢为重。患肢变形，腕、系、冠部背侧常因磨损而肿胀、破溃。

第三，后期病猪高度运动障碍，肢蹄明显变形，腕部着地爬行，或呈犬坐姿势，以至卧地不起，长骨弯曲扭折，关节肿大、敏感。

第四，重症病猪常消瘦衰竭，卧地不起，继发褥疮，最后死于败血症。

【预防和治疗】　预防应从选种和改善饲养管理着手。目前尚无有效的治疗药物和措施，病猪大多急宰或淘汰。

16. 硒和维生素E缺乏症(Selenium and vitamin E deficiency)　猪的硒和维生素 E 缺乏症，不但发病率和死亡率高，而且影响猪的生长、发育及繁殖性能，已引起国内外的普遍关注。有人认为，有相当一部分仔猪水肿病的发生与硒和维生素 E 缺乏有关。根据国外资料显示，猪的硒和维生素 E 缺乏症主要表现为肌营养不良（白肌病）、营养性肝病（肝营养不良）、桑葚心和渗出性素质等几种类型。近年来，对于母猪的产后问题，如无乳、不孕、跛行、皮肤粗糙和新生仔猪体弱，都怀疑与硒和维生素 E 缺乏有关。

【病因】　硒和维生素 E 是两种不同的成分，各有其独特的生理作用，如缺乏均可成为独立的病因，但在多数情况下把两者截然分开不仅困难，而且也没有实际意义。在防治方面，除个别情况外，两者合并应用似乎比单独应用效果更显著，因此本书将硒和维生素 E 缺乏一并叙述。

【诊断要点】

①肌营养性不良（白肌病）　多发生于 20 日龄左右、营养良好、身体健壮的仔猪。在一窝仔猪中可能只发病 1～2 头，有的表现突然死亡，有的精神沉郁，喜卧，不能吮乳，经 1～2 天死亡。病程稍长的，出现神经症状，行走摇晃，肌肉发抖，后躯麻痹，转圈运动，最终因呼吸困难而死亡。

主要病变是骨骼肌，特别是臀部和股部肌肉色淡，呈灰白色条纹。心包积水，心肌色淡，尤以左心肌变性最明显。

②营养性肝病　见于3周龄至4月龄的小猪，急性者突然死亡，而且常发生于体况良好、生长迅速的仔猪。病程较长的表现沉郁，废食，呕吐，腹泻和呼吸困难，后肢无力，黄疸，发育不良。

剖检可见皮下组织和内脏黄染，肝肿大，质脆易碎，慢性病例肝脏表面凹凸不平，体积缩小，质地变硬。

③桑葚心　仔猪外观健康，可在几分钟内突然死亡。有时可见到病猪两肢内侧皮肤呈现紫红色斑点。

剖检可见心肌有斑点状出血，使心脏在外观上呈紫红色的草莓或桑葚状，肺脏、胃肠壁水肿，体腔内积有大量透明的渗出液。

【预防和治疗】　在猪的日粮中，硒的含量应达到1毫克/千克，维生素E的含量每千克饲料中应含22单位。

对发病仔猪，肌内注射亚硒酸钠-维生素E注射液1～3毫升（每毫升含硒1毫克、维生素E 50单位）。也可用0.1%亚硒酸钠注射液皮下或肌内注射，每次2～4毫升，隔20天再注射1次，配合应用维生素E 50～100单位肌内注射效果更佳。

17. 衣原体病（Swine chlamydiosis）　衣原体病是由鹦鹉热衣原体引起的哺乳动物和禽类的一种接触性传染病。猪衣原体病的临床表现有多种形式，如妊娠母猪流产，或产出死胎、木乃伊胎、弱仔。其他日龄的猪感染后可能发生肺炎、肠炎、结膜炎、多发性关节炎、脑脊髓炎，公猪表现睾丸炎、尿道炎等症状。

【病因】　我国部分地区和猪场证实存在本病，造成了危害，应予关注。其实本病并非新病，其病原早已被发现，衣原体的分类地位是介于细菌和病毒之间的一类微生物，它在高倍显微镜下就能见到，对某些抗生素较敏感，但不能在普通培养基上生长，只能在活的动物体或细胞上繁殖。

【诊断要点】　本病一般都呈隐性感染，当猪场环境条件恶

劣，舍内温度、湿度不当，空气质量差、饲养密度高，营养不良，多种慢性病继发等造成猪只抵抗力下降时，可能激发隐性猪暴发本病。

妊娠母猪表现流产、死产和产出弱仔，但仅见于初产或二胎母猪，且预后良好，以后照样可以配种、产仔，不会再次感染；公猪感染后可发生睾丸炎、尿道炎、龟头包皮炎；哺乳仔猪可见到肠炎、持久腹泻、排水样粪便；断奶仔猪常表现神经症状，转圈或盲目行走，倒地后四肢做游泳状划动；后备种猪和肥育猪感染后出现打喷嚏、咳嗽、眼结膜潮红、流泪、关节炎、跛行，严重者也可见体温升高、呼吸增数。剖检病变与临床症状相应，没有特征性或有诊断价值的病变。

实验室检查：①病料做触片，染色后镜检可见到衣原体原生小体(EB)被染成紫红色，网状体(RB)被染成蓝紫色。②血清学检查，常用的是间接血凝试验、琼脂免疫扩散试验、酶联免疫吸附试验等。③病原分离常采用鸡胚卵黄囊内接种。

【防治措施】　第一，本病往往不被人们所重视，又缺乏特征性的症状和病变，猪场是否存在本病，应做血清学和病原学检查，以便确诊。

第二，本病的暴发和危害程度与环境条件、应激因素和机体健康状况、免疫功能好坏有关。搞好猪场生物安全体系的建设，是防治本病的基础。

第三，可疑存在本病或受到本病威胁的猪场，应对种猪进行免疫接种，种公猪皮下注射衣原体油乳苗 2 毫升/头，每年免疫 1 次。繁殖母猪在配种前、后 1 个月各接种 1 次，皮下注射油乳苗 2 毫升/头。

第四，本病对许多抗菌药物敏感，如金霉素类、泰乐菌素、红霉素等，在可疑患本病的情况下，可以酌情服用。

第三章 猪病的诊断技术

在猪场的临床诊断工作中，常可遇到这种情况，有的病猪症状典型，易于诊断，但有的病猪症状不典型，或症状复杂，病变多样，难以确诊。此时仅凭临床诊断的知识和经验是不够的，需要多种诊断方法和手段配合，才能确诊。为此，本书另立猪病的诊断技术一章，分4个部分进行介绍。

一、猪病的症状诊断

（一）以高热为主要症状疾病的病因和鉴别诊断

1. 发热概述 猪的正常体温为38℃～40℃，通常指的是肛门温度。当外界气温高、运动和采食后、母猪在分娩前后以及仔猪的体温稍高，或暂时发生变化，但若持续地超过40℃以上，则为发热。

猪体温保持恒定，主要是通过产热和散热的两种作用互相协调，在大脑皮质的控制下，视丘下部体温调节中枢通过各种反射作用进行体温调节。

发热是指机体在内生性致热原的刺激下，引起体温调节中枢的调定点上移，从而引起调节性体温升高的一种防御适应性反应。其特点是：产热和散热过程由相对平衡状态转变为不平衡状态，产热过程增强，散热能力降低，从而使体温升高和各组织器官的功能与物质代谢发生改变。发热并非是一种独立的疾病，而是许多疾病尤其是传染病和炎症性疾病过程中最常伴发的一种临

床症状。由于不同疾病所引起的发热常具有一定的特殊形式和恒定的变化规律，所以临床上通过检查体温和观察体温曲线的动态变化及其特点，不但可以发现疾病的存在，而且还可作为确诊某些疾病的有力根据。

值得注意的是，发热和单纯性体温升高是不同的。前者是由于体温调节中枢功能紊乱，产热和散热过程不协调而引起的；后者是指动物在重度劳役、剧烈运动或日光长时间暴晒和环境气温过高时出现的一种暂时性的体温升高，在停止使役或改善环境后，即可很快恢复正常体温，如日射病和热射病均属于此类。

2. 发热的发展过程　可分为3个阶段。

(1)体温上升期　是通过皮肤血管收缩，汗腺分泌减少，使散热减少，同时肌肉收缩增强，肝、肌糖原分解加速，使产热增多。这时病猪有精神沉郁，食欲下降，心跳、呼吸加快，寒战，喜钻草堆等表现。不同的疾病，体温升高的速度不一致，如猪丹毒、猪肺疫等病，体温上升很快，而猪瘟、副伤寒则较慢。

(2)高热期　此时产热和散热在较高的水平上维持平衡，散热过程开始加强，皮肤血管舒张，产热过程也不减弱，所以体温维持在较高的水平上。病猪表现皮温增高，眼结膜充血、潮红，粪便干燥，尿少黄短。不同疾病高热期持续的时间不相同，如猪瘟、传染性胸膜肺炎等病持续时间较长，而伪狂犬病、口蹄疫则仅数小时或不超过1天。

(3)退热期　由于机体的防御功能增强或获得外援(经治疗)，体温逐渐下降，病猪的皮肤血管进一步扩张，大量排汗、排尿，产热减少。如果体温迅速下降或突然下降，则为骤退，可引起虚脱甚至死亡；而逐渐下降，则预后良好。

3. 发热的分型　分型的方法有多种，为了便于对疾病的鉴别诊断，现介绍以下2种方法。

（1）按病猪体温升高的程度分型

①微热　超过正常体温1℃左右，即在40℃～41℃。常见于某些慢性传染病，如慢性猪瘟、副伤寒等；也见于乳房炎、胃肠炎等局部感染性疾病。

②中热　超过正常体温1℃～2℃，即41℃～42℃。见于急性病毒性传染病，如急性猪瘟、流感等；也可发生于肺炎等局部器官感染时。

③高热　超过正常体温2℃以上，即42℃以上。一般认为某些急性、细菌性感染的猪病都可见到如此高的体温，如猪丹毒、猪肺疫等。

（2）按病猪的热型曲线分型　热型曲线是指每日2次测得的病猪体温数值的连线。

①稽留热　当体温升高到一定程度后，持续数天不变，或温差在1℃以内，这是由于致热原在体内持续存在并不断刺激体温调节中枢的结果。可见于猪瘟、急性传染性胸膜肺炎等。

②弛张热　其特点是体温升高后1昼夜内变动范围较大，超过1℃以上，但又不降到常温。见于急性猪肺疫、猪丹毒及许多败血症。

③间歇热　病猪的发热期和无热期较有规律地交替出现。如败血型链球菌病及局部化脓性疾病。

④不定型热　发热持续时间不定，变动也无规则，温差有时极其有限，有时却波动很大。多见于非典型猪瘟及其他非典型传染病。

4. 发热对机体的影响及治疗原则　发热在一定限度内是机体抵抗疾病的生理措施，短时间的中度发热对机体是有益的。因为，发热不但能抑制病原微生物在体内的活性，帮助机体对抗感染，而且能增强单核巨噬细胞系统的功能，提高机体对致热原的消除能力。此外，还可使肝脏氧化过程加速，提高其解毒能力。

但长时间的持续高热，对机体危害大，首先使机体分解代谢

加速，营养物质消耗过多，消化功能紊乱，导致机体消瘦，抵抗力下降；还能使中枢神经系统和血液循环系统发生损伤，引起病猪精神沉郁，以至昏迷或心力衰竭等严重的后果。

发热病猪的治疗原则如下。

第一，发现发热的病猪立即隔离，对被污染的环境要进行彻底消毒。

第二，在没有弄清病因之前，只要不是过高的发热，一般不要随意使用退热药。

第三，在使用抗菌药物的同时，应注意补充营养物质，如糖盐水、电解质（无机盐类）、B族维生素、维生素C。为纠正酸中毒，可静脉注射5%碳酸氢钠注射液等。

第四，在退热期，为防止虚脱，要注意保护心脏的功能，必要时可注射肾上腺素等药物。

第五，加强护理，避免各种应激，特别要注意环境温度、湿度和通风三要素。喂以易消化吸收和可口的青绿饲料或糖类较丰富的饲料。

5. 猪常见发热性疾病的鉴别诊断　详见表3-1。

（二）以腹泻为主要症状疾病的病因和鉴别诊断

1. 腹泻概述　腹泻是指排便次数比正常增多，粪便稀薄呈稀粥样或水样，并带有黏液甚至血液。健康猪采食后，经过胃肠道的消化，残渣自肛门排出，一般需要18～36小时，在腹泻时，由于胃肠蠕动加快，食物在胃肠道内停留的时间大大缩短。正常猪每日排便5～6次，而在腹泻时，每日排便达几十次。

腹泻是猪的一种常见病和多发病，它不仅给猪场带来猪只死亡的直接损失和大量医药费用的支出，还影响到幸存猪的生长发育。近年来，仔猪腹泻在一些地区和猪场的流行日趋严重，已成为制约养猪业经济效益的一个重要因素。

表 3-1　猪常见发热性疾病的鉴别

区分		猪瘟	非典型猪瘟	伪狂犬病	流感	流行性乙型脑炎	沙门氏菌病	败血链球菌病	弓形虫病	猪丹毒	猪肺疫	传染性胸膜肺炎	猪痢疾	肺炎	胃肠炎	产褥热	中暑	蓝耳病	附红细胞体病
热型	高热							√		√	√	√		√			√		
	中热	√		√	√	√			√				√			√		√	√
	低热		√				√								√				
日龄	大				√	√				√		√				√	√	√	
	中	√	√		√			√	√	√	√	√	√	√	√			√	√
	小	√	√	√			√	√						√	√			√	√
皮肤	出血点	√					√		√										√
	疹块									√									
	淤血		√	√				√			√	√		√		√		√	
	无变化				√	√			√				√		√		√		
运动	喜卧		√		√	√	√	√		√	√	√	√	√	√	√	√	√	√
	失调	√		√					√										
食欲	废绝	√		√				√	√	√	√				√	√	√		
	减少		√		√	√	√					√	√	√				√	√
病情	急性	√		√	√	√	√	√	√	√	√	√	√	√			√	√	√
	慢性		√				√								√	√		√	
发病率	高	√			√	√			√				√					√	
	低		√	√			√	√		√	√	√		√	√	√	√		√
病死率	高	√	√	√					√		√	√						√	√
	低				√	√	√	√		√			√	√	√	√	√		

续表 3-1

区分		猪瘟	非典型猪瘟	伪狂犬病	流感	流行性乙型脑炎	沙门氏菌病	败血链球菌病	弓形虫病	猪丹毒	猪肺疫	传染性胸膜肺炎	猪痢疾	肺炎	胃肠炎	产褥热	中暑	蓝耳病	附红细胞体病
呼吸	急促	√	√	√	√		√	√	√		√	√		√			√	√	√
	正常					√				√			√		√	√			
粪便	干	√				√		√		√	√	√				√	√		
	稀	√	√						√	√			√		√				√
	正常		√	√	√		√							√				√	√
疗效	较好				√	√	√	√	√	√	√		√	√	√	√	√		√
	无效	√	√	√								√						√	

腹泻是在各种有害因素的作用下（包括细菌、病毒、有毒物质、不易消化的饲料、气候的冷热及某些化学因素的刺激等），通过神经反射引起肠蠕动增强，致使食物迅速通过肠道，同时伴有黏膜排出水分增加和黏液分泌增强，因而肠内容物变得稀薄。所以，腹泻也并非是件坏事，它是一种防卫功能，有保护性的意义。如果胃肠道内有毒、有害的物质不能通过腹泻迅速排出体外的话，被机体吸收会引起更严重的后果。但是，剧烈而又持续的腹泻又可造成消化功能紊乱，营养吸收障碍，水分和电解质大量丧失，病猪可能因脱水和酸中毒而致死。

2. 腹泻的病因

（1）传染性疾病　常见的病毒病有轮状病毒感染、病毒性腹泻、猪瘟、腺病毒及疱疹病毒感染等。细菌性疾病有大肠杆菌病、沙门氏菌病、魏氏梭菌病、密螺旋体病、弯杆菌病等。

（2）寄生虫性疾病　主要指肠道寄生虫病，如蛔虫病、鞭虫病、球虫病等。近年来，由于广泛使用全价配合饲料和改善了饲养管理条件，这类疾病明显减少。

（3）普通内科病　如气温突变，寒冷刺激，阴雨连绵，湿度过大，营养缺乏，饲料霉变，或误食有毒物质及酸、碱、砷等化学药物等，都可以诱发或直接造成仔猪腹泻。

上述致病因子中，以传染性疾病的发病率最高，危害最严重。它们可以是原发性致病，也可继发感染，而寄生虫和普通内科病往往是腹泻性疾病的诱发因素。

3. 腹泻对机体的影响

第一，急性肠炎由于病因的剧烈刺激，肠蠕动加速，分泌增多，引起剧烈的腹泻，病猪表现体温升高、精神沉郁等一系列全身症状。慢性肠炎则因肠腺萎缩，肌层被结缔组织取代，分泌、蠕动功能减弱，可引起消化不良和消瘦。

第二，脱水和酸碱平衡紊乱。由于长期或剧烈腹泻，导致大量肠液、胰液、钾和钠丢失及重吸收减少而引起脱水，电解质损失及酸碱平衡紊乱。

第三，肠管的屏障功能障碍和自体中毒。急性肠炎，特别是十二指肠炎症时，黏膜肿胀，胆管口被阻塞，胆汁不能顺利排入肠道，细菌得以大量繁殖，产生毒素，加之黏膜受损，可将毒素吸收进入血液循环，引起自体中毒。慢性肠炎时肠运动、分泌减弱，胃肠内容物停滞，引起发酵、腐败、分解，产生有毒物质，被吸收进入血液而发生中毒。

4. 腹泻的防治原则

（1）免疫接种　由传染病引起的腹泻，如仔猪黄痢、仔猪白痢、传染性胃肠炎、猪瘟等疾病，可通过免疫接种来预防。若接种母猪使其获得较高的母源抗体，可通过乳汁使仔猪得到被动免疫；也可直接接种仔猪，使其获得主动免疫。

（2）特异性疗法　可应用针对某种传染病的高免血清或痊愈

血清，进行紧急预防或治疗。因为这些制品只对某种特定的传染病有效，而对其他种疾病无效，故称特异性疗法。

(3)抗菌药物疗法　抗菌药物主要是防治细菌性感染的疾病，但对病毒感染的疾病也能起到防止细菌继发感染的作用。使用抗菌药物疗法是目前防治仔猪腹泻最普通的常规方法。

(4)对症疗法　根据病情的变化和病猪的体质状况，应及时采取对症治疗，包括止泻、收敛、强心、补液、纠正酸中毒等措施，其中最重要的是补液。由于腹泻病猪丧失的不仅是水分，还有许多盐类，所以在补液时要注意这一点。

5. 猪常见腹泻性疾病的鉴别诊断　见表 3-2。

表 3-2　猪常见腹泻性疾病的鉴别

区分		仔猪红痢	仔猪黄痢	轮状病毒感染	仔猪白痢	传染性胃肠炎	流行性腹泻	球虫病	沙门氏菌病	猪瘟	猪丹毒	猪痢疾	伪狂犬病	链球菌病	胃肠炎	蓝耳病	衣原体病
日龄	大					✓	✓			✓					✓		
	中					✓	✓		✓	✓	✓	✓		✓	✓		
	小	✓	✓	✓	✓	✓	✓	✓					✓	✓	✓	✓	✓
季节	冬、春			✓		✓	✓										✓
	四季	✓	✓		✓			✓	✓	✓	✓	✓	✓	✓	✓	✓	
体温	发热								✓	✓	✓	✓	✓	✓	✓	✓	✓
	正常	✓	✓	✓	✓	✓	✓	✓									
传播	散发	✓	✓		✓			✓	✓		✓		✓	✓	✓		✓
	流行			✓		✓	✓			✓		✓				✓	
病情	急性	✓	✓			✓	✓			✓	✓	✓	✓	✓		✓	✓
	慢性			✓	✓			✓	✓						✓		

续表 3-2

区分		仔猪红痢	仔猪黄痢	轮状病毒感染	仔猪白痢	传染性胃肠炎	流行性腹泻	球虫病	沙门氏菌病	猪瘟	猪丹毒	猪痢疾	伪狂犬病	链球菌病	胃肠炎	蓝耳病	衣原体病
粪便	黄色		✓														✓
	白色				✓												✓
	带血	✓						✓				✓		✓			
	黏液								✓	✓	✓		✓	✓	✓	✓	✓
	水泻			✓		✓	✓	✓							✓	✓	
发病率	高		✓	✓	✓	✓	✓			✓						✓	✓
	低	✓						✓	✓		✓	✓	✓	✓	✓		
病死率	高	✓							✓	✓			✓	✓		✓	
	低		✓	✓	✓	✓	✓	✓			✓	✓			✓		✓
疗效	较好		✓	✓	✓	✓	✓	✓	✓		✓	✓		✓	✓		✓
	无效	✓								✓			✓			✓	
神经症状	有									✓			✓	✓			
	无	✓	✓	✓	✓	✓	✓	✓	✓	✓		✓	✓		✓	✓	✓

(三)以呼吸困难为主要症状疾病的病因和鉴别诊断

1. 呼吸困难概述 呼吸困难是指病猪在呼吸时感到空气不足、呼吸费力,客观上可以看出呼吸频率、深度和节律方面的变化,此时呼吸肌和辅助呼吸肌均参加呼吸运动。

健康猪呈胸腹式呼吸,而且每次呼吸的深度均匀,间隔的时间均等。每分钟呼吸的节律为10～20次。在运动之后或气候炎

热时次数可暂时增加，仔猪的呼吸也要快一些。

机体的呼吸过程可分为两部分：一是机体与周围环境之间的气体交换，称为外呼吸；二是血液与组织之间的气体交换，称为内呼吸或组织呼吸。外呼吸与内呼吸之间具有极密切的相互因果关系。

呼吸系统是受神经系统调节的。在延髓有呼吸中枢，并与脊髓两侧的呼吸运动神经元联系，在脑桥还有呼吸调节中枢，这些中枢本身是受神经系统高级部位，即大脑皮质调节的，同时呼吸中枢的活动又直接受到来自机体内的各方面神经传入冲动的影响。来自肺的迷走神经的传入冲动对维持呼吸中枢节律性活动具有重要的意义，其他如血液成分的改变，体温的改变以及血液循环的改变，也都能直接或间接地刺激呼吸中枢，引起呼吸功能活动的变化。

2. 病因和分类　呼吸困难其实包括呼气困难和吸气困难两方面。此外，呼吸型的改变及频率的增加，在猪病的诊断中也有重要的意义。现简述如下。

(1)呼气性困难　呈现腹式呼吸，依靠辅助呼气肌（主要是腹肌）参与活动，呼气时间显著延长，腹壁活动特别明显，多呈两段呼出。见于气喘病、胸膜肺炎、肺气肿、支气管肺炎等疾病。

(2)吸气性困难　病猪头颈伸直，鼻翼张开，吸气时间延长，并常伴有吸气时的狭窄音，同时呼吸次数减少。见于急性腹膜炎、上呼吸道狭窄等疾病。

(3)混合性呼吸困难　表现为呼气及吸气均发生困难，同时多伴有呼吸次数的增多。见于支气管肺炎、肺炎、心功能障碍、重度贫血及高热性疾病。

(4)呼吸减慢或微弱　其特征为呼吸相对显著加深并延长，同时呼吸次数减少，或表现为微弱的呼吸活动。见于脑水肿、脑炎、中毒性疾病及昏迷状态。

3. 咳嗽的病理和病因分析 咳嗽是一种反射性的动作，由于上呼吸道有异物侵入或有黏液蓄积，或吸入刺激性气体，使上呼吸道（喉头、气管、支气管）黏膜受到刺激，或有炎症过程存在，都能引起强烈的咳嗽运动。此外，在胸膜、食管管壁、腹膜、肝脏以及中枢神经系统（特别是大脑皮质）受到刺激时，都可以反射性地发生咳嗽。

咳嗽运动能够把吸入的异物或蓄积在呼吸道内的分泌物（痰液）排除出去，使呼吸道保持干净通畅。所以，咳嗽在本质上应该看作是一种具有保护意义的反射动作。但是强烈和持续的咳嗽，可促使胸腔内的压力升高，从而降低胸腔的吸引力，静脉血液流入心脏受到阻碍，于是引起静脉压升高，动脉压下降，心脏的收缩力减弱。同时，由于肺泡内压力升高，肺毛细血管和静脉受到压迫，致使血液从右心室向左心房的流动受到阻碍，进一步引起全身血液循环发生障碍。此外，在长时期持续咳嗽的情况下，肺泡高度扩张，肺组织的弹性显著减弱，就可能引起肺气肿。

咳嗽是因呼吸道及胸膜受刺激的结果，可出现于多种疾病之中。检查时应注意咳嗽的性质、频度、强弱、有无疼痛和体温反应等。咳嗽声音低而长，伴有湿啰音，称为湿咳，反映炎症产物较稀薄；若咳声高而短，则是干咳的特征，表示病理产物较黏稠。

稀咳常发生在清晨，吃料或运动之后，常是呼吸器官慢性疾病的启示，如早期猪气喘病。

频繁、剧烈而连续性的咳嗽，甚至呈痉挛性的咳嗽，多见于重症猪气喘病、慢性猪肺疫、肺丝虫病等。

咳嗽的同时，病猪表现疼痛不安，尽力抑制，见于猪接触传染性胸膜肺炎等。

4. 呼吸困难疾病的治疗原则 发现病猪应立即隔离或涂上记号，便于进一步观察，弄清该病猪所出现的呼吸困难症状是急性的还是慢性的，是个例发生还是群体流行，病猪呈局部症状还

是出现全身反应(如体温升高等),了解到这些情况之后,不难做出初步诊断。

在一般情况下,对于出现呼吸道症状的急性病例,首选的治疗药物是卡那霉素、链霉素及磺胺类药物。对症治疗的药物可选用盐酸麻黄素、氯化铵、氨茶碱和拟肾上腺素等。

对于慢性呼吸道传染病,可在饲料中添加药物,如土霉素、泰乐菌素和螺旋霉素等。一般不宜大量静脉补液。

对于患有呼吸道症状的病猪,要给予一个安宁、舒适的环境,冬季需要防寒保暖,夏季需要防暑降温,注意猪舍内的空气流通,适当增加营养,补充适量的维生素 C 和青绿饲料。

5. 猪呼吸困难性疾病的鉴别诊断　见表 3-3。

表 3-3　猪呼吸困难性疾病的鉴别

区	分	猪瘟	沙门氏菌病	流感	猪肺疫	气喘病	胸膜肺炎	萎缩性鼻炎	蓝耳病	肺炎	蛔虫病	中暑	中毒症	圆环病毒病	衣原体病
体温	高热	✓	✓	✓	✓		✓			✓		✓		✓	✓
	正常					✓		✓	✓		✓		✓		
呼吸	急促			✓	✓				✓	✓		✓	✓		✓
	困难	✓	✓			✓	✓	✓			✓			✓	
病情	急性	✓		✓	✓		✓			✓		✓	✓	✓	✓
	慢性	✓	✓			✓		✓	✓		✓				
食欲	减少	✓	✓		✓				✓			✓	✓	✓	✓
	正常			✓		✓	✓	✓		✓	✓				
咳嗽	有			✓		✓	✓	✓		✓	✓			✓	✓
	无	✓	✓		✓				✓			✓	✓		

续表 3-3

区分		猪瘟	沙门氏菌病	流感	猪肺疫	气喘病	胸膜肺炎	萎缩性鼻炎	蓝耳病	肺炎	蛔虫病	中暑	中毒症	圆环病毒病	衣原体病
粪便	腹泻	√	√						√				√		√
	正常			√	√	√	√	√		√	√	√		√	
发病率	高	√		√		√			√					√	
	低		√		√		√	√		√	√	√	√		√
病死率	高	√	√		√		√					√	√	√	√
	低			√		√		√	√	√	√				
日龄	大			√	√		√					√			
	小		√					√	√	√	√			√	√
	不限	√				√							√		
疫苗	有	√	√		√	√		√							√
	无			√			√		√	√	√	√	√	√	
疗效	较好			√	√					√	√	√			√
	较差	√	√			√	√	√	√				√	√	

（四）以神经症状为主要症状疾病的病因和鉴别诊断

1. 神经症状概述 神经系统是高等动物体内最重要的调节系统，不但参与机体生理活动的调节，而且还影响着各种病理过程。神经系统本身的病变与其他组织器官的疾病有密切的联系，各种致病原若损伤其反射弧的任何一部分，均能引起其功能障碍，发生神经症状。神经症状在临床诊断上表现的形式是多种多样的，并有专门的名词叙述。现介绍几种猪病中常见的神经症状名词。

(1)痉挛　骨骼肌或平滑肌出现不随意的收缩。若持续时间较短,肌肉的收缩与弛缓交替重复进行,并有一定的间歇时间,称为阵挛性痉挛。如果肌肉持续地收缩,较长时间无弛缓间歇,称为强直性痉挛,又叫角弓反张。

(2)惊厥　剧烈的阵挛性痉挛,导致全身搐搦,病猪不能维持身体的平衡,伴有一时性的知觉丧失。见于各种急性脑炎的末期。局部或全身骨骼肌的连续而不太强烈的阵挛性收缩,肉眼可见肌肉抖动,称为震颤。

(3)瘫痪　也称麻痹。由于支配肌肉运动的神经功能障碍,患部丧失对疼痛的应答,肌肉紧张性以及随意运动减弱或消失。猪常发生两前肢或后肢瘫痪,属中枢性瘫痪。

(4)昏迷　是神经组织代谢障碍的结果,多是由中枢神经细胞缺氧或缺乏其他必要的营养物质而造成的。根据程度不同可分为以下几类。

①冷漠迟钝　对周围事物漠不关心,离群呆立,低头耷耳,眼半闭或全闭,行动迟缓无力,但对外界刺激尚能做出有意识的反应。

②嗜睡　中枢神经中度抑制,病猪倚墙或躺卧,闭眼沉睡,要给予较强的刺激时才有反应,但很快又陷入沉睡状态。

③昏迷　为中枢神经高度抑制现象。病猪完全丧失意识,卧地不起,肌肉松弛,反射消失,甚至粪尿排泄失禁,但仍保留自主神经活动,以控制心跳和呼吸,并维持体温。重度昏迷,预后不良。见于仔猪低糖血症、自体中毒等疾病。

(5)强制性运动　肌肉活动不受意识支配而呈现重复相同形式的运动。例如,转圈运动,按比较固定的直径(大圆圈)或以一肢为中心(小圆圈)不停地转圈,有的顺时针转,有的逆时针转。此外,还有表现盲目游走、打滚,或猛进猛退等症状。

(6)共济失调　肌肉收缩力正常,但丧失协调功能,病猪不能保持体位平衡和运步协调。可分为静止性共济失调,也称体位平衡失调，表现不能正常站立，头或躯体摇晃不稳，或偏向一侧，四肢软弱，关节屈曲，常易跌倒，可能是小脑受损害；运动性共济失调，表现为运动强度、步幅和方向异常，步态不协调，举腿过高，跨步过大，运步笨拙，踉跄而方向不正，身体不能保持平衡而跌倒。可见于大脑、小脑或前庭的损伤。

2. 神经症状的病理要点

（1）脑血管的变化　脑膜和脑组织内分布有丰富的血管，血管周围有液体间隙，物质代谢和气体交换就在这些液体中进行。正常情况下，血管周围只有少量脑脊液，当脑组织发生病变时，血管周围也出现炎性细胞和液体。脑炎时，血管周围出现细胞反应，这种反应细胞包围血管，状似袖套，故称“袖套”现象。组成“袖套”现象的细胞在病毒感染时主要为淋巴细胞；在细菌感染时，主要是中性粒细胞；食盐中毒时，主要为嗜酸性粒细胞。

（2）化脓性脑炎　以在脑组织中形成微细脓肿为特征。其中有大量中性粒细胞浸润，陈旧的脓肿灶周围由神经胶质细胞及结缔组织增生形成包囊。见于链球菌、李氏杆菌等细菌的感染。

（3）非化脓性脑炎　主要病变在脑脊髓实质。其特征是在脑组织血管周围间隙内有数量不等的炎性细胞（淋巴细胞、浆细胞或嗜酸性粒细胞）浸润，构成“袖套”现象。因脊髓同时受害，故又称脑脊髓炎。见于流行性乙型脑炎、伪狂犬病、猪瘟等疾病。

（4）脑软化　猪脑软化的病因很复杂，如细菌或病毒的感染，维生素和微量元素缺乏及某些物质中毒，都可引起脑软化。脑软化的病变位于小脑、纹状体、大脑和延髓。脑软化症状出现1～2天，坏死区即出现绿黄色不透明外观，纹状体坏死，组织常显苍白、肿胀和湿润。

3. 神经症状疾病的防治原则

第一，通过垂直感染引起新生仔猪发生神经症状的疾病，主要有非典型猪瘟、伪狂犬病、仔猪先天性肌阵痉等。对于这类疾

病的防治，应着重搞好种用公猪和母猪的防疫、检疫工作，制订合理的免疫程序，种猪在配种前完成以上疾病的疫苗接种工作，定期进行血清学的检疫，检出的阳性猪不能留作种用。

第二，仔猪的中枢神经系统发育尚不成熟，免疫功能也不够完善，对某些疾病较成年猪易感染，如李氏杆菌病、链球菌病（败血型）、伪狂犬病、脑脊髓炎等。这些疾病的病原可通过血脑屏障引起脑部病变，使仔猪表现出神经症状。为此，要对仔猪细心观察，发现疾病早期隔离和治疗，对于可疑猪可使用药物或血清做紧急预防。

第三，许多神经症状疾病的出现与猪场的管理水平有关，如营养缺乏（微量元素或维生素），药物过量（痢特灵、喹乙醇等药物均有毒性），饲料霉变（黄曲霉、赤霉菌毒素中毒等），污染毒物（饲料或饮水中污染有机磷或灭鼠药等毒物）等。常见的疾病有仔猪低糖血症、水肿病、中暑、维生素或微量元素缺乏症等；对于这类疾病的防治，关键在于提高管理水平，建立、健全猪场的各项规章制度。

第四，对于已经出现神经症状病猪的治疗，一般认为是较困难的，治愈率不高。首先要分析判断发病的主要原因，做出初步的诊断，才能确定治疗方案。治疗原则包括：①抗菌药物治疗（疑为细菌性感染，如脑膜脑炎型的链球菌病等）；②对症治疗，包括使用解毒、镇静、强心、补液、退热等药物；③特异性的高免血清治疗。

4. 猪常见神经症状疾病的鉴别诊断　见表3-4。

表 3-4　猪常见神经症状疾病的鉴别

区分		仔猪先天性肌阵痉	仔猪低糖血症	伪狂犬病	猪水肿病	猪瘟	猪链球菌病	李氏杆菌病	弓形虫病	风湿症	中暑	生产瘫痪	硒缺乏症	衣原体病
体温	高			✓		✓	✓	✓	✓		✓		✓	
	正常	✓	✓		✓					✓		✓	✓	
日龄	成年						✓	✓	✓	✓	✓	✓		
	仔猪	✓	✓	✓	✓	✓	✓	✓	✓				✓	✓
神经症状	共济失调	✓			✓	✓	✓	✓	✓	✓				✓
	转圈			✓									✓	✓
	沉郁		✓								✓			
	瘫痪											✓	✓	
病情	急性	✓	✓	✓	✓		✓		✓	✓	✓			✓
	慢性					✓		✓				✓	✓	
病因	感染	✓		✓	✓	✓	✓	✓	✓					✓
	代谢病		✓									✓	✓	
	其他									✓	✓			
发病率	较高			✓	✓	✓	✓	✓	✓					✓
	低	✓	✓							✓	✓	✓	✓	
病死率	高	✓		✓	✓	✓		✓						
	较低		✓				✓		✓	✓	✓	✓	✓	✓
疗效	较好		✓				✓		✓	✓	✓	✓	✓	✓
	无效	✓		✓	✓	✓		✓						
粪便	腹泻			✓		✓	✓		✓					
	正常	✓	✓		✓			✓		✓	✓	✓	✓	✓

(五)导致母猪繁殖障碍的病因和鉴别诊断

1. 繁殖障碍概述　繁殖障碍是指动物在繁殖过程(包括配种、妊娠和分娩等几个环节)中,由于疾病等因素造成母畜不能受胎,或受胎后不久胚胎或胎儿发生死亡。其中有传染性病因,也有非传染性因素所致。母猪的繁殖障碍主要表现在以下几方面。

(1)不发情　母猪无性欲,拒绝公猪的爬跨。导致不发情的因素较复杂,其原因大致有:①体成熟而性未成熟;②年老体衰;③生殖器官疾患;④全身性疾病;⑤内分泌功能失调;⑥微量元素或维生素等营养物质缺乏;⑦环境温度过低、光照过弱等应激因素的影响。

(2)不孕症　泛指母猪不育,即当母猪已到繁殖年龄或分娩后经2～4个发情期,配种后仍不能受胎。分析其原因可能有以下几方面:①营养不足或营养过剩,母猪表现为过肥或过瘦;②生殖器官疾病,特别是卵巢疾病;③全身性疾病;④环境突变或应激频繁;⑤种公猪疾患。

(3)流产　即妊娠中断,胎儿过早排出。其临床表现可分为隐性流产(妊娠早期胚胎消失)、小产(排出死胎)、早产(排出未足月的活胎)、延期流产(死胎停滞,胎儿干尸化或胎儿浸溶)、习惯性流产(每次妊娠到一定时期即发生流产)、全部流产(全部胎儿都流产)、部分流产(只有部分胎儿流产)等。引起流产的原因大致可分为以下3个方面:①传染性流产;②寄生虫性流产;③非传染性流产(包括营养性、外伤性、症状性、自发性、中毒性流产等)。

(4)死胎　胚胎死亡,一般认为可被吸收;胎儿死亡,则导致流产。引起胎儿死亡的原因很多,猪场中常见的病因有以下几个方面:①妊娠母猪感染急性、热性或有生殖道病变的传染病;②猪舍的环境温度过高或过低;③饲喂霉变、腐败的饲料;④错误地服用某些药物；⑤微量元素、维生素等营养物质缺乏。

母猪妊娠中断后，死胎长期遗留在子宫腔内，若无细菌侵入，死胎中的水分被吸收而干化，死胎呈棕黄色或棕褐色，干化死胎一般到妊娠期满后，随着母猪卵巢黄体的消退和再发情期的出现而排出，这种死胎又称胎儿木乃伊化。

母猪妊娠中断后，死胎的软组织在腐败菌作用下，发酵分解成液体，而骨骼遗留在子宫内，子宫不断排出黄褐色脓性带恶臭的液体，这种死胎称为胎儿浸溶。

本病预后不良，常常引起子宫炎和子宫外层与肠发生粘连，导致不孕症。

2. 繁殖障碍病的防治原则

第一，对发生繁殖障碍的病猪，首先要运用各种手段做出准确的诊断，找出病因，才能采取相应的防治措施。

第二，猪传染性繁殖障碍病很多，常见的有布鲁氏菌病、流行性乙型脑炎、细小病毒感染、蓝耳病、猪瘟等，猪场要做好对这些疫病的检疫和免疫接种等工作。

第三，非传染性的繁殖障碍，与猪群的营养水平、管理条件、环境因素有密切的关系，特别是环境温度若长时间在 36℃或以上，极易导致胚胎死亡而流产。所以，在炎热的夏季，控制好妊娠母猪舍的温度十分重要。

第四，有些繁殖障碍性疾病是由于性激素分泌失调所致，对于这类疾病只要在正确诊断的基础上进行治疗，可获得满意的疗效。

第五，对于那些患有难以确诊和治疗的繁殖障碍性疾病的病猪，为避免损失，应及时淘汰。

3. 猪常见繁殖障碍病的鉴别诊断 见表 3-5。

表 3-5 猪常见繁殖障碍病的鉴别

区分		流行性乙型脑炎	细小病毒感染	伪狂犬病	蓝耳病	猪瘟	布鲁氏菌病	流行性感冒	弓形虫病	发热	高温环境	物理性创伤	舍内有害气体	中毒(敌百虫)	附红细胞体病	衣原体病
胎次	首胎	√	√		√		√									√
	不定			√		√		√	√	√	√	√	√	√	√	
病情	急性				√	√		√	√	√	√	√	√	√	√	√
	慢性	√	√	√			√									
症状	全身					√		√	√	√				√	√	
	局部	√	√	√	√		√				√	√	√			√
季节	冬春												√			
	夏秋	√									√				√	
	全年		√	√	√	√	√	√	√	√		√		√		√
流行	散发	√	√	√			√		√			√		√	√	√
	群发				√	√		√		√	√		√			
病原	细菌						√			√						√
	病毒	√	√	√	√	√		√		√						
	寄生虫								√						√	
	其他										√	√	√	√		
流产期	早期						√									
	后期	√										√	√			
	不定		√	√	√	√	√	√		√	√			√	√	√
胎儿病变	流产						√		√			√				√
	死胎	√	√							√	√				√	√
	不定			√	√	√							√	√		

二、猪病的流行病学诊断

(一)流行病学概述

动物流行病学是预防兽医学中的重要组成部分。近年来有了较快的发展,并已成为一门独立的学科。它主要研究传染病在畜群中发生、传播的条件和流行、停息的规律及其影响因素,从而可以分析疾病发生的起源,提供诊断疾病的依据,评估疾病造成的经济损失,验证防疫措施的效果,提出控制或消灭疾病的建议。

动物流行病学是以畜群为研究对象,综合应用数学、统计学、医学、生态学、社会学和经济学的知识和方法的一门动物群体医学,它是对兽医学科的完善和补充。

流行病学研究的基本方法是调查和分析,这是人们认识疾病流行规律的两个互相联系的阶段。

流行病学调查是认识疾病流行规律的感性阶段,它是流行病学分析的基础,要求兽医人员深入养殖场、畜群,到饲养员中去进行实地考察、询问,以期查明传染病发生和发展的过程,诸如传染源、传播媒介、感染途径、易感动物、病畜日龄、发病季节、环境因素、疫区范围以及发病率、病死率等。

流行病学分析是利用流行病学调查所得的材料来揭露传染病流行过程的本质和有关因素,把材料加工整理,去粗取精,去伪存真,由表及里地进行综合分析,得出流行过程的客观规律,由感性认识上升到理性认识阶段,从而又转过来为生产服务。如此循环,以指导防疫实践。

流行病学诊断是流行病学中的一个部分,其特点是从宏观和全局的观点出发并与临床诊断联系在一起。在临床实践中,往往会遇到这种情况:有的猪病表现出非常典型的症状,可以一目了

然地诊断出是何病，而有的则呈现非典型症状，需要其他辅助诊断方法配合才能确诊。猪病常用的诊断方法有4种，即临床诊断、流行病学诊断、病理学诊断和微生物学诊断。它们之间相互联系，互为补充，各有特色，彼此间都起着一种桥梁作用。各种诊断方法的特点见表3-6所示。

表3-6　4种猪病诊断方法的比较

区　分	临床诊断	流行病学诊断	病理学诊断	微生物学诊断
诊断对象	病　猪	全场猪群	个别病死猪	个别病死猪
诊断场所	病猪所在地	猪场及附近地区	剖检场或实验室	实验室
诊断所需时间	较短，现场即可诊断	较短，调查后即可诊断	需几小时或数天	较长，数小时或数天
诊断方法	对病猪做全身检查、测体温等	调查询问、统计、分析	病理剖检，肉眼或组织学观察	病原分离、培养，采血清检查
主要目的	诊断是何病，怎样治疗，如何防治	查找发病起源，找出流行规律，判断危害程度，判定疾病性质，拟订防治措施	了解病变，分析病因，推断发病机制	判断是何种病原，检测抗体，判断免疫效果，提供免疫程序

临床诊断是以病猪个例可见的症状和表现为根据的诊断方法，也是诊断猪病的基本方法。同时，还应包括对病猪的治疗，并对全场采取相应的防治措施。

流行病学诊断是在临床诊断的基础上，要求兽医人员深入到疾病发生的实际地点，对病猪、健猪、饲养人员及周围环境等进行多方面的资料搜集，调查研究，然后再做出分析判断。

病理学诊断是从病亡或急宰病猪的尸体内采取病料，根据病理变化的部位和性质，从中找出疾病的诊断依据。

微生物学诊断是选择典型病例，从其病变器官或组织中分离并鉴定病原，或采取血清做抗体检测，以此来确定病因及防疫效果。本诊断法需要一定的实验室设备和条件。

（二）流行病学诊断的主要内容

动物的健康状况表示着动物机体与周围环境的平衡状态，这种平衡又反映了动物同各种致病因素斗争的结果。流行病学研究的一项主要原则就是调查和描述导致各种不平衡的环境条件、宿主因素和病原因素的作用。实际上，每一种疾病都是由宿主、环境和病原联合作用的结果。

过去人们对疾病的研究，往往只注重发病机制和病原的分离，而忽略了许多重要的流行病学特性。流行病学诊断则远远超出了这个范围，它除了包括病原因素外，还有宿主因素、环境因素、时间因素及不同的动物群体类型等。这些不同的因素对疾病的发生、发展和流行都能产生重要的影响。

流行病学诊断就是将这些调查或记录的材料，按畜群的年龄、品种和当时的气候、季节、疾病流行过程的特征等因素进行分组，统计疾病的发生率、治愈率和致死率等，进行分析比较，从中找出疾病发生和流行的规律。在调查和引用资料时，应注意到其完整性和可靠性。对于某些具有隐性感染的疾病，应采用血清学诊断与流行病学调查相结合，同时还要考虑到判定标准和操作技术的统一性，否则就可能得不到真实、正确的结论。流行病学诊断的内容主要包括以下几方面。

1. 流行过程的表现形式 即疾病在猪群中流行的强度，是疾病在某地区或猪场一定时期内存在的数量变化以及各个病例间联系程度的标志。可分为以下 4 种表现形式。

(1)散发性　指在一个较长的时期内或众多的猪群中，只见到个别传染病的病例，其原因主要有：①某些疾病的传播需要一定的条件，如破伤风要经深部污染创在厌氧条件下才能感染，狂犬病通常要被疯狗咬后才能发生；②某些传染病平时呈隐性感染，个别猪在某种应激因素的作用下，才出现明显的症状，如猪接触传染性胸膜肺炎；③某些呈流行性的传染病，如猪瘟、猪丹毒等，通过免疫接种可获得较坚强的免疫力，但若少数猪漏掉免疫，有时也能出现散发病例。

(2)地方流行性　是指病猪数量较多，但传染范围不广，常局限于一定的地区或猪场，在一个群体单位内发生是有规律和能够预测的，并在一定时间内发病的频率保持相对稳定。“地方流行性疾病”一词并不表明其发病率的高低，如猪气喘病的发病率往往较高，而猪丹毒的发病率则不高，但这两种病都可称为地方流行性疾病。

(3)流行性　是指在一定时间内，猪群中出现比寻常为多的病例，而且传播范围广，可在较短的时间内传播到几个乡、县甚至省，不过它没有一个绝对的病例数量界限。属于这类疾病的，往往是病原毒力较强，能以多种途径感染，或猪群易感性较高的疾病，如口蹄疫、流行性感冒、传染性胃肠炎等。

“暴发”这一名词，大致可作为流行性的同义词。是指疾病在一个局部地区或在一定畜群范围内，突然发生很多病例。这是一种特殊类型的流行，如在新疫区可能暴发蓝耳病等疾病。

(4)大流行性　是指家畜发病的数量很多，传播的地区很广，一次流行可将疾病传播到全省、全国甚至几个国家。历史上曾发生过猪流行性感冒、猪水疱病的大流行。

上述几种流行形式的区分是相对的、有条件的，不是固定不变的。特别在人为的干预下，通过对病猪的扑杀、封锁、隔离、消毒和对易感猪的免疫接种等措施，是能够控制或阻断其流行的。

2. 季节性 某些传染病在每年的一定季节内，发病率显著升高。出现季节性的原因主要有以下几方面。

第一，凡是由蚊、虻等吸血昆虫传播的疾病，必然在炎热的夏、秋季，即蚊、蝇滋生的季节流行。如猪流行性乙型脑炎，在江苏省仅发生于5～10月份。

第二，气候对病原体在外界环境中存在和散播有一定的影响。在冬、春寒冷季节，有利于病毒的生存，是口蹄疫、传染性胃肠炎等疾病的流行季节；夏季易发生猪丹毒等细菌性疾病。

第三，季节还与猪的生活环境和抵抗力有关。夏季气温高，肥育猪易发生中暑，冬季若保温不好，仔猪易腹泻。如果通风不良，易发生呼吸系统疾病，所以猪气喘病、接触传染性胸膜肺炎等疾病常在寒冷的季节发生或病情加重。

3. 周期性 某些传染病的发生和流行，呈现周期性的上升和下降，即经过一定的间隔期（常以年为计算单位），可发现同一传染病再度发生，这种现象称为传染病流行的周期性，或称周期循环。处于2个发病高潮中间的一段时期，叫作流行间歇期。出现这种现象的原因，有的学者认为是因某些传染病流行后，易感猪除了死亡或淘汰的以外，幸存猪都获得了坚强的免疫力，从而终止了疾病的流行。但是经过一定年限后，幸存者包括其后代的抗体逐渐消失，或引进易感猪增多等原因，猪群对该疾病的易感性再度增高，则又可使该传染病再度流行。如猪口蹄疫、传染性胃肠炎等疾病，在某些猪场中常间隔数年流行1次。

4. 种别和品种 不同的动物种别对同一病原因素的临床反应和易感程度是不同的，这是天然形成的。如猪不会感染鸡新城疫，鸡不能感染猪瘟。但是有的病原因素具有较广泛的动物宿主范围或易感动物种类，如猪丹毒杆菌、多杀性巴氏杆菌、伪狂犬病病毒等病原，对猪、牛、羊、禽等动物都能感染，称为多种动物共患传染病。

不同品种的猪，对大多数传染病的易感性差异不大，如猪瘟、仔猪黄痢等疾病，对各品种的猪都有同样的易感性。但也有个别疾病存在着种别的差异，如猪气喘病对我国地方品种的猪较易感，而外来品种的猪则有较强的抵抗力，但对传染性萎缩性鼻炎的易感性则相反。

5. 年龄 病猪的年龄是流行病学诊断时必须考虑的一个宿主方面的因素，因为许多传染病的发生与年龄有关。如哺乳仔猪易发生黄痢、白痢等疾病，保育猪易感染副伤寒，肥育猪易感染猪丹毒，成年种用公猪和母猪对布鲁氏菌病等引起繁殖障碍的传染病易感。此外，不同的年龄即使感染同一种传染病，其表现也不一致。如伪狂犬病，妊娠母猪感染后表现为流产，仔猪感染后则发生神经症状，而肥育猪只呈隐性感染。

6. 性别 大部分传染病的易感性与动物的性别差异关系不大，如猪瘟等传染病，对不同性别的猪都同样易感。但某些引起繁殖障碍的传染病，如猪细小病毒感染、布鲁氏菌病等，妊娠母猪感染后可引起流产或死胎，而公猪感染后仅发生睾丸炎，未成年猪或肥育猪感染后则不显症状。此外，某些产科疾病如产后麻痹、子宫内膜炎、睾丸炎等疾病，只能发生在种用母猪或公猪。这些差异主要是由动物的生理解剖特点、生产性能和性激素等因素决定的。

7. 群体免疫状态 动物群体对疾病的抵抗力，叫作群体免疫。有些猪的传染病可以通过疫苗的免疫接种，产生保护性的抗体，而免于感染。猪群中对某种疫苗免疫水平的高低，取决于下列因素：①疫苗的免疫原性和疫苗的质量；②猪群中免疫接种的密度；③免疫接种的技术；④被接种猪的免疫反应能力；⑤病原毒力的强弱和污染程度；⑥哺乳仔猪的被动免疫力取决于母猪的免疫状态及其初乳中母源抗体的水平。

8. 管理因素 是猪场兽医防疫工作中不可忽视的一个环节。

实际上猪的许多疾病都与饲料、饲养方法、饲养人员的素质和经营管理者的水平有关。

但是，管理因素不同于单一的致病因素，它是一个复杂的、多方面的因素。虽然各种疾病都与管理因素有关，但是究竟关系到何种程度和究竟是怎样的关系，则缺乏这方面的调查研究。现在一些规模化的猪场，已经开始重视管理因素，一般认为要注意以下几个问题。

第一，制订场规，以规治场，实现饲养管理科学化、规范化，防疫卫生制度化、经常化。

第二，建立猪群保健档案制度，有目的、有计划地对某些疫病的抗体进行检测。

第三，具有饲料质量监察的设备和能力，经常开展饲料质量和饮水的检查，确保饲料、饮水的安全。

第四，注意维持猪舍内适宜的小气候和小环境，包括温度、湿度、空气、光照、密度、笼舍、地面等。

第五，提高管理人员和饲养人员的工作态度和业务水平，人的积极因素发挥了，才能养好猪。

（三）流行病学诊断的统计和表达

疾病的统计包括发病群体内的病畜数和非病畜数，并计算出某种比值以表达疾病的严重程度。临床实践中，人们往往只注重病畜而忽略非病畜，但在流行病学诊断中，无论是病畜还是非病畜，都是计算疾病发生所考虑的重要内容。因为它们都是群体总数的一部分，只有将病畜和非病畜联系起来，才具有对疾病状况的表达意义。

另外，各种比例都含有一个时间的成分，群体中发生疾病的频率是以经过一段时间的间隔计算的。因此，计算某段时间内疾病的频率时，通常用该段时间内动物群体的总数为分母。

在流行病学诊断的统计中，常用下列频率指标表达。

1. 发病率　是表示畜群中在一定时期内某病的新病例发生的频率。发病率能较完全地反映出传染病的流行情况，但还不能说明整个流行过程，因为常有许多家畜呈隐性感染，而同时又是传染源。因此，不仅需要统计病畜，而且还要统计隐性病畜（感染率）。

$$发病率=\frac{某期间内某病新病例数}{某期间内该畜群动物的平均数}\times 100\%$$

2. 感染率　是指用临床诊断法和各种检测法（微生物学法、血清学法等）查出来的所有感染家畜的头数（包括隐性病畜），占被检查的家畜总头数的百分比。

统计感染率能比较深入地反映出流行过程的情况，特别是在发生某些慢性传染病如猪气喘病、传染性萎缩性鼻炎等，进行感染率的统计分析具有重要的实践意义。

$$感染率=\frac{感染某传染病的家畜头数}{被检查家畜总头数}\times 100\%$$

3. 患病率（流行率、病例率）　是在某一指定时间畜群中存在某病的病例数比率，代表在指定时间畜群中疾病的数量上的一个断面。

$$患病率=\frac{在某一指定时间畜群中存在的病例数}{在同一指定时间畜群中动物总头数}\times 100\%$$

4. 死亡率　是指某病病死数占某动物总头数的百分比。它能表示该病在畜群中造成死亡的频率，而不能说明传染病发展的特性，仅在发生死亡头数很高的急性传染病时，才能反映出流行的动态。但当发生不易致死的传染病时，如口蹄疫、仔猪白痢病等，虽能大规模流行，而死亡率却很低，则不能表示出流行范围广泛的特征。因此，在传染病发展期间除统计死亡率外，还应统计所有发病的家畜（发病率）。

$$死亡率=\frac{因某病死亡头数}{同时期某种动物总头数}\times 100\%$$

5. 病死率 是指因某病死亡的家畜头数占该病病畜总数的百分比。它能表示某病临床上的严重程度，因此能比死亡率更为精确地反映出传染病的流行过程。

$$病死率=\frac{因某病致死家畜头数}{患该病病畜总头数}\times 100\%$$

三、猪病的病理剖检诊断

（一）尸体剖检概述

尸体剖检就是运用病理解剖学的知识，通过检查尸体的病理变化，获得诊断疾病的依据。我们在猪病防治的实践中，往往可发现急性死亡的病例，有的病猪临床症状表现不明显或不典型，给诊断疾病带来了困难，特别是出现群发性或流行性疾病时，需要尽快确诊，在实验室诊断条件不完善的情况下，对病猪或病死猪进行病理剖检诊断，显得十分必要。它具有方便快速、直接客观等特点，况且有的疾病通过病理剖检，便可一目了然地确诊。此外，尸体剖检还常被用来验证病死猪生前的临床诊断与治疗的正确性，对于某些疾病的科学研究、法兽医的剖检以及兽医卫生检验等方面都与尸体剖检有密切的关系。

尸体剖检是一门综合的学科，需具备病理生理、病理解剖、传染病及微生物等学科的知识。在进行剖检时，对所见的病变应做到全面观察，客观描述，详细记录，然后进行科学的分析和推理，

从中做出符合客观实际的病理解剖学诊断。同时，还要防止病原的扩散和人为的传播，做好环境的消毒和尸体的无害化处理等工作。

(二)尸体的变化

猪死亡后，受体内存在的酶和细菌的作用，以及外界环境的影响，逐渐发生一系列的死后变化，其中包括尸冷、尸僵、尸斑、血液凝固、尸体自溶与腐败。正确辨认尸体的变化，可以避免把某些死后变化误认为是生前的病理变化。

1. 尸冷　猪死亡后由于体内产热过程停止，尸体温度逐渐降至同于外界环境温度的水平。尸体温度下降的速度，在最初几小时较快，以后逐渐变慢。通常在室温条件下，平均每小时下降1℃，当外界温度低、尸体消瘦时，尸冷可能发生得快些。了解或测定尸冷有助于确定死亡的时间。

2. 尸僵　猪死后几个小时(一般3～6小时)，即从头部开始，各部位的肌肉痉挛性收缩而变为僵硬，各关节不能屈伸，尸体固定成一定的姿态，这种现象称为尸僵。尸僵发生的顺序是头、颈、前肢、躯干和后肢，至10～24小时发展完全，在死后24～48小时尸僵按原来顺序开始消失，肌肉变软。尸僵除见于骨骼肌外，心肌、平滑肌同样可以发生，心肌的尸僵在死后半小时左右即可发生。环境温度较高时，尸僵出现较早，解僵也快；寒冷条件下则出现较晚，解僵也慢。瘦肉型的猪尸僵较明显，死于破伤风、水肿病的猪，由于死前肌肉运动较剧烈，尸僵发生快而明显。死于败血症的猪，尸僵不显著或不出现尸僵。

3. 尸斑　猪死亡后，由于心脏和大动脉管的临终收缩及尸僵的发生，将血液排挤到静脉系统内，并由于重力作用，血液流向尸体的低下部位，使该部血管充盈血液，组织呈暗红色(死后1～1.5小时出现)。初期，用指压该部可使红色消退，并且这种暗红色的斑可随尸体位置的变更而改变。后期由于发生溶血，使该部组织染成污红色（一般在死后24小时左右开始出现），此时指压或改变尸体位置时也不会消失。尸斑在尸体倒卧侧的皮肤、肺、肝、肾等表现均很明显。要注意不要把这种病变与生前的充血、淤血相混淆。在采取病料时，如无特异病变或特殊需要，最好不取这些部位的组织作为病料。

4. 血液凝固 猪死后不久，在心脏和大血管内的血液即凝固成血凝块。死亡较慢者，血凝块往往分为两层，上层呈黄色鸡油样的是血浆，下层呈暗红色的为红细胞。急性死亡病猪的血凝块呈一致的暗紫红色。死于败血症或窒息、缺氧的病猪，血液凝固不良并呈暗褐色。剖检时，要注意将血凝块与生前形成的血栓相区别。

5. 尸体自溶和腐败 尸体自溶，是指体内组织受到酶（细胞溶酶体的酶）的作用而引起自体消化的过程，表现最明显的是胃和胰腺。当外界气温高时，死亡时间较久的尸体常见到胃肠道黏膜脱落，这就属于自溶现象。

尸体腐败，是指尸体组织蛋白由于细菌的作用而发生腐败分解的现象。参与腐败过程的细菌主要是来自肠道内的厌氧菌，也有从体外进入的。腐败后的尸体表现腹围膨大、尸绿、尸臭。死于败血症或大面积皮肤创伤化脓的尸体，腐败速度更快。尸体腐败后，破坏了生前的病变，因此猪死后应尽早进行剖检。

（三）尸体剖检的注意事项

第一，剖检场地应选择便于消毒和防止病原扩散的地方，最好在专设的解剖室内剖检。若条件不具备，可选在距房舍、猪群、道路和水源较远，地势较高燥的地方进行。剖检前，先挖深2米左右的深坑，坑内撒些生石灰，便于剖检后对尸体做无害化处理。

第二，剖检的器械主要有刀、剪、镊子，有时需要手锯、斧子

等。若要将病料做微生物检查，则需准备载玻片、灭菌培养皿等；如果要做组织学检查，则应配制10%甲醛溶液或95%酒精。常用的消毒液有3%来苏儿溶液、0.1%新洁尔灭溶液等。剖检人员应配备工作服、胶靴、一次性塑料手套等。

第三，病猪死亡后，若需剖检则应尽快进行。因为一旦尸体腐败，则病灶无法看清。特别是在夏天气温较高时，死亡几小时后尸体就可能腐败。

第四，尸体从猪舍搬运到剖检地点时，要防止病原的扩散，可将尸体装入塑料袋内，也可用浸透消毒液的棉花堵塞尸体的天然孔，并用消毒药液喷湿体表各部。运送尸体的车辆和绳索等，用后要严格消毒。

第五，剖检人员要注意个人的防护，在剖检时应穿着工作服、胶靴，戴工作帽、手套。剖检人员的手指若不慎割破，应立即进行消毒和包扎。当血液或其他渗出物误入眼内时，应用2%硼酸溶液洗眼，特别在怀疑为人兽共患病时更应慎重。

第六，剖检完毕，将尸体、垫料和被污染的土层一起投入深坑内，撒上生石灰或喷洒消毒液后用土掩埋，有条件的也可焚烧。附着于剖检器械及衣物上的脓液和血渍等污物，要先用清水冲洗，再做煮沸处理或用药物消毒，防止病原扩散。

(四)病料的采集、保存和运送

猪病的种类很多，有的是常见病和多发病，如白痢、黄痢等，比较容易诊断；有的表现出特异性的症状和病变，如水肿病、气喘病等，可以一目了然。但在更多的情况下是疾病缺乏特征性的病变，甚至肉眼看不到明显的病变，有的则出现两种以上不同疾病的复杂病变，而本场又缺乏实验室诊断的设备和条件，为了弄清病因，正确诊断，需要采集病料，送至有关单位或诊断室做进一步检验。

现将细菌、病毒、寄生虫、毒物和病理组织学检查材料的采集、保存和运送方法，进行简要介绍。

1. 细菌和病毒学检查材料

第一，要求在病畜死后立即采集病料，最好不超过6小时。剖开腹腔后，首先取材料，再做检查，因时间拖长后肠道和空气中的微生物都可能污染病料。

第二，采集病料时应行无菌操作，所用的容器和器械都要经过消毒。刀、剪、镊子用火焰消毒或煮沸消毒；玻璃器皿（如试管、吸管、注射器及针头等）要清洗干净，用纸包好，进行高压蒸汽灭菌或干热灭菌。

第三，采集病料要有目的地进行，首先怀疑是什么病，就采集什么病料；如果不能确定是什么病时，则尽可能地全面采集病料。取料的方法如下。

实质器官如肝脏、脾脏、肾脏、淋巴结等，先用废刀（新刀火烧后易损坏）在酒精灯上烧红后，烧烙取材的器官表面，再用灭菌的刀、剪、镊子从组织深部取病料（1～2 厘米^3 大小），放在灭菌的容器内。

血液、胆汁、渗出液、脓液等流汁病料，先烧烙心、胆囊或病变处的表面，然后用灭菌注射器插入器官或病变内抽取，再注入灭菌的试管或小瓶内。

猪死后不久血液就凝固，无法采集血样，但从心室内尚可取出少量（多数为血浆）。若死于败血症或某些毒物中毒，则血液凝固不良。

全血，是指加抗凝剂的血液。用无菌操作从耳静脉采血 3～5 毫升，盛于灭菌的小瓶内，加抗凝剂（20%枸橼酸钠溶液或 10%乙二胺四醋酸钠溶液）2～3 滴于 5 毫升血液中，轻轻振摇。

血清，同上法采出 3～5 毫升血液，置于干燥的灭菌试管内，经 1～2 小时后即自然凝固，析出血清。必要时可进行离心，再将

血清吸出置于另一灭菌的小管内，冰冻保存。

肠内容物及肠壁，烧烙肠道表面，用吸管插穿肠壁，从肠腔内吸取内容物，置于试管内，也可将肠管两端结扎后取出送检。

皮肤、结痂、皮毛等，先用刀、剪割取所需的样品，主要用于真菌、疥螨、痘疮的检查。

脑、脊髓等病料，常用于病毒学的检查。用无菌操作法采集病死猪的脑或脊髓，冰冻保存和送检。

第四，送检材料的包装和运送要求如下：①涂片自然干燥，在玻片之间垫上半截火柴棒，避免摩擦，将最外的一张倒过来使涂面朝下，然后捆扎，用纸包好。②装在试管、广口瓶或青霉素瓶内的病料，均需盖好盖或塞好棉塞。然后用胶布粘好，再用蜡封固，放入保温箱中，盛病料的容器均应保持正立，切勿翻倒，每件标本都要写明标签。③病料送检时，远途应航空托运或专人送检，并附带说明，内容包括送检单位名称、地址、动物种类、何种病料、检验目的、保存方法、死亡时间、剖检取材时间、送检日期、送检者姓名及电话号码，并附上临床病例摘要。

2. 寄生虫学检查材料

第一，血液寄生虫（如血孢子虫），需送检血片及全血。

第二，线虫（绝大部分在胃肠道，也有的在肺脏、肾脏等处）主要是挑拣虫体（要注明采集的部位），尽可能多拣一些，并将其保存在4％甲醛溶液或70％酒精中。

3. 毒物学检查材料

第一，要求容器清洁，无化学杂质，要洗刷干净，不能随便用药瓶盛装，病料中更不能放入防腐消毒剂，因为化学药品可能发生反应而妨碍检验。

第二，送检材料应包括肝脏、肾脏、胃、肠内容物及怀疑中毒的饲料样品，甚至血液和膀胱内容物。

第三，每一种病料应该放在一个容器内，不要混合。

第四，专人保管、送检，除微生物检查所附带的说明外，尚须提供剖检材料，提供可疑的毒物。

4. 病理组织学检查材料

第一，及时采取，及时固定，以免自溶出现死后变化，影响诊断。

第二，所切取的组织，应包括病灶和其邻近的正常组织两部分。这样便于对照观察，更主要的是看病灶周围的炎症反应变化。

第三，采取的病理组织材料，要包括各器官的主要结构，如肾应包括皮质、髓质、肾乳头及被膜。

第四，选取病料时，切勿挤压（可使组织变形）、刮抹（使组织缺损）、冲洗（水洗易使红细胞和其他细胞成分吸水而胀大，甚至破裂）。

第五，选取的组织不宜太大，一般为 3 厘米×2 厘米×0.5 厘米或 1.5 厘米×1.5 厘米×0.5 厘米。尸检取标本时可先切取稍大的组织块，待固定一段时间（数小时至过夜）后，再修整成适当大小，并更换固定液继续固定。常用的固定液是 10%甲醛溶液，固定液量为组织体积的 5～10 倍。容器可以用大小适宜的广口瓶。

第六，当类似的组织块较多，易造成混淆时，可分别固定于不同的小瓶内，并附上标记（用铅笔标明的小纸片和组织块一同用纱布包裹），再行固定。

第七，将固定好的病理组织块，用浸渍固定液的脱脂棉包裹，放置于广口瓶或塑料袋内，并将口封固，再用干棉花包好装入木盒内寄送。此时，应将整理好的尸检记录及有关材料一同寄出，并在送检单中说明送检的目的和要求。

5. 猪常见传染病应送检的病料

（1）猪瘟　取血清、脾脏、肝脏、肾脏、淋巴结，做病原学、病理组织学和血清学检查。

(2)猪流行性乙型脑炎、伪狂犬病、繁殖与呼吸综合征、细小病毒感染等疾病　取血清、脑组织、睾丸及死胎、肺、淋巴结，做血清学、病原学和组织学检查。

(3)猪肺疫、猪传染性胸膜肺炎、猪丹毒、链球菌病等　取心血、肝脏、脾脏、肺脏送检，做细菌学检查。慢性病例应取心瓣膜增生物送检。

(4)沙门氏菌病、病毒性腹泻等　切取肝、脾并结扎一段小肠做病原学检查。

(5)结核病、放线菌病、真菌性肺炎等　取局部病变组织，做细菌学检查和组织学检查。

(五)尸体剖检的顺序及检查方法

1. 尸体剖检的顺序　为了全面而系统地检查尸体内外所呈现的病理变化，避免遗漏，尸体剖检应按照一定的顺序进行。由于尸体有大小之别，疾病种类各不相同，剖检的目的要求也有差异，因此剖检的顺序也应灵活运用。常规剖检一般应遵循下列顺序：新鲜猪尸体→外表检查→剥皮和皮下检查→剖开腹腔先做一般视查→剖开胸腔做一般视查→摘出腹腔脏器→摘出胸腔脏器→摘出口腔和颈部器官→颈部、胸腔和腹腔脏器的检查→骨盆腔脏器的摘出和检查→剖开颅腔，摘出大脑检查→剖开鼻腔检查→剖开脊椎管，摘出脊髓检查→肌肉、关节和淋巴结的检查→骨和骨髓的检查。

2. 某些器官组织检查的方法

(1)皮下检查　在剥皮过程中进行。要注意检查皮下有无出血、水肿、脱水、炎症和脓肿，并观察皮下脂肪组织的多少、颜色、性状及病理变化性质等。

(2)淋巴结　要特别注意颌下淋巴结、颈浅淋巴结、髂下淋巴结等体表淋巴结以及肠系膜淋巴结、肺门淋巴结等内脏器官附属淋巴结，注意其大小、颜色、硬度，与其周围组织的关系及横切面的变化。

(3)胸膜腔　观察有无液体，液体的数量、透明度、色泽、性质、浓度和气味，注意浆膜是否光滑，有无粘连等病变。

(4)肺脏　首先注意其大小、色泽、重量、质地、弹性，有无病灶及表面附着物等。然后用剪刀将支气管剪开，注意观察支气管黏膜的色泽，表面附着物的数量、黏稠度。最后将整个肺脏纵横切割数刀，观察切面有无病变，切面流出物的数量、色泽变化等。

(5)心脏　先检查心脏纵沟、冠状沟的脂肪量和性状，有无出血，然后检查心脏的外形、大小、色泽及心外膜的性状。最后切开心脏检查心腔。方法是沿左纵沟左侧的切口，切至肺动脉起始处；沿左纵沟右侧的切口，切至主动脉的起始处；然后将心脏翻转过来，沿右纵口左右两侧做平行切口，切至心尖部与左侧心切口相连接；切口再通过房室口切至左心房及右心房。经过上述切线，心脏全部剖开(图 3-1)。

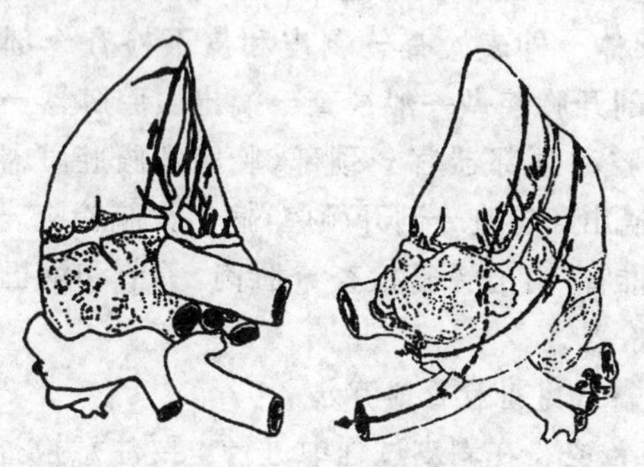

图 3-1　心脏剖检示意

检查心脏时，注意检查心腔内血液的含量及性状。检查心内膜的色泽、光滑度、有无出血，各个瓣膜、腱索是否肥厚，有无血栓

形成和组织增生或缺损等病变。对心肌的检查，应注意心肌各部的厚度、色泽、质地，有无出血、瘢痕、变性和坏死等。

(6)脾脏　脾脏摘出后，检查脾门血管和淋巴结，测量脾的长、宽、厚，称其重量。观察其形态和色彩，包膜的紧张度，有无肥厚、梗死、脓肿及瘢痕形成，用手触摸脾的质地(坚硬、柔软、脆弱)，然后做1～2个纵切，检查脾髓、滤泡和脾小梁的状态，有无结节、坏死、梗死和脓肿等。以刀背刮切面，检查脾髓的质地。患败血症的病猪脾脏，常显著肿大，包膜紧张，质地柔软，呈暗红色，切面突出，结构模糊，往往流出多量煤焦油样血液。脾脏淤血时，脾亦显著肿大、变软，切面有暗红色血液流出。增生性脾炎时，脾稍肿大，质地较实，滤泡常显著增生，其轮廓明显。萎缩的脾脏，包膜肥厚皱缩，脾小梁纹理粗大而明显。

(7)肝脏　先检查肝门部的动脉、静脉、胆管和淋巴结。然后检查肝脏的形态、大小、色泽、包膜性状，有无出血、结节、坏死等。最后切开肝组织，观察切面的色泽、质地和含血量等情况。注意切面是否隆突，肝小叶结构是否清晰，有无脓肿、寄生虫性结节和坏死等。

(8)肾脏　先检查肾脏的形态、大小、色泽和质地。注意包膜的状态，是否光滑透明和容易剥离。包膜剥离后，检查肾表面的色泽，有无出血、瘢痕、梗死等病变。然后由肾的外侧向肾门部将肾纵切为相等的两半，检查皮质和髓质的厚度、色泽，交界部血管状态和组织结构纹理。最后检查肾盂，注意其容积，有无积尿、蓄脓、结石等，以及黏膜的性状。

(9)胃　先观察其大小，浆膜面的色泽，有无粘连，胃壁有无破裂和穿孔等，然后由贲门沿大弯剪至幽门。胃剪开后，检查胃内容物的数量、性状、含水量、气味、色泽、成分，有无寄生虫等。最后检查胃黏膜的色泽，注意有无水肿、充血、溃疡、肥厚等病变。

(10)肠管　对十二指肠、空肠、回肠、大肠、直肠分段进行检查。在检查时，先检查肠管浆膜面的色泽，看有无粘连、肿瘤、寄生虫结节等。然后剪开肠管，随时检查肠内容物的数量、性状、气味，有无血液、异物、寄生虫等。除去肠内容物后，检查肠黏膜的性状，注意有无肿胀、发炎、充血、出血、寄生虫和其他病变。

（11）**生殖器官** 公猪检查睾丸和附睾，检查其外形、大小、质地和色泽，观察切面有无充血、出血、瘢痕、结节、化脓和坏死等。母猪检查子宫、卵巢和输卵管，先注意卵巢的外形、大小，卵黄的数量、色泽，有无充血、出血、坏死等病变。观察输卵管浆膜面有无粘连、膨大、狭窄、囊肿，然后剪开，注意腔内有无异物或黏液、水肿液，黏膜有无肿胀、出血等病变。检查阴道和子宫时，除观察子宫大小及外部病变外，还要用剪子依次剪开阴道、子宫颈、子宫体，直至左右两侧子宫角，检查内容物的性状及黏膜的病变。

（六）尸体剖检的诊断方法

1. 外部检查 在进行尸体剖检前，应先了解病死猪的流行病学情况、临床症状和治疗效果，对病情做出初步的诊断，缩小对所患疾病的考虑范围，这对剖检有一定的导向性，可缩短剖检的时间。现将病猪主要症状可能涉及的疾病以及猪尸体外部病理变化可能涉及的疾病列表介绍如下（表 3-7，表 3-8）。

表 3-7 病猪主要症状所涉及的疾病

主要症状	可能涉及的疾病
仔猪下痢	红痢、黄痢、白痢、传染性胃肠炎、流行性腹泻、轮状病毒感染、猪痢疾、副伤寒、空肠弯曲菌病、腺病毒感染、鞭虫病、胃肠炎、球虫病、蓝耳病、衣原体病
呼吸困难	气喘病、猪肺疫、猪流感、接触传染性胸膜肺炎、传染性萎缩性鼻炎、蓝耳病、猪圆环病毒病、肺炎

续表 3-7

主要症状	可能涉及的疾病
神经症状	猪水肿病、流行性乙型脑炎、李氏杆菌病、伪狂犬病、仔猪先天性肌阵痉、神经型猪瘟、链球菌病、传染性脑脊髓炎，食物、药物或农药中毒，衣原体病
流产或产死胎	猪细小病毒感染、流行性乙型脑炎、猪瘟、布鲁氏菌病、伪狂犬病、蓝耳病、弓形虫病、引起妊娠母猪体温升高的疾病及非传染病因素（包括高温、营养、中毒、机械损伤、应激、遗传等）、衣原体病、附红细胞体病

表 3-8　病猪尸体外部病理变化可能涉及的疾病

器　官	病理变化	可能涉及的疾病
眼	眼角有泪痕或眼眵	猪流感、猪瘟、衣原体病
	眼结膜充血、苍白、黄染	热性传染病、贫血、黄疸、附红细胞体病
	眼睑水肿	猪水肿病、蓝耳病
口、鼻	鼻孔有炎性渗出物流出	猪流感、气喘病、传染性萎缩性鼻炎
	鼻歪斜，颜面部变形	传染性萎缩性鼻炎
	上唇吻突及鼻孔有水疱、糜烂	口蹄疫、水疱病
	齿龈、口角有点状出血	猪　瘟
	唇、齿龈、颊部黏膜溃疡	猪　瘟
	齿龈水肿	猪水肿病

续表 3-8

器官	病理变化	可能涉及的疾病
皮肤	胸、腹和四肢内侧皮肤有大小不一的出血斑点	猪瘟、湿疹、附红细胞体病、衣原体病
	方形、菱形红色疹块	猪丹毒
	耳尖、鼻端、四蹄呈紫色	沙门氏菌病、蓝耳病
	下腹和四肢内侧有痘疹	猪痘
	蹄部皮肤出现水疱、糜烂、溃疡	口蹄疫、水疱病等
	咽喉部明显肿大	链球菌病、猪肺疫等
肛门	肛门周围和尾部有粪便污染	腹泻性疾病

2. 内部检查 猪的剖检一般采用背位姿势，为了使尸体保持背位，需切断四肢内侧的所有肌肉和髋关节的圆韧带，使四肢平摊在地上，借以抵住躯体，保持不倒。然后再从颈、胸、腹的正中侧切开皮肤，只在腹侧剥皮。如果是大猪，又属非传染病死亡，皮肤可以加工利用时，建议仍按常规方法剥皮，然后再切断四肢内侧肌肉，使尸体保持背位。

（1）皮下检查 皮下检查在剥皮过程中进行。除检查皮下有无充血、炎症、出血、淤血（血管紧张，从血管断端流出多量暗红色血液）、水肿（多呈胶冻样）等病变外，还必须检查体表淋巴结的大小、颜色，有无出血，是否充血，有无水肿、坏死、化脓等病变。小猪（断奶前）还要检查肋骨和肋软骨交界处有无串珠样肿大。

（2）剖开腹腔和腹腔脏器的摘出 从剑状软骨后方沿白线由前向后切开腹壁至耻骨前缘，观察腹腔中有无渗出物；渗出液的数量、颜色和性状；腹膜及腹腔器官浆膜是否光滑，肠壁有无粘连；再沿肋骨弓将腹壁两侧切开，使腹腔器官全部暴露。首先摘出肝脏、脾脏及网膜，其次为胃、十二指肠、小肠、大肠和直肠，最

后摘出肾脏。在分离肠系膜时，要注意观察肠浆膜有无出血，肠系膜有无出血、水肿，肠系膜淋巴结有无肿胀、出血、坏死。

(3)剖开胸腔和胸腔脏器的摘出　先用刀分离胸壁两侧表面的脂肪和肌肉，检查胸腔的压力，用刀切断两侧肋骨与肋软骨的接合部，再切断其他软组织，除去胸壁腹面，胸腔即可露出。检查胸腔、心包腔有无积液及其性状，胸膜是否光滑，有无粘连。

分离咽喉头、气管、食管周围的肌肉和结缔组织，将喉头、气管、食管、心和肺一同摘出。

(4)剖检小猪　可自下颌沿颈部、腹部正中线至肛门切开，暴露胸腹腔，切开耻骨联合，露出骨盆腔。然后将口腔、颈部、胸腔、腹腔和骨盆腔的器官一起取出。

(5)剖开颅腔　可在脏器检查后进行。清除头部的皮肤和肌肉，在两眼眶之间横劈额骨，然后再将两侧颞骨(与颧骨平行)及枕骨髁劈开，即可掀掉颅顶骨，暴露颅腔。检查脑膜有无充血、出血。必要时取材送检。

3. 摘出器官的检查　参照前面介绍的内脏器官的检查方法，逐一检查各个器官的病理变化，并详细记录。猪常见的病理变化及可能的疾病参见表 3-9，主要猪病的剖检诊断参见表 3-10。

(七)尸体剖检记录与尸体剖检报告

尸体剖检记录是尸体剖检报告的重要依据，也是进行疾病综合分析判断的原始资料。记录的内容力求完整详细，如实地反映尸体的各种病理变化，且要做到重点详写，次点简写。记录最好于当时当地完成，事后及时整理、补充。如限于条件及人手不足，也可以在剖检之后靠记忆及时写好。

对病变的描述，要客观地用通俗易懂的语言加以表达，使用法定计量标准和大家都熟悉的形象，如实地记录下器官或病变的位置、大小、形态、颜色、质地、数量、透明度、湿度、结构、气味等。

表 3-9 各器官病理变化及可能发生的疾病

器官	病理变化	可能发生的疾病
淋巴结	颌下淋巴结肿大，出血性坏死	猪炭疽、链球菌病、蓝耳病
	全身淋巴结有大理石样出血变化	猪瘟、猪圆环病毒病
	咽、颈及肠系膜淋巴结有黄白色干酪样坏死灶	猪结核病、附红细胞体病
	淋巴结充血、水肿、小点状出血	急性猪肺疫、猪丹毒、链球菌病、衣原体病
	支气管淋巴结、肠系膜淋巴结髓样肿胀	猪气喘病、猪肺疫、传染性胸膜肺炎、副伤寒
肝	坏死小灶	沙门氏菌病、弓形虫病、李氏杆菌病、伪狂犬病、衣原体病
	胆囊出血	猪瘟、胆囊炎、附红细胞体病
脾	脾边缘有出血性梗死灶	猪瘟、链球菌病
	稍肿大，呈樱桃红色	猪丹毒
	淤血肿大，灶状坏死	弓形虫病、附红细胞体病
	脾边缘有小点状出血	仔猪红痢
胃	胃黏膜斑点状出血、溃疡	猪瘟、胃溃疡
	胃黏膜充血、卡他性炎症，呈大红布样	猪丹毒、食物中毒
	胃黏膜下水肿	水肿病
小肠	黏膜小点状出血	猪 瘟
	节段状出血性坏死，浆膜下有小气泡	仔猪红痢、衣原体病
	以十二指肠为主的出血性、卡他性炎症	仔猪黄痢、猪丹毒、食物中毒

续表 3-9

器官	病理变化	可能发生的疾病
大肠	盲肠、结肠黏膜灶状或弥漫性坏死	慢性副伤寒
	盲肠、结肠黏膜扣状溃疡	猪　瘟
	卡他性、出血性炎症	猪痢疾、胃肠炎、食物中毒
	黏膜下高度水肿	水肿病
肺	出血斑点	猪瘟、蓝耳病、衣原体病
	纤维素性肺炎	猪肺疫、传染性胸膜肺炎
	心叶、尖叶、中间叶肝样变	气喘病
	水肿，小点状坏死	弓形虫病、猪圆环病毒病
	粟粒性、干酪样结节	结核病
心	心外膜斑点状出血	猪瘟、猪肺疫、链球菌病
	心肌条纹状坏死带	口蹄疫
	纤维素性心外膜炎	猪肺疫、传染性胸膜肺炎、蓝耳病
	心瓣膜菜花样增生物	慢性猪丹毒
	心肌内有米粒大灰白色包囊泡	猪囊尾蚴病
肾	苍白，小点状出血	猪瘟、伪狂犬病、附红细胞体病
	高度淤血，小点状出血	急性出血、蓝耳病
膀胱	黏膜层有出血斑点	猪　瘟
浆膜及浆膜腔	浆膜出血	猪瘟、链球菌病
	纤维素性胸膜炎及粘连	猪肺疫、猪气喘病
	积　液	传染性胸膜肺炎、弓形虫病
睾丸	1个或2个睾丸肿大、发炎、坏死或萎缩	流行性乙型脑炎、布鲁氏菌病

续表 3-9

器官	病理变化	可能发生的疾病
肌肉	臀肌、肩胛肌、咬肌等处有米粒大囊泡	猪囊尾蚴病
	肌肉组织出血、坏死，含气泡	恶性水肿
	腹斜肌、大腿肌、肋间肌等处见有与肌纤维平行的毛根状小体	猪肉孢子虫病
血液	血液凝固不良	链球菌病、中毒性疾病、附红细胞体病

表 3-10　主要猪病的剖检诊断

病　名	主要病变
仔猪红痢	空肠、回肠有节段状出血性坏死
仔猪黄痢	主要在十二指肠有卡他性炎症
轮状病毒性肠炎	胃内有乳凝块，大、小肠黏膜呈弥漫性出血，肠管非薄
传染性胃肠炎	主要病变在胃和小肠，呈现充血、出血并含有未消化的小凝乳块，肠壁变薄
流行性腹泻	病变在小肠，肠壁变薄，肠腔内充满黄色液体，肠系膜淋巴结水肿，胃内空虚
仔猪白痢	胃肠黏膜充血，含有稀薄的食糜和气体，肠系膜淋巴结水肿
沙门氏菌病	盲肠、结肠黏膜呈弥漫性坏死，肝脏、脾脏淤血并有坏死点，淋巴结肿胀、出血
猪痢疾	盲肠、结肠黏膜发生卡他性、出血性炎症，肠系膜充血、出血
猪　瘟	皮肤、浆膜、黏膜及肾脏、喉、膀胱等器官表面有出血点，淋巴结充血、出血、水肿，回盲瓣口呈纽扣状溃疡

续表 3-10

病　　名	主要病变
猪丹毒	体表有充血疹块，肾脏充血，有出血点，脾脏充血，心内膜有菜花状增生物，关节炎
猪肺疫	全身皮下、黏膜、浆膜有明显出血，咽喉部水肿，出血性淋巴结炎，胸膜与心包粘连，肺脏肉变
猪水肿病	胃壁、结肠系膜和下颌淋巴结水肿，下眼睑、颜面及头颈皮下有水肿
气喘病	肺的心叶、尖叶、中间叶及部分膈叶的下端出现肉变，肺门及纵隔淋巴结肿大
链球菌病	败血型在黏膜、浆膜及皮下均有出血斑，全身淋巴结肿大、出血，心包、胸腔积液，肺呈化脓性支气管炎变化，关节有炎性变化
接触传染性胸膜肺炎	肺组织呈紫红色，切面似肝组织，肺间质充满血色胶样液体，肺与胸膜粘连
弓形虫病	耳、腹下及四肢等处有淤血斑，肺水肿，肝脏、淋巴结有坏死灶
仔猪低糖血症	肝呈橘黄色，边缘锐利，质地似豆腐，稍碰即破，胆囊肿大，肾呈淡土黄色，有出血点
蓝耳病	母猪流产，产死胎、弱仔，仔猪肺变质，部分仔猪耳、腹下呈蓝紫色
猪圆环病毒病	消瘦，淋巴结肿大出血，肺橡皮样变，脾肿大，肾有白色小点
附红细胞体病	贫血，黄疸，血液稀薄，肝肿大、呈棕色，淋巴结肿大，肾有出血点，脾肿大变软
衣原体病	母猪流产，胎儿水肿，肝肿大、出血，肺水肿、出血，淋巴结肿大，关节炎，结膜炎

例如，大小用小米粒大、黄豆大、拳头大、篮球大等形象比拟；部位用上、中、下，腹、背，左、右等表述；质地用软、硬、胶冻样、黏稠、豆腐渣样等表述；单一的颜色可用鲜红、淡红、苍白等词来表示，复杂的色彩可用紫红、灰白等词表示（这种复色，前者是次色，后者为主色）。除了用文字描述病变外，如果有条件配合画图或照相，效果会更好。值得注意的是，在描述时应尽量避免使用出血、变性、坏死等名词，因这样不能正确反映疾病本来的面目，往往带有主观性。当剖检未发现器官的病变时，可写未见明显的肉眼病变。

一份完整的尸体剖检记录，一定要包括表 3-11 所列的内容。在记录剖检所见内容时，视情况可添加附页。

尸体剖检报告是根据剖检发现的病理变化和它们相互的依存关系，以及辅助诊断检查所提供的材料，经过详细的分析而得出的一种结论性报告。一份完整的尸体剖检报告应包括表 3-12 所列的内容，其中病理解剖学诊断是根据剖检所见的变化，进行综合分析，判断病理变化的主次，用病理术语对病变做出的诊断，其顺序可按病变的主次及相互关系来排列。结论是根据病理解剖学诊断，结合病畜生前临床症状及其他有关资料做出的判断，阐明是何疾病及病畜致死的原因，并提出防治建议。

表 3-11 尸体剖检记录

剖检号________

<table>
<tr><td>畜 主</td><td colspan="2"></td><td>畜种</td><td></td><td>性别</td><td></td><td>年龄</td><td></td><td>特征</td><td></td></tr>
<tr><td>临床摘要及临床诊断</td><td colspan="10"></td></tr>
<tr><td>死亡时间</td><td colspan="3">年 月 日 时</td><td colspan="2">剖检时间</td><td colspan="5">年 月 日 时</td></tr>
<tr><td>剖检地点</td><td colspan="3"></td><td colspan="2">剖检者</td><td colspan="5"></td></tr>
<tr><td>剖检所见</td><td colspan="10"></td></tr>
</table>

表 3-12　尸体剖检报告

剖检号＿＿＿＿＿＿

<table>
<tr><td>畜　主</td><td></td><td>畜 种</td><td></td><td>性 别</td><td></td><td>年 龄</td><td></td><td>特 征</td><td></td></tr>
<tr><td>临床摘要及临床诊断</td><td colspan="9"></td></tr>
<tr><td>死亡时间</td><td colspan="4">年　月　日　时</td><td colspan="2">剖检时间</td><td colspan="3">年　月　日　时</td></tr>
<tr><td>剖检地点</td><td colspan="4"></td><td colspan="2">剖检者</td><td colspan="3"></td></tr>
<tr><td>病理解剖学诊断</td><td colspan="9"></td></tr>
<tr><td>其他诊断</td><td colspan="9"></td></tr>
<tr><td>结论</td><td colspan="9">剖检兽医(签名)
年　月　日</td></tr>
</table>

四、猪病的实验室诊断

(一)粪便、尿液的常规检查法

1. 尿液潜血检查　肾脏、膀胱及尿路的出血性疾病以及溶血性疾病，如猪瘟、猪丹毒、新生仔猪溶血病等，在其尿液中均含有血液或血红蛋白，但若仅有少量，肉眼直接看不到，谓之潜血，必须借助化学方法来测定。常用联苯胺测定法。

(1)原理　血红蛋白中的铁，具有过氧化物酶的作用，可分解过氧化氢放出氧，使联苯胺氧化呈绿色或蓝色。

(2)试剂　联苯胺冰醋酸饱和液，3%过氧化氢溶液。

(3)测定方法　取被检尿液3～5毫升，置于洁净试管中煮沸，以破坏其他可能存在的过氧化物酶。

冷却后加入联苯胺冰醋酸饱和液数滴，再加3%过氧化氢溶液数滴，混合，数秒钟后即可呈现反应。

(4)结果判定　若供检尿样呈绿色或蓝色，为阳性反应，颜色的深度(绿色、蓝绿色、蓝色、深蓝色)表示反应的强弱(＋、＋＋、＋＋＋、＋＋＋＋)。若5分钟后仍不变色，则为阴性反应(－)。

2. 粪便潜血检查　粪便中潜血阳性，见于胃溃疡、胃穿孔及胃肠道的出血性疾病。

(1)原理与试剂　与尿液潜血检查相同。

(2)测定方法　取洁净棉签2根，滴以生理盐水，一支棉签上涂粪，另一支作对照，均置于酒精灯上加温片刻，以破坏可能存在的他种过氧化物酶。待冷，加1%联苯胺冰醋酸溶液及3%过氧化氢溶液各2滴，观察颜色出现的快慢及深浅。

(3)结果判定　如果涂粪棉签呈蓝色，而对照棉签颜色不变，为阳性反应；若两支棉签均呈蓝色，为假阳性反应；若两支棉签均不变色，为阴性反应。

检验结果，可按以下规定记录：加试剂后立即出现深蓝或深绿色者为最强阳性反应（＋＋＋＋）；加试剂后初现浅蓝色，半分钟内渐现深蓝或深绿色者，为强阳性反应（＋＋＋）；加试剂半分钟后，在1分钟内出现绿蓝色者，为阳性反应（＋＋）；加试剂1分钟后，在2分钟内出现绿色者，为弱阳性反应（＋）；加试剂2分钟后，在5分钟内缓缓出现浅绿色者，为痕迹反应（±）；若5分钟后仍不出现浅蓝色或浅绿色者，为阴性（－）。

3. 粪便的显微镜检查 即借助显微镜观察粪便中的寄生虫虫卵和幼虫，同时也可了解到被检猪的消化能力和胃肠道有无炎症病变。

（1）直接涂片法 取洁净载玻片1片，先滴1大滴生理盐水（若用50%甘油水溶液更好），再以竹签挑取被检粪便少许，与载玻片上的生理盐水混匀，涂成薄层，即可镜检。

本法简便易行，常用于检查粪便中有无寄生的蠕虫卵，由于取粪量很少，检出率较低，所以要求每个样品多涂几片（5～6片）。若在涂片中同时见到多量的红细胞和白细胞，则表示肠道有炎症。

（2）饱和盐水浮集法 先制备饱和食盐溶液，即在1000毫升沸水中加入食盐380克，冷却后用纱布过滤备用。检查时，取5～10克猪粪，加入20倍量的饱和食盐溶液，搅拌溶解后用纱布滤入另一烧杯中，去掉粪渣，静置30～60分钟，使比重小于饱和食盐溶液的虫卵浮集于液面上。然后用直径0.5～1厘米的铁丝圈平行接触液面，使铁圈中形成一个薄膜，将其抖落于载玻片上，加盖玻片后，先用低倍镜观察，再转到高倍镜检查。

本法操作不复杂，采用比虫卵比重大的盐水使虫卵集中浮在液体的表层，检出率较高，尤其对线虫卵检出效果较好。

猪的几种寄生虫卵在显微镜下的形状见图3-2所示。

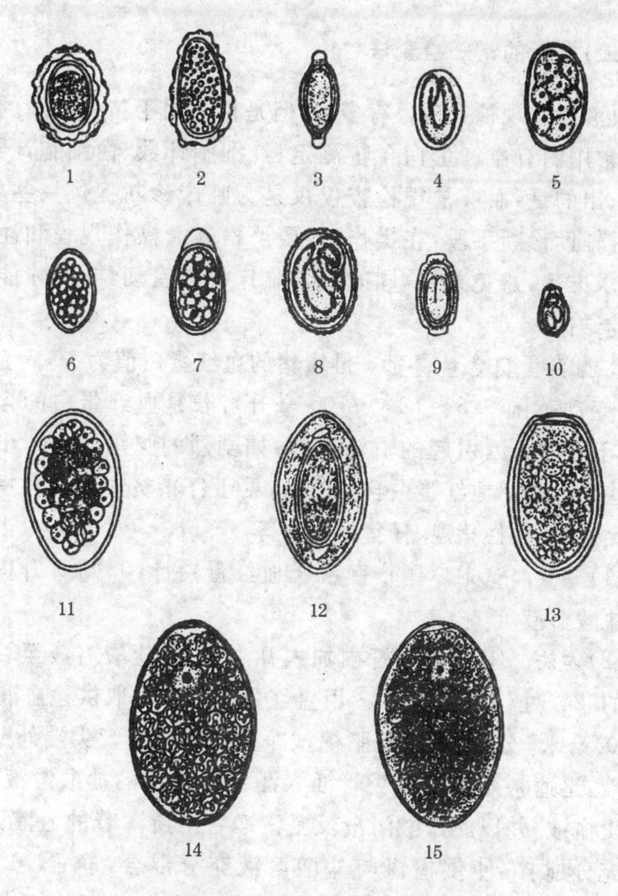

图 3-2　猪的几种寄生虫卵

1. 猪蛔虫卵(褐黄色)　2. 猪蛔虫卵(未受精、褐黄色)
3. 猪鞭虫卵(黄褐色)　4. 蓝氏类圆线虫卵　5. 结节虫卵
6. 猪大肠线虫卵　7. 刚刺颚口线虫卵　8. 长刺后圆线虫卵
9. 螺咽猪胃虫卵　10. 华支睾吸虫卵(黄褐色)　11. 猪肾虫卵
12. 猪巨吻棘头虫卵(暗棕色)　13. 大平肺吸虫卵(淡黄褐色)
14. 布氏姜片吸虫卵(无色或稍带褐色)　15. 肝片吸虫卵(淡褐黄色)

（二）血液的常规检查法

血液的常规检查项目有多种，但是目前用于猪病诊断的项目不多，常用的有血红蛋白含量测定、红细胞计数、白细胞计数等。必须指出的是，血液常规检查仅仅是为临床诊断提供一些数据，是一种辅助诊断手段，在操作时，要严格遵循操作规程和注意事项，力求准确，避免差错，同时应与临床检查密切结合，才能得到正确的结论。

1. 血红蛋白含量测定 健康猪的血红蛋白值为10.5克/100毫升(变动范围9.5～12克/100毫升)，若是血红蛋白的含量增多，见于各种原因引起的血液浓缩，如剧烈的腹泻、呕吐、出大汗及某些中毒病。血红蛋白含量降低，见于仔猪贫血及各种慢性消耗性疾病，如慢性猪瘟、仔猪蛔虫病等。

(1)器械和试剂　国产萨利氏血红蛋白计，0.1摩/升(1%～2%)盐酸溶液。

(2)方法　①于测定管内加入0.1摩/升盐酸溶液至百分数刻度的"20"处(5～6滴)。②用血红蛋白吸管吸取供检血液至20(或10)毫米^{3}处，用清洁脱脂棉拭净血红蛋白吸管尖端外壁附着的血液，迅速将血红蛋白吸管插入测定管底部的盐酸溶液中，缓缓压出血液，并以此盐酸溶液反复洗净管内所附着的血液。③以玻棒充分搅拌，使供检血与盐酸溶液充分混合，静置10分钟。④沿管壁向测定管内逐滴加入蒸馏水(或0.1摩/升盐酸溶液)，随加随用玻棒搅拌，并与两侧的标准色柱相比较，直至管内液体的颜色与标准色柱一致为止。⑤读取测定管内液体凹面的刻度数，即100毫升血液中所含血红蛋白的克数或百分数。如被检血的用量只达血红蛋白吸管的刻度"10"处时，将读数加倍。

(3)注意事项　①吸血量应准确，血红蛋白吸管中的血柱不应混有气泡。②供检血液及稀释液均应沿测定管壁加入，不能直

接冲向管底而产生大量气泡。③搅拌要均匀，防止血液出现凝块。④稀释时蒸馏水应分次、逐滴加入，勿使液体颜色淡于标准色柱而无法比色。⑤混合完毕，应于10分钟后、30分钟内进行比色，因为在室温下，1分钟后约有75%的血红蛋白可与盐酸作用而呈褐色，5分钟后有88%，至10分钟时95%的血红蛋白才能转化为褐色的酸性血红素。

2. 红细胞计数　红细胞计数是将一定量供检血经一定倍数稀释后，计算其一定容积内的红细胞数，并换算为每立方毫米血液内的含量。健康猪的红细胞数平均值为600万个/毫米^3(变动范围为500万～700万个/毫米^3)。红细胞增多，表示血液浓缩，见于脱水、出大汗、胸膜炎的渗出期等；红细胞减少，见于各类贫血性疾病或慢性消耗性疾病。

(1)器材和稀释液　①血红蛋白吸管，吸血用(与测定血红蛋白通用)。②红细胞计数板，同时也可用于白细胞、血小板计数用。目前一般使用的为鲍氏计数板，上面刻画2个计数室，每个计数室分为9个大方格，每1大方格的面积为1毫米^2，加血后(盖片)的深度为1/10毫米。每个大方格又划分为16个中方格(用于白细胞计数)，每个中方格又分为16个小方格，共计400个小方格，用于红细胞计数。③盖玻片、吸管、试管及生理盐水等。

(2)方法　①取小试管1支，先以普通吸管准确吸取红细胞稀释液4毫升(准确的数量为3.98毫升)，置于试管中。②稀释血液。用血红蛋白吸管吸取供检血样至20毫米^{3}处，用干脱脂棉拭去管尖外壁附着的血液，然后将血红蛋白吸管插入已装稀释液的试管底部，缓缓放出血液，再吸取上清液反复洗净沾在吸管内壁上的血液数次，立即振摇试管1～2分钟，使血液与稀释液充分混合，即得200倍的稀释血液。③充液。取清洁干燥的计数板和盖玻片，将盖玻片紧密覆盖于红细胞计数板上，并将红细胞计数板置于显微镜上，用低倍显微镜先找到计数室，然后用小吸管取已摇匀的稀释血液1滴，使吸管尖端接触盖玻片边缘和计数室空隙处，稀释的血液即可自然引入并充满计数室。④计数。计数室充液后，应静置1～2分钟，待红细胞分布均匀并下沉后开始计数，计数红细胞用高倍镜，一般计数中央大方格中四角的4个及中央1个中方格(共计5个中方格，即为80个小方格)内的红细胞，5个中方格内红细胞的最高数和最低数相差不得超过正负10%，否则表示血液稀释混合不均。红细胞在高倍显微镜下呈圆形，淡黄色，发亮。为避免重复和遗漏，在计数时应按一定的顺序进行。压在双线上的红细胞都应计算在内，对于压在线上的红细胞，每格都只计入上方和左侧线上的红细胞，而压在下方和右侧的红细胞则均不计入。计算按下列公式进行。

$$每立方毫米血液内红细胞总数=\frac{x}{80}\times 400(小方格总数)\times 稀释倍数\times 10$$

x为计数5个中方格(80个小方格)的红细胞数。如血液稀释200倍，为计算方便，也可将计数5个中方格(80个小方格)内的红细胞总数，乘以10 000，即得每立方毫米血液内的红细胞总数。

3. 白细胞计数 白细胞计数对某些疾病的辅助诊断有重要的意义。多数细菌性感染和炎症，都能使白细胞增多，如猪丹毒、肺炎、链球菌感染等。而一些病毒性的传染病则能使白细胞减少，如猪瘟、流行性感冒等；某些严重疾病的后期，机体高度衰竭时，亦可见白细胞减少；长期应用某种药物(如氯霉素)，也可引起白细胞减少。健康猪白细胞的平均值为13 000个/毫米^3(变动范围为11 000～16 000个/毫米^3)。

(1)器材和稀释液　器材基本同红细胞计数所用，不同的是稀释液采用1%～3%醋酸溶液(或1%盐酸溶液)。为使白细胞核着色，便于识别，并与红细胞稀释液相区别，可于稀释液中加入

1%亚甲蓝或1%结晶紫溶液数滴。

(2)方法　①取清洁、干燥的小试管1支，以0.5毫升吸管准确吸取白细胞稀释液0.38毫升，放入试管中。②稀释血液。以血红蛋白吸管准确吸取供检血液至20毫米^{3}处，用干棉球擦去管尖外壁所附的血液，立即将吸入被检血的吸管插入试管底部，缓缓放出血液，并吸取上清液反复洗净沾在吸管内壁上的血液数次，然后振摇试管1～2分钟，使血液与稀释液充分混合，即可成为20倍稀释的血液。③充液的步骤和操作，同红细胞计数。④计数的方法与红细胞计数相同，但白细胞计数时用低倍显微镜即可，计数四角处4个大方格(每个大方格包括16个中方格)内的白细胞总数。计算按下列公式进行。

$$每立方毫米血液内白细胞数=\frac{x}{计数的大方格数}\times 血液稀释倍数(20倍)\times 10(计数室的深度)$$

x为计数4个大方格(或计数成对角线的位置上的两个大方格)内的白细胞数。

如血液稀释20倍，并计数4个大方格，则白细胞的总数为

$$\frac{x}{4}\times 20\times 10=x\times 50(个/毫米^3)$$

(三)细菌的分离、培养和鉴定

猪的细菌性疾病种类很多，危害不小，常见的细菌病有仔猪黄痢、仔猪白痢、猪水肿病、副伤寒、猪丹毒、猪肺疫、链球菌病等，其中有的疾病可以一目了然(如仔猪黄、白痢等)，易于诊断，有些疾病则一时难以确诊(如副伤寒、猪接触传染性胸膜肺炎等)，而更多的细菌病是并发或继发感染的。为了做到及时、正确地诊断猪病，规模化猪场有必要开展细菌的分离、培养和鉴定工作，同时还可将分离出的细菌，通过抑菌试验筛选出敏感性强、疗效好的

抗菌药物进行治疗。掌握了细菌学的检查技术，还可开展对猪舍消毒效果的测定以及饮用水、饲料的细菌学检查等项工作。

规模化猪场的检验室开展这项工作，需要一定的设备和条件，操作人员应该具备兽医微生物学的基本知识和实验室的操作技术，要求做到正确、熟练，其内容包括病料的采集，细菌的分离培养，形态观察，生化试验和动物接种试验等。至于细菌培养基的制作和染色液的配制等内容，限于篇幅，本书不做介绍，请参阅有关资料。

各种细菌的分离、培养均有区别，但大同小异，本节以猪肺疫的病原——多杀性巴氏杆菌的分离、培养和鉴定为例，进行简要介绍。

1. 采样与病原分离 猪肺疫的病原为多杀性巴氏杆菌，临床上可分为3型：最急性型见于流行初期，常无明显症状而突然死亡；急性型较为常见，多呈急性胸膜肺炎症状，病程为3～5天；慢性型主要表现为慢性肺炎的症状。

(1)病料的采取 生前采取血液、水肿液，死后无菌操作采取心血、肝、脾、淋巴结、骨髓或肺部病灶等。

(2)病料的处理 脏器或淋巴结应先做表面除杂，将组织块浸渍于95%酒精中立即取出，引火自燃，这样反复2～3次，或在沸水中浸烫数秒钟，然后用灭菌刀剖切，其剖面在血琼脂平板一侧涂抹，面积为平板的1/5。再用铂耳在涂层上划抹分离，分离时应涂抹数个平板，以提高检出机会。

(3)直接镜检 血液做推片，其他脏器以剖面做涂片各若干片，用数片以甲醇固定做革兰氏染色，另数片做瑞氏或美蓝染色。如发现大量革兰氏阴性、两端钝圆、中央微凸的短小杆菌，即可初步确诊。本菌无鞭毛，不能运动，能形成荚膜。单染菌体呈卵圆形，两端着色深，中央着色浅，好像两个并列的球菌，故有两极杆菌之称。病料用印度墨汁染料染色，可清晰地见到细菌

的荚膜。

(4)分离培养　最好用麦康凯琼脂和鲜血琼脂平板同时进行分离培养，本菌在麦康凯琼脂上不生长，而在鲜血琼脂平板上培养24小时后，可长成淡灰白色、圆形、湿润、不溶血的露珠样小菌落。涂片染色镜检，为革兰氏阴性小杆菌，再进一步可做生化和动物接种试验。

2. 病原的鉴定

(1)生化反应　本菌在48小时内可分解葡萄糖、果糖、半乳糖、蔗糖和甘露醇等，产酸不产气，一般对乳糖、鼠李糖、菊糖、水杨苷和肌醇等不发酵。可产生硫化氢和氨，能形成靛基质，甲基红(MR)试验和维培二氏(V-P)试验均为阴性。接触酶和氧化酶均为阳性。石蕊牛奶无变化，不液化明胶。

(2)动物接种试验　取病料在灭菌研钵中加生理盐水按1∶10比例制成乳剂，如做纯培养的毒力鉴定，用4%血清肉汤24小时培养液或取血平板上菌落制成生理盐水菌液，皮下或腹腔接种小白鼠2～4只，每只注射0.2毫升，一般经10个小时左右致死。死亡小白鼠的呼吸道及消化道黏膜有出血小点，肝肿大、有坏死灶。取心血及肝脏涂片染色镜检，见大量两极浓染的细菌，即可确诊。

(3)血清型鉴定　多杀性巴氏杆菌可分为多种血清型。目前国际上公认的分型方法是将特异性荚膜抗原吸附于红细胞上，做被动血凝试验，将本菌分为A、B、D、E 4个血清群，又将菌体抗原做凝集反应，将本菌分为12个血清型，用阿拉伯数字表示。猪巴氏杆菌的血清型以5∶A和6∶B为主。

多杀性巴氏杆菌检验步骤见图3-3所示。

(四)药物敏感试验

抗菌药物在猪病防治上已得到了广泛的使用，但是对某种抗

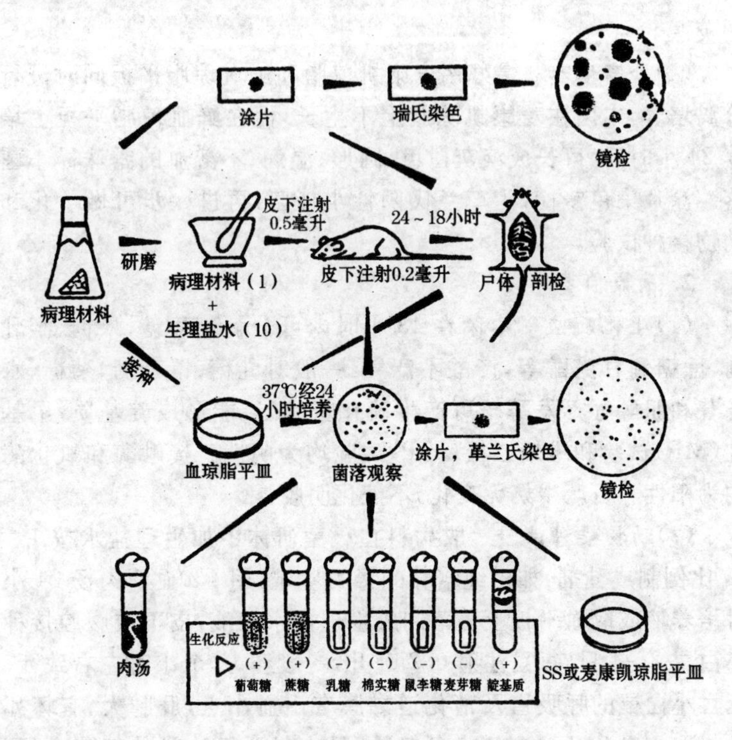

图 3-3　多杀性巴氏杆菌检验步骤

菌药物长期或不合理地使用，可引起这些细菌产生耐药性。如果盲目地滥用抗菌药物，不仅造成药物的浪费，同时也贻误了治疗时机。药物敏感试验是一项药物体外抗菌作用的测定技术，通过本试验，可选用最敏感的药物进行临床治疗，同时也可根据这一原理，测定抗菌药物的质量，以防伪劣假冒产品和过期失效药物进入猪场。常用的药敏试验的方法有以下 3 种，现分别介绍如下。

1. 纸片法　各种抗菌药物的纸片，市场有售，是一种直径 6 毫米的圆形小纸片，要注意密封保存，贮藏于阴暗干燥处，切勿受

潮。注意有效期，一般不超过 6 个月。

(1)试验材料　经分离和鉴定后的纯培养菌株(如大肠杆菌、链球菌等)，营养肉汤，琼脂平皿，棉拭子，镊子，酒精灯，药敏纸片若干。

(2)试验步骤　①将测定菌株接种到营养肉汤中，置于 37℃条件下培养 12 小时，取出备用。②用无菌棉拭子蘸取上述菌液，均匀涂于琼脂平皿上。③待培养基表面稍干后，用无菌小镊子分别取所需的药敏纸片均匀地贴于培养基的表面，轻轻压平，各纸片间应有一定的距离，并分别做上标记。④将培养皿置于 37℃恒温箱内培养 12～18 小时后，测量各种药敏纸片抑菌圈直径的大小(以毫米表示)。

2. 试管法　本法较纸片法复杂，但结果较准确、可靠。此法不仅可用于各种抗菌药物对细菌的敏感性测定，也可用于定量检查。

(1)试验方法　取试管 10 支，排放在试管架上，于第一管中加入肉汤 1.9 毫升，其余各管均各加 1 毫升。吸取配好的抗菌药物 0.1 毫升，加入第一管，混合后吸取 1 毫升放入第二管，混合后再由第二管移 1 毫升到第三管，如此倍比稀释到第九管，从中吸取 1 毫升弃掉，第十管不加药物，作为对照。然后各管加入幼龄试验菌 0.05 毫升(培养 18 小时的菌液，1∶1 000 倍稀释)。置于 37℃恒温箱内培养 18～24 小时观察结果。必要时也可对每管取 0.2 毫升分别接种于培养基上，经 12 小时培养后计数菌落。

(2)结果判定　培养 18 个小时后，凡无菌生长的药物最高稀释管，即为该菌对药物的敏感度。若药物本身浑浊而肉眼不易观察的，可将各稀释度的细菌涂片镜检，或计数培养皿上的菌落。试管法药物敏感试验判定参考标准见表 3-13。

3. 琼脂扩散法　本法是利用药物可以在琼脂培养基中扩散的原理，进行抗菌试验，其目的是测定药物的质量，初步判断药物抗菌作用的强弱，用于定性，方法较简便。

表 3-13　试管法药物敏感试验判定参考标准

药物名称	药物敏感程度		
	高敏（微克/毫升）	中敏（微克/毫升）	抗药（微克/毫升）
磺胺类药物	<50	50～1000	>1000
链霉素	<5	5～20	>20
青霉素	<0.1	0.1～2	>2
庆大霉素	<1	1～2	>10
氯霉素	<2	2～6	>6

(1)试验材料　被测定的抗菌药物(如青霉素,选择不同厂家生产的几个品种,以做比较),试验用的菌株(如链球菌),营养肉汤,营养琼脂平皿,棉拭子,微量吸管等。

(2)试验步骤　①将试验细菌接种到营养肉汤中,置于37℃恒温箱培养12小时,取出备用。②用无菌棉拭子蘸取上述菌液,均匀涂于营养琼脂平皿上。③用各种方法将等量的被测药液(如同样的稀释度和数量),置于含菌的平板上,培养后,根据抑菌圈的大小,初步判定该药物抑菌作用的强弱。④药物放置的方法有多种:一是直接将药液滴在平板上;二是用滤纸片蘸药液置于含菌的平板上;三是在平板上打孔(用琼脂沉淀试验的打孔器),然后将药液滴入孔内;四是先在无菌平板上划出一道沟,在沟内加入被检的药液,沟上方划线接种试验菌株。以上药物放置方法可根据具体条件选择使用。

(五)常用的血清学诊断方法

抗原与相应的抗体在动物体内或体外都能发生特异性结合反应,这种反应称为抗原抗体反应,习惯上把体内的抗原抗体反应称为免疫反应,体外的抗原抗体反应称为血清学反应,因为抗

体主要存在于血清中。

血清学反应可以用已知的抗体检查未知的抗原，也可用已知的抗原测定未知的抗体。人们根据抗体能与相应抗原发生反应并出现可见的抗原-抗体复合物的原理，设计了许多血清学诊断方法，不仅可以检测动物体内乃至体外的病原微生物，或其抗原成分，而且还可以测定动物机体对病原微生物侵袭或对其抗原成分的免疫反应。在抗原-抗体复合物呈不可见状态时，可以通过琼脂扩散、凝集试验以及酶标记等指示系统，使其变为可见或可测状态。

由于血清学反应具有高度的特异性和敏感性，因此在兽医学上广泛用于对许多传染病的诊断、病原微生物的鉴定及抗体的检测等。

目前已知的血清学诊断方法很多，随着科学技术的进步，新方法、新技术还在不断地出现，以达到微量、准确、快速、简便的目的。现介绍几种在目前条件下规模化猪场通过学习都能做到的诊断方法，包括凝集试验、沉淀试验和酶联免疫吸附试验。

1. 凝集试验　凝集试验的原理是：颗粒抗原（红细胞、细菌、病毒等）与含有相应抗体的血清混合，在电解质的参与下，能发生特异性结合，形成抗原-抗体复合物，这种复合物呈均匀状态悬浮于液体中，肉眼是看不见的。当抗原-抗体复合物在一定浓度的电解质作用下，复合物表面的电荷大部分被消除，失去了互相排斥的作用，复合物之间互相吸引，凝集成团，即出现肉眼可见的凝集现象。作用于凝集反应的抗原，称为凝集原，与之相结合的抗体，称为凝集素。

凝集反应按其原理可分为直接凝集反应和间接凝集反应两类。用于猪病诊断的常用操作方法有以下几种。

（1）全血平板凝集试验　本试验在实践中主要用于细菌性疾病的抗体检测和抗原（经分离培养后）鉴定。现举例用已知猪丹毒抗原(丹毒杆菌的纯培养液)测定被检猪血清中的抗体。其操作步骤如下。

①材料　猪丹毒凝集抗原、玻片、9号针头、酒精棉球、酒精灯、铂耳等。

②操作　用铂耳取已知抗原1滴,置于玻片上。用酒精棉球擦拭针头,铂耳在酒精灯上灼烧消毒。用针头刺破被检猪的耳静脉,以铂耳取血与玻片上的抗原等量混合,在2～3分钟内观察结果。

③结果判定　出现颗粒状的凝集,为阳性反应,否则为阴性。

(2)试管凝集试验　试管凝集试验是一种定量法,用于测定被检血清或其他体液中是否有某种抗体及其效价,可作为临床辅助诊断手段,或用于流行病学监测。在猪场中,本法常用于布鲁氏菌病的诊断。

①材料　布鲁氏菌病试管凝集抗原(1∶20倍稀释),布鲁氏菌病阳性血清、阴性血清(1∶25倍稀释),稀释液(0.5%石炭酸生理盐水),灭菌小试管,1毫升吸管,试管架,待检血清等。

②操作　取试管7支置于试管架上,设阳性和阴性血清及抗原对照各1支,测定管4支,以后每增加1个样品,只需增加4支测定管。

按表3-14所示稀释血清,加抗原,完成后每支管内应含1毫升液体。

加入抗原后,将试管充分振荡,置于37℃恒温箱中反应24小时后,判定结果。

③判定标准

－:液体均匀浑浊,管底无凝集物,不凝集。

＋:液体透明度较差,管底有少量凝集物,为25%菌体凝集。

＋＋:液体中等浑浊,管底有中等量的伞状沉淀,为50%菌体凝集。

＋＋＋：液体几乎透明，管底有明显伞状沉淀，为75％菌体凝集。

＋＋＋＋：液体完全透明，管底出现大片的伞状沉淀，为100％菌体凝集。

表 3-14　布鲁氏菌试管凝集反应　（单位：毫升）

管　号	1	2	3	4	5	6	7
血清稀释倍数	1∶25	1∶50	1∶100	1∶200	阳性血清对照 1∶25	阴性血清对照 1∶25	抗原对照
0.5％石炭酸生理盐水	1.5	0.5	0.5	0.5	0.5	0.5	0.5
待检血清	0.5	0.5	0.5	0.5			
抗原(1∶20稀释)	0.5	0.5	0.5	0.5	0.5	0.5	0.5
		弃0.5			弃0.5		

结果判定：以出现50％菌体凝集的血清最高稀释度为该血清的凝集价。在检测布鲁氏菌病时，血清凝集价在1∶50以上时，可判为阳性反应。若凝集价为1∶25，则为可疑（需重复试验1次）。如猪群中基本无阳性反应，则凝集价1∶25也可判为阴性。

（3）间接红细胞凝集试验　本法简称间接血凝试验。其原理是：将抗原（或抗体）吸附在比其体积大千万倍的红细胞表面，只需少量的抗体（或抗原）就可使这种致敏的红细胞通过抗原和抗体的结合而出现肉眼清晰可见的凝集现象。这种试验能大大提高反应的敏感性。

用抗体致敏红细胞检测相应的抗原，称为反向间接血凝试验；反之，称为正向间接血凝试验。在猪病的诊断中，常采用本法进行猪口蹄疫、水疱病、猪瘟、传染性胸膜肺炎等疾病抗原的鉴定或抗体的检测。现以猪口蹄疫抗体检测（正向间接血凝）为例，介绍其操作步骤。

①目的　检测被检血清样品中猪口蹄疫抗体的效价。

②材料　猪口蹄疫（O型）正向间接血凝标准致敏红细胞（由中国农业科学院兰州兽医研究所提供），标准阳性、阴性血清，稀释液，96孔“V”形有机玻璃微量血凝板，微量加样器，滴头，被检血清等。

③操作　将待检血清置于60℃水浴中灭活30分钟，用微量加样器对血凝板上的每孔加入25微升稀释液。取25微升待检血清加到第一孔，用加样器以吸入与排出的动作混合3～4次，取出25微升放入第二孔混匀，依次到第九孔，取出25微升弃掉。血清稀释度从第一至第九孔分别为1∶2、1∶4、1∶8、1∶16、1∶32、1∶64、1∶128、1∶256和1∶512（第一排的10～12孔设阳性血清对照、阴性血清对照和抗原对照）。每孔加入25微升致敏红细胞，振荡1～2分钟，置于37℃恒温箱或室温下反应1～2小时或更长时间，然后判定检测结果。

④判定标准

一：红细胞沉底，呈圆点状，无凝集现象。

＋：红细胞大部分集中于中央，周围只有少数凝集，即25％凝集。

＋＋：红细胞呈薄层凝集，中心致密，边缘松散，即50％凝集。

＋＋＋：红细胞凝集程度较上有所增加，即75％凝集。

＋＋＋＋：红细胞呈薄层凝集，布满整个孔底或边缘，卷曲呈荷包蛋边状，为100％凝集。

结果判定：以出现50％凝集（＋＋）的血清最高稀释度为该血清的间接血凝价。

（4）血凝（HA）与血凝抑制（HI）试验　在猪的传染病中，细小病毒感染、流行性乙型脑炎、伪狂犬病等适宜于血凝和血凝抑制

试验，本试验以检测猪细小病毒血清抗体为例，介绍如下。

①材料　猪细小病毒浓缩诊断抗原，豚鼠沉积红细胞配成的0.5%悬液。稀释液、标准阳性和阴性血清、被检血清、96孔“V”形滴定板、25～50微升微量移液器、微量振荡器、普通离心机等。

②试验方法

HA：用滴管在滴定板上以第一孔至试验所需稀释倍数孔，每孔滴加稀释液25微升，于第一孔再滴加抗原25微升，用移液器从第一孔开始依次稀释，置于微量振荡器上振荡15秒钟，最后每孔滴加0.5%豚鼠红细胞25微升，振荡30分钟，置于室温（20℃左右）条件下1小时后判定。

HI：被检猪血清先经56℃ 30分钟灭活，然后加入50%豚鼠红细胞（最终浓度）和等量的高岭土，摇匀后置于室温下15分钟，2000转/分离心10分钟，取上清液以除掉血清中非特异性的凝集素和抑制素，然后用稀释液将每份处理过的血清按1∶5至1∶10至1∶240倍比稀释，再向每孔加入等量的4个血凝单位的标准血凝素（抗原），混匀后置于室温条件下1小时，加入新配制的0.5%豚鼠红细胞悬液，混匀后置于室温条件下2小时，判定结果，同时设阳性、阴性血清及红细胞和抗原的对照，血凝抑制抗体滴度≥1∶20者为阳性，猪感染细小病毒后7天左右可检出血凝抑制抗体，12～14天可达1∶1024～5000。

(5)乳胶凝集试验（LAT）　本法在猪病中主要用于伪狂犬病和传染性萎缩性鼻炎的诊断，是用其病毒致敏乳胶抗原来检测被检猪的血清、全血或乳汁中的抗体，具有简便、快速、特异、敏感的优点。

①材料　伪狂犬病病毒致敏乳胶抗原，伪狂犬病阳性血清、阴性血清，稀释液，玻片，吸头，被检血清或全血或乳汁（通常采初乳，经3000转/分离心10分钟，取上清液做待检样品）。

②试验方法

定性试验：取被测样品（血清、全血或乳汁）、阳性血清、阴性血清、稀释液各1滴，分别置于玻片上，各加乳胶抗原1滴，用牙签混匀，搅拌并摇动1～2分钟，于3～5分钟内观察结果。

定量试验：先将血清在微量反应板或小试管内做连续倍比稀释，各取1滴依次滴加于乳胶凝集反应板上，另设对照（同上），随后各加乳胶抗原1滴。如上搅拌并摇动，然后判定。

③结果判定　首先对照组要出现如下的结果，本试验才能成立：阳性血清加抗原呈"＋＋＋＋"，阴性血清加抗原呈"－"，抗原加稀释液呈"－"。

"＋＋＋＋"表示全部乳胶凝集，颗粒聚于液滴边缘，液体完全透明。

"＋＋＋"表示大部分乳胶凝集，颗粒明显，液体稍浑浊。

"＋＋"表示约50％乳胶凝集，但颗粒较细，液体较浑浊。

"＋"表示仅有少许凝集，液体浑浊。

"－"为液滴呈原有的均匀乳状。

以出现"＋＋"以上凝集者，判为阳性凝集。

④注意事项　试剂盒应在2℃～8℃冷暗处保存，保存期暂定1年。乳胶抗原为乳白色液体，如出现分层，使用前应轻轻摇匀。

2. 沉淀试验　沉淀试验的原理是：利用可溶性抗原如细菌的培养滤液、病毒的可溶性抗原和血清等，与相应的抗体结合，在电解质存在时，可形成肉眼可见的白色沉淀物。参加沉淀反应的抗原称为沉淀原，抗体称为沉淀素。沉淀试验的具体方法有多种，如环状沉淀试验、琼脂扩散试验和免疫电泳等。在猪病的诊断中，目前最常用的是琼脂扩散试验，现将本试验简要介绍如下。

琼脂扩散试验是根据沉淀试验的原理而设计，抗原和抗体可在琼脂凝胶中扩散，并由近及远形成浓度梯度，当抗原、抗体的特异性互相对应时，它们在琼脂基质中适合比例下相遇，便可相互

结合，形成抗原-抗体的结合物，分子量相应增加，颗粒变大，故在琼脂凝胶中不再扩散，在抗原、抗体比例较适合的位置上形成白色可见的沉淀线，此种沉淀反应，称为琼脂免疫扩散试验，简称琼扩。本法可用已知抗原测定未知抗体；反之亦然。在猪病的实验室诊断中，常用于猪伪狂犬病的抗体检测，也曾有用此法检查猪瘟、猪水疱病和猪痘等疾病的报道。现以检测伪狂犬病的抗体为例，将其操作方法介绍如下。

(1)材料　伪狂犬病标准琼扩抗原，阳性血清，阴性血清，待检血清(56℃灭能30分钟)，生理盐水，打孔器，微量移液器，培养皿，琼扩琼脂(配制方法：含有0.1%石炭酸的磷酸盐缓冲盐水，加入1%的优质琼脂，在沸水中融化均匀，若有杂质，须用纱布过滤，然后分装于盐水瓶内，保存备用)。

(2)操　作

①浇琼脂板和打孔　将已融化的琼脂趁热倒入平皿，制成3毫米厚的琼脂板，待凝固后进行打孔。一组共7个孔，中间1孔，周围6孔(图3-4)，孔径4毫米，孔距3毫米。用打孔器打孔，剔出孔内的琼脂，然后将琼脂板在酒精灯上来回过2～3次，使琼脂与玻板之间的空隙封闭。

②向孔内加样　中央孔加抗原，外周孔1孔、5孔加阳性和阴性血清作对照，2孔、3孔、4孔、6孔加待检血清。将加完样的琼脂平皿盖上盖子，置于37℃恒温箱扩散24～36小时，然后判定结果。

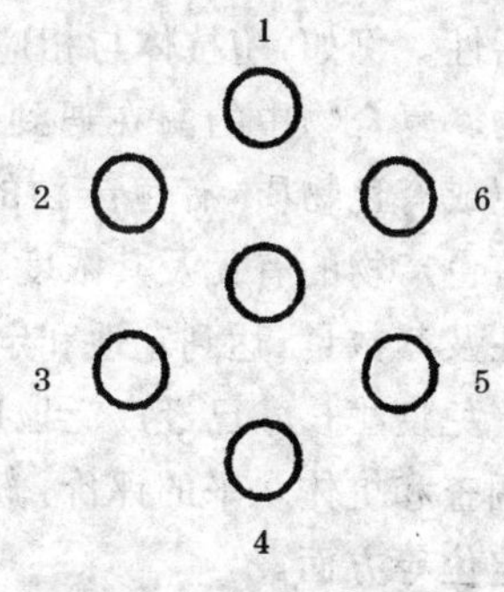

图3-4　琼脂扩散试验

③结果判定　首先检查标准阳性血清孔和抗原孔之间是否出现明显的、致密的白色沉淀线，而阴性孔则不出现，只有

在对照组出现正确结果的前提下，被检孔才可参照标准判定。

④注意事项

第一，琼脂扩散试验所用的琼脂必须是优质的琼脂粉，若用普通的琼脂条，应事先进行净化精制。精制的简易方法是：取条状琼脂 24 克，加蒸馏水 1 000 毫升，在沸水中融化，趁热倒入搪瓷盘中，待冷却后切成 1 厘米^2 大小的琼脂块，用蒸馏水或无离子水浸泡 2～3 天，每日换水 4～5 次，然后将处理好的琼脂块隔水融化，加入含 0.1%石炭酸的磷酸盐缓冲盐水，配成 1%琼脂。

第二，制备琼脂板应在水平台上进行，防止琼脂板厚薄不匀。板的厚度要求一致(7.5 厘米的平皿，用 15 毫升琼脂液)。浇制时防止产生气泡。平皿浇制的琼脂板在 4℃冰箱内可保存 15 天。

第三，打孔的孔径、孔距力求准确、合适。

第四，加滴孔中的抗原和血清时，孔内必须加满而又不能外溢。加样时不能带进小气泡。

3. 免疫酶技术 免疫酶技术是根据抗原与抗体特异性结合的功能，以酶作标记物，利用酶对底物具有高效催化作用的原理而设计的。它既可用于抗原的诊断，也可进行血清抗体的检测。

本试验是通过化学方法将酶与抗体（或抗原）结合起来，标记后的抗体（或抗原）仍然保持与相应抗原（或抗体）相结合的免疫学活性。例如，酶抗体与相应抗原结合后，形成酶标抗体-抗原复合物。复合物中的酶在遇到相应的底物时，催化底物分解、氧化而生成有色物质，有色产物的出现，客观地反映了酶的存在。根据有色产物的有无及其浓度，即可间接推断被检抗原或抗体是否存在及其数量，达到定性和定量的目的。

免疫酶技术已经广泛地用于传染性疾病的诊断，血清流行病学调查和抗体水平的评价，微生物抗原的检测及其在感染细胞内的定位等方面。

目前在兽医防治的研究和实践中，对于猪瘟、伪狂犬病、蓝耳

病、流行性腹泻、旋毛虫病、猪气喘病等疾病，均采用免疫酶技术进行病原诊断、抗体检测和血清学、流行病学调查，并且已成为规模化猪场检验室工作的一项重要内容。

利用免疫酶技术测定抗原或抗体的方法很多，下面仅简要介绍3种适合猪场使用的免疫酶技术。

(1)斑点酶联免疫吸附试验(Dot-ELISA)

①材料 硝酸纤维滤膜(孔径0.45微米)，0.01摩/升、pH值7.2的磷酸盐缓冲盐水，封闭液(磷酸盐缓冲盐水加入10%马血清或0.1%明胶)，30%过氧化氢溶液，3,3′-二氨基联苯胺(DAB)抗原液，阴性对照，待检液，待检血清，阳性血清及阴性血清，酶标兔抗猪免疫球蛋白G(IgG)，0.05摩/升三羟甲氨基甲烷-盐酸缓冲液，洗涤液(磷酸盐缓冲盐水加入0.05%吐温-20)。

②检测抗原操作

第一，在硝酸纤维滤膜上划出6毫米×6毫米的方格，在方格中央用蘸水笔尖的圆尾末端压成圆形痕迹。置于蒸馏水中浸泡10分钟，取出后晾干备用。

第二，点样。取1微升待检液在硝酸纤维滤膜圆圈内点样，同时设立阳性与阴性对照，自然干燥或置于37℃条件下恒温箱中干燥。

第三，封闭。将硝酸纤维滤膜置于封闭液中，37℃作用30分钟，用洗涤液洗涤1次，约3分钟。

第四，加猪阳性血清。将硝酸纤维滤膜置于猪阳性血清中，37℃条件下作用1小时，取出用洗涤液洗涤3次，每次3分钟。

第五，加酶标兔抗猪免疫球蛋白G，37℃条件下作用1小时，然后洗涤3～4次，每次3分钟。

第六，加底物溶液(0.05摩/升三羟甲氨基甲烷-盐酸缓冲液100毫升，加3,3′-二氨基联苯胺40毫克，30%过氧化氢溶液50微升)，作用5～20分钟。

第七，终止显色。将硝酸纤维滤膜置于蒸馏水中冲洗 2～3 分钟。

第八，自然干燥或置于 37℃条件下干燥。

第九，判定标准。

－：不呈现斑点，与阴性对照相同。

＋：斑点较弱或点内有不均质的棕色点。

＋＋：斑点呈浅棕色，对比度清晰。

＋＋＋：介于＋＋和＋＋＋＋之间。

＋＋＋＋：斑点呈深棕色，背景白色。

出现阳性反应的血清最高稀释度为该血清的斑点酶联免疫吸附试验效价。

第十，注意事项。试验中的点样抗原、血清及酶标抗体的稀释度应根据预备试验确定；试验中应使用不溶性供氢体，如 3，3′-二氨基联苯胺、4-氯-1-萘酚等，不能使用可溶性供氢体；根据试验的目的要求，确定检测抗原或抗体；封闭液可使用异种动物血清、牛血清白蛋白（BSA）或明胶溶液等，根据预备试验选择最佳封闭条件。

③检测抗体操作

第一，硝酸纤维滤膜的处理同抗原检测。

第二，点样。取已知抗原液点样，自然晾干或置于 37℃条件下干燥。

第三，封闭同抗原检测。

第四，将点样后的硝酸纤维滤膜按点样格子剪成小块，置入系列稀释的待检血清（1∶10、1∶50、1∶100、1∶200、1∶400、1∶800、1∶1 600、1∶3 200、1∶6 400、1∶12 800）中，同时设立阳性和阴性血清对照，37℃条件下作用 1 小时，然后用洗涤液洗涤 3 次，每次 3 分钟。

第五，以下均同检测抗原第六至第十项操作。

(2)酶联免疫吸附试验　本试验是固相免疫酶测定法中应用最广泛的一种测定方法,以物理吸附法制备免疫吸附剂。现介绍猪病诊断中常用的两种方法——间接法和夹心法。

①间接法　将已知抗原吸附(或称包被)于固相载体,孵育后洗去未吸附的抗原,随后加入含有特异性抗体的被检血清,感作后洗涤未起反应的物质,加入酶标抗同种球蛋白(如被检血清是猪血清,则需用抗猪球蛋白),感作后再经洗涤,加入酶底物,底物被分解后出现颜色变化,颜色变化的速度及程度,与样品中的抗体量有关,即样品中的抗体越多,颜色出现越快、越深。

材料:0.05 摩/升、pH 值 9.6 的碳酸盐缓冲液,稀释液用 0.01 摩/升、pH 值 7.2 的磷酸盐缓冲盐水(含 0.13 摩/升氯化钠,5%犊牛血清),洗涤液用 0.01 摩/升、pH 值 7.2 的磷酸盐缓冲盐水(含 0.13 摩/升氯化钠,0.05%吐温-20),30%过氧化氢溶液,邻苯二胺(OPD),pH 值 5 的磷酸氢二钠-柠檬酸缓冲液,2 摩/升硫酸溶液,抗原,阳性血清,阴性血清,待检血清,酶标兔抗猪免疫球蛋白 G,40 孔聚苯乙烯酶联板,酶联免疫检测仪。

操作步骤如下。

第一,用碳酸盐缓冲液配制一定浓度的抗原包被液包被酶联板,每孔 100 微升,置于 37℃条件下 2 小时,或在 4℃冰箱内过夜。

第二,倾去孔内液体,用洗涤液加满各孔,洗涤 3 次,每次 3 分钟,然后倾尽洗涤液。

第三,除调零孔外,其余各孔加入用稀释液稀释的待检血清,每孔 100 微升,同时设立阳性、阴性血清对照,置于 37℃条件下反应 1.5 小时。

第四,抗体效价测定。将待检血清进行倍比稀释,每份血清加二排孔,即同一稀释度的血清加上、下相邻的两个孔,每孔 100 微升,调零孔不加血清。同时,设立阳性、阴性血清对照。置于 37℃条件下反应 1.5 小时。

第五，洗涤同第二。

第六，除调零孔外，每孔加入酶标记兔抗猪免疫球蛋白 G 100 微升，置于 37℃条件下反应 1.5 小时。

第七，洗涤同第二。

第八，每孔加入新配制的底物溶液（取邻苯二胺 40 毫克，溶于 100 毫升 pH 值 5 的磷酸盐-柠檬酸缓冲液，临用前加入 30%过氧化氢溶液 0.15 毫升）100 微升，室温下观察显色（5～30 分钟）。

第九，每孔加入 50 微升的 2 摩/升硫酸溶液终止反应。

第十，用酶联免疫检测仪测定每孔 490 纳米波长的光密度（OD）值。

②夹心法　本法是检测抗原的方法，将特异性免疫球蛋白吸附于固相载体表面，然后加入含有抗原的溶液，使抗原和抗体在固相表面形成复合物，洗除多余的抗原，再加入酶标记的特异性抗体，感作后冲洗，加入酶的底物，颜色的改变与被测样品中的抗原量成正比。

材料同间接法，操作步骤（以检测猪瘟病毒抗原为例）如下。

第一，抗体包被。将一定浓度的猪瘟高免血清（用碳酸盐缓冲液进行稀释）包被酶联板，每孔 100 微升，置于 37℃条件下 2 小时，或 4℃冰箱中过夜。

第二，洗涤同间接法。

第三，加被检样品。除调零孔外，每份样品加 2 个孔，每孔加 100 微升，同时设立阳性抗原、阴性抗原对照，酶结合物对照（抗体加磷酸盐缓冲盐水加酶结合物），置于 37℃条件下反应 1.5～2 小时。

第四，洗涤方法同第二。

第五，加底物溶液，方法同间接法第八。

第六，同间接法第九。

第七，同间接法第十。

③结果判定　常用的判定方法有3种。

阴阳性表示法：待检样本规定吸收值≥0.2～0.4为阳性。规定吸收值等于阴性样本平均吸收值加SD(标准差)。

阳性阴性比(P/N)法：样本吸收值/阴性样本平均吸收值≥2～3者为阳性。

终点表示法：以出现阳性反应的样本最高稀释度为该样本的滴度。

④注意事项

第一，包被过程中以高pH值和低离子强度的条件为佳，包被浓度在1～100毫克/毫升选择最佳浓度。

第二，血清或抗原稀释液应含5%～10%异种动物血清，或1%牛血清白蛋白，或0.5%明胶，以起封闭作用，防止非特异性反应，否则应在第二步与第三步之间加封闭液进行封闭。

第三，洗涤要充分，酶结合物应按要求进行稀释和使用，底物溶液一定要现配现用。

第四，显色时，阴性对照刚出现微黄色时应立即终止反应。

第五，用阳性阴性比方法判定结果时，阴性对照孔若小于0.1，则易出现误判。

第六，用自动酶联仪检测时，应按仪器规定说明确定调零孔。

第七，同一稀释度2个孔的490纳米波长光密度值的平均值为该稀释度的光密度值，对照孔应做同样处理。

(3)猪瘟单克隆抗体纯化酶联免疫吸附试验

①材料　本试验的试剂盒由中国兽药监察所提供，本抗原包括猪瘟弱毒单抗纯化酶联抗原和猪瘟强毒单抗纯化酶联抗原，分别供检测经猪瘟弱毒疫苗免疫后产生的抗体和感染猪瘟强毒后产生的抗体之用。同时，提供酶标抗体，阳性、阴性血清，酶联板及其他器材和试剂。

②试验方法

第一，用包被液将猪瘟弱毒单抗纯化酶联抗原、猪瘟强毒单抗纯化酶联抗原各做100倍稀释，以100微升分别加入做好标记的酶联板孔中，置湿盒于4℃条件下过夜。

第二，弃去孔内液体，用洗涤液冲洗板3次，每次间隔3～5分钟，拍干。

第三，用稀释液将待检血清做400倍稀释，每孔加入100微升，同时将猪瘟阳性、阴性血清以100倍稀释作对照，37℃条件下培育1.5～2小时。

第四，重复第二步。

第五，用稀释液将兔抗猪免疫球蛋白G-辣根过氧化物酶结合物做100倍稀释，每孔加入100微升，37℃条件下培育1.5～2小时。

第六，重复第二步。

第七，每孔加入底物溶液（每块板所需的底物溶液按邻苯二胺5毫克加底物缓冲液5毫升加30％过氧化氢溶液18.75微升配制）100微升，室温下观察显色反应（一般阴性对照孔略微显色，立即终止反应，并以阴性孔作空白调零）。

第八，每孔加入终止液50微升，于酶联读数仪上测定490纳米波长的光密度值。

③判定标准　在猪瘟弱毒酶联板上，光密度值＞0.2为猪瘟弱毒抗体阳性；光密度值＜0.2为猪瘟弱毒抗体阴性。

在猪瘟强毒酶联板上，光密度值≥0.5为猪瘟强毒抗体阳性；光密度值＜0.5为猪瘟强毒抗体阴性。

④注意事项

第一，运输单抗纯化酶联抗原时，必须使用冰盒低温运输。

第二，配制洗涤液时，应使用新鲜蒸馏水或无离子水；每次洗板后，尽量避免孔中残留液体，以免影响结果。

第三，底物溶液临用前配制，待邻苯二胺完全溶解于底物缓冲液后再加过氧化氢溶液，混匀后立即加入孔中。

第四，终止反应后，应立即读数。

（六）抗原检测

抗原检测就是从病料中检查病原微生物，特别是对病毒的检出，对于确诊疾病至关重要。检查抗原的方法很多。近年来，随着分子生物学技术的飞速发展，尤其是分子遗传学的进步，大大提高了动物疫病的诊断水平，动物疫病的实验室诊断技术已从常规的病原微生物分离、鉴定以及抗原和抗体的免疫学检测，进入到可对细菌和病毒的基因序列、结构直接进行测定的分子生物学水平。

目前，主要用于动物疫病诊断的抗原检测方法有核酸电泳图谱分析、基因探针和核酸分子杂交、聚合酶链式反应等多种技术。由于这些技术复杂，需要一定的仪器设备，一般猪场不必自己开展此项检测工作，各地区都有专业机构可以承担该检测业务。

本书在某些疾病的实验室诊断内容中常提到聚合酶链式反应技术，这是当前抗原检测较常用的方法。

聚合酶链式反应技术是20世纪80年代中期发展起来的体外核酸扩增技术，其基本原理类似于DNA的天然复制过程，它的特异性依赖于靶序列两端互补的寡核苷酸引物，聚合酶链式反应技术由变性-退火-延伸3个基本反应步骤构成，是生物医学领域中的一项革命性创举和里程碑。

聚合酶链式反应技术的特点如下。

1. 特异性强　聚合酶链式反应技术的特异性决定因素包括以下几方面：一是引物与模板DNA特异正确的结合；二是碱基配对原则；三是TaqDNA聚合酶合成反应的忠实性；四是靶基因的特异性与保守性。

其中，引物与模板的正确结合是关键。引物与模板的结合以及引物链的延伸是遵循碱基配对原则的。聚合酶合成反应的忠实性以及 TaqDNA 聚合酶的耐高温性，使反应中模板与引物的结合(复性)可以在较高的温度下进行，结合的特异性大大增加，被扩增的靶基因片段也就能保持很高的正确度。再通过选择特异性和保守性高的靶基因区，其特异性程度就更高。

2. 灵敏度高 聚合酶链式反应技术产物的生成量是以指数方式增加的，能将毫克量级的起始待测模板扩增到微克水平。可从 100 万个细胞中检出 1 个靶细胞；在病毒的检测中，聚合酶链式反应技术的灵敏度可达 3 个 RFU(空斑形成单位)；在细菌学中最小检出量为 3 个细菌。

3. 简便、快速 聚合酶链式反应技术用耐高温的 TaqDNA 聚合酶，一次性将反应液加好后即在 DNA 扩增液和水浴锅上进行变性-退火-延伸反应，一般在 2～4 小时完成扩增反应。扩增产物一般用电泳分析，不一定要用同位素标记，因此无放射性污染，容易推广。

4. 对标本的纯度要求低 不需要分离病毒或细菌以及培养细胞，DNA 粗制品和总 RNA 均可作为扩增模板。可直接用临床标本如血液、体腔液、洗漱液、毛发、细胞、活组织等粗制 DNA 扩增检测。

(七)猪场兽医检验室应配备的器材和试剂

1. 设备类 猪场兽医检验室应配备的主要设备见表 3-15。

2. 器械类 猪场兽医检验室应配备的主要器械见表 3-16。

3. 玻璃器材 猪场兽医检验室应配备的主要玻璃器材见表 3-17。

表 3-15　猪场兽医检验室应配备的主要设备

序　号	设备种类	规格型号	数　量
1	家用电冰箱		1台
2	电热培养箱		1台
3	电热干燥箱		1台
4	台式离心机	要求容量大于1000毫升，转速高于5000转/分	1台
5	超净工作台	单人操作	1台
6	电热高压蒸汽灭菌锅		1只
7	生物显微镜		1台
8	蒸馏水器		1台
9	微量血清振荡器		1台
10	组织捣碎机		1台

表 3-16　猪场兽医检验室应配备的主要器械

序　号	器械种类	规　格	数　量
1	普通天平		1台
2	研　钵		1个
3	铁三脚架		2个
4	酒精灯		2只
5	石棉网		2只
6	试管架		2只
7	按种棒		2根

续表 3-16

序　号	器械种类	规　格	数　量
8	带盖搪瓷盘		2只
9	铝饭盒		10只
10	微量反应板(V形)		5块
11	微量移液器	100微升、250微升	各2只
12	普通剪刀		2把
13	眼科剪刀	直	2把
14	眼科镊子	直	2把
15	长镊子	22厘米	2把
16	手术刀柄		2把
17	手术刀片		10包
18	玻璃注射器	1毫升、5毫升、10毫升	各5支
19	注射针头	9#、12#、16#、18#	各2盒
20	外科剪刀	直	2把

表 3-17　猪场兽医检验室应配备的主要玻璃器材

序　号	器械种类	规　格	数　量
1	平　皿	9厘米、6厘米	各20只
2	试　管	1.2厘米×8厘米、0.9厘米×8厘米	各30只
3	刻度吸管	1毫升、5毫升、10毫升	各10支
4	烧　杯	250毫升、500毫升	各5只
6	三角烧瓶	250毫升、500毫升	各5只
7	玻璃漏斗	8厘米(直径)	2只

续表 3-17

序 号	器械种类	规 格	数 量
8	量 筒	250 毫升、500 毫升	各 2 只
9	玻璃珠		200 克
10	载玻片		4 盒
11	盖玻片		2 盒

4. 试剂类 猪场兽医检验室应配备的主要试剂见表 3-18。

表 3-18 猪场兽医检验室应配备的主要试剂

序 号	试剂种类	规 格	数 量
1	95%乙醇	工 业	500 毫升
2	氯化钠	化学纯,无水	500 克
3	氢氧化钠	化学纯	500 克
4	碱性复红		1 瓶
5	结晶紫		1 瓶
6	沙 黄		1 瓶
7	姬姆萨染液		1 瓶
8	甲 醇	化学纯	500 毫升
9	甲 醛	化学纯	500 毫升
10	草酸铵		100 克
11	甲基红		100 克
12	营养琼脂	干 燥	500 克
13	麦康凯琼脂	干 燥	500 克
14	SS 琼脂	干 燥	500 克

续表 3-18

序　号	试剂种类	规　格	数　量
15	三糖铁琼脂	干　燥	500 克
16	微量生化反应管	组　合	2 盒
17	二甲苯		20 毫升
18	显微镜油		1 瓶
19	擦镜纸		2 本
20	常用猪病血清学诊断试剂盒		各 2 盒

附录 猪的实用生理常数

附表 1 不同日龄猪的体温、呼吸和心跳数

猪的日龄	直肠温度（℃，范围为±0.3℃）	呼吸（次/分）	心跳（次/分）
出生后 1 小时	36.8	50～60	200～250
出生后 12 小时	38	50～60	200～250
出生后 24 小时	38.6	50～60	200～250
未断奶仔猪	39.2	30～50	150～200
保育猪	39.3	25～40	90～100
后备猪	39	30～40	80～90
肥育猪（体重 50～90 千克）	38.8	25～35	75～85
妊娠母猪	38.7	13～18	70～80
母猪产前 6 小时	39	95～105	
产出第一头仔猪	39.4	35～45	
产后 12 小时	39.7	20～30	
产后 24 小时	40	15～22	
产后 1 周至断奶	39.3		
断奶后	38.6		
种公猪	38.4	13～18	70～80

附表 2　猪的血液生理常数

项　目		常　数
红细胞数		600 万～800 万个/毫米^3
红细胞存活天数		4～120 天
红细胞沉降速度(毫米)		15 分钟,3;30 分钟,8;45 分钟,20;60 分钟,30
白细胞数		1.5 万个/毫米^3
白细胞存活天数		1～4 天
各种白细胞的百分比	嗜碱性粒细胞	1.4
	嗜酸性粒细胞	4
	嗜中性杆状核型粒细胞	3
	嗜中性分叶核型粒细胞	40
	淋巴细胞	48.6
	单核白细胞	3
血小板数		13 万～45 万个/毫米^3
每 100 毫升血液中血红蛋白(Hb)数		10.6 克
血液占体量		4.6%
血液 pH 值		7.47
血液的凝固时间(25℃)		3.5 分钟

附表 3　猪的胃、肠和消化生理常数(成年猪)

类　别	常　数	
	占总容积的百分数	绝对容积
胃	29.2%	8 升
小　肠	33.5%	9.2 升
盲　肠	5.6%	1.55 升
结肠、直肠	31.7%	8.7 升
肠与体长的比例	14∶1	
每昼夜唾液分泌量	15 升	
采食后粪便排出时间	最早 18 小时,最晚 36 小时	
1 昼夜排粪量	1.5 千克	
1 昼夜排尿量	3 升	

附表 4　母猪繁殖生理常数

类　别	常　数
母猪性成熟期	3～8 月龄
性周期	21 天
发情持续期	2～3 天
产后发情期	断奶后 3～5 天
绝经期	6～8 年
寿　命	12～16 年
开始繁殖月龄	9～10 月龄
可供繁殖年限	4～5 年

续附表 4

类　别	常　数
1 年产仔胎数	2～2.5 胎
每胎产仔数	8～15 头
母猪分娩时子宫颈开张时间	2～6 小时
分娩时每个胎儿出生间隔	1～30 分钟
胎衣排出时间	10～60 分钟
恶露排完时间	2～3 天
妊娠期	114 天

附表 5　公猪生殖生理常数

类　别	常　数
公猪性成熟期	6 个月(长白猪)
公猪配种最早月龄	8 月龄
公猪每次射精量	200～400 毫升
1 毫升精液中的精子数	1 亿～2 亿个
精液的 pH 值	7.3～7.9
精液的渗透压	0.59～0.63
精子的活力(10 级制)	0.6
精子的抗力	500
反常精子百分率	14%～18%
未成熟精子百分率	10%
精子到达输卵管的时间	1.5～3 分钟
精子在母猪生殖道内存活时间	20～40 小时